U0289381

厚德博學
經濟匡時

科学·人文讲堂
二十讲

上海财经大学学生工作部（处）

上海财经大学研究生工作部

上海财经大学出版社

图书在版编目(CIP)数据

科学·人文讲堂：二十讲/上海财经大学学生工
作部(处)等编.—上海：上海财经大学出版社，2017.11
　　ISBN 978-7-5642-2818-7/F·2818

　Ⅰ.①科… Ⅱ.①上… Ⅲ.①科学技术—文集 ②人文
科学—文集　Ⅳ.①N53 ②C53

中国版本图书馆CIP数据核字(2017)第212748号

责任编辑　李志浩
封面设计　张克瑶

KEXUE · RENWEN JIANGTANG

科学·人文讲堂
二十讲

著　作　者：上海财经大学学生工作部(处)
　　　　　　上海财经大学研究生工作部　编
出版发行：上海财经大学出版社有限公司
地　　　址：上海市中山北一路369号(邮编200083)
网　　　址：http://www.sufep.com
电子邮箱：webmaster@sufep.com
经　　　销：全国新华书店
印　　　刷：上海宝山译文印刷厂
装　　　订：上海淞杨装订厂
开　　　本：787mm×1092mm　1/16
印　　　张：16.5
字　　　数：261千字
版　　　次：2017年11月第1版
印　　　次：2017年11月第1次印刷
定　　　价：50.00元

 编辑委员会

序

习近平总书记多次指出,培养什么样的人、如何培养人以及为谁培养人是高等学校的根本问题,立德树人是高校工作的中心环节,必须把思想政治工作贯穿教育教学全过程,实现全程育人、全方位育人。

作为中国现代历史上第一所高等商科学府,上海财经大学已经走过整整百年历程。一个世纪以来,"培养什么样的人、如何培养人以及为谁培养人"始终是学校念兹在兹、不断探索的重要命题和根本出发点。上海财经大学创校校长郭秉文先生以其"三育四衡"的教育理念和办学实践,领时代之潮流,开风气之先。他主张训育、智育、体育"三育并举",注重"通才与专才的平衡,人文与科学的平衡,师资与设备的平衡,国内与国外的平衡"。每当我们徜徉于校史馆重温郭校长的这些睿智箴言,总不免对其穿越一个世纪的前瞻性深表钦佩,对在21世纪和新的百年更好传承和发扬这种精神的意志与信念更趋坚定。

2013年,一个想法在我们的不断设计与讨论过程中逐渐形成、成熟。为践行郭秉文校长"三育四衡"的重要精神遗产和"厚德博学,经济匡时"的校训精神,深入贯彻《国家中长期教育改革和发展规划纲要(2010—2020年)》,稳步推进教育教学改革,实施通识教育,培养"复合型、外向型、创新型"卓越财经创新人才,我们决定面向全体在校学生开设上海财经大学"科学·人文大讲堂"。

　　四年来，我们精心策划选题，遴选专家，邀请在自然科学、人文社会科学等领域做出突出贡献的专家、学者担任主讲嘉宾，围绕宇宙学、生命科学、微电子、生物与新医药、载人航空航天、新材料、大数据等高新技术及人类学、传媒、艺术等文史哲领域分享他们的研究成果和治学体会，配合本科生教学改革，推进和夯实通识教育成果，引导学生掌握不同学科领域的知识和方法，有效弥补学校相关学科、专业领域覆盖不及之处，拓宽学生的知识面。引导学生掌握不同学科领域的知识和方法，促进通识教育、专业教育和社会实践紧密衔接，培养具有严谨科学精神、深厚人文素养、强烈社会责任、扎实专业知识、文理交融的卓越人才，厚植大学文化，创建博雅校园。

　　四年来，"科学·人文大讲堂"已由一个富有创意的育人项目，成长为一个颇具上财特色的文化品牌，固定化为一项深度嵌入学校现有人才培养体系的关键环节，进而成为学生大学生活中深具影响力和口碑的重要部分。我们认为，"科学·人文大讲堂"较好地实现了我们预期的人才培养目标。总结其规律，主要有如下三方面。

　　一是注重实效，社会认可。从科学知识的理性权威到文化积淀的悠长韵味；从校园优良学风的培养创新到青年人奋斗理想的激励鼓舞；从中国文明起源的步步挖掘到新世纪媒介的更迭起伏再到大数据时代的机遇挑战，围绕人文艺术和自然科学主题，"科学·人文大讲堂"先后举办161场，邀请到原中共中央政治局常委、国务院副总理李岚清，中国工程院院士闻玉梅，中国科学院院士杨乐，中国科学院院士闻邦椿，中国工程院院士邬贺铨，中国科学院院士武向平，中国科学院院士李大潜等161位专家学者来校作讲座报告，先后共有20 000多名学生聆听了讲座，得到应邀专家、广大师生以及社会媒体的支持与肯定，取得了热烈反响。

　　二是制度先行，学分激励。学校将"科学·人文大讲堂"纳入人才培养体系，对参与讲座的学生进行相应的第二课堂学分认定，给学生以激励并提升他们的参与热情。为更好进行大讲堂的建设，学校建章立制，建立配套制度。先后拟定《上海财经大学"科学·人文大讲堂"实施细则》《上海财经大学"科学·人文大讲堂"管理办法》《上海财经大学"科学·人文大讲堂"学分认定暂行办法》等一系列规章制度，为高水平科学人文讲座的建设提供了制度保障。

三是狠抓学风,固化成果。学校以学风建设为抓手,依托形势政策课、班级或年级大会、党团活动、文体活动等载体,深化"科学·人文大讲堂"建设成效。将"科学·人文大讲堂"制度体系融入学风建设规范,通过学风建设制度固化、强化"科学·人文大讲堂"的育人效果,推进、深化热爱科学、崇尚人文、追求真理、恪守道德的优良学风建设,营造浓郁良好的学术文化氛围和积极向上的学风氛围。

实践表明,"科学·人文大讲堂"提供了一系列科技人文的知识盛宴,使同学们有机会碰触不同学科的思维方式与方法论,在潜移默化中倡导无私奉献的社会责任感、坚持不懈的探索精神、理性客观的治学态度和独立思考的研究意识,激励同学们为社会和谐发展和人类文明进步贡献自己的力量。"科学·人文大讲堂"是我校结合自身特色,践行社会主义核心价值观,促进通识教育与专业教育紧密衔接,培养学生社会责任感和创新精神的有效途径。

在上海财经大学百年华诞之际,我们撷取"科学·人文大讲堂"创办四年来的精彩华章呈现于此,因篇幅所限,难免挂一漏万。诚挚感谢社会各界对学校人才培养和教育教学改革探索的鼎力支持,我们将始终秉持"厚德博学,经济匡时"的校训精神,在创建"双一流"的征程中不负各界厚望,以不断追求卓越的教学、研究和改革创新,努力将上海财经大学建设成为国际知名、具有鲜明财经特色的高水平研究型大学。

是为序。

上海财经大学党委副书记　朱鸣雄

目　录

科学·人文讲堂

杨雄里

【学者简介】

杨雄里，1941年出生于上海。中国科学院院士（1991），发展中国家科学院（TWAS）院士（2006），国际学术杂志*Progress in Neurobiology*编委（2000～），"辞海"副总主编（2000～）。1963年上海科技大学生物系毕业。1980～1982年在日本进修期间获学术博士学位。1963～2000年在中国科学院上海生理研究所工作，1988～1999年任所长。1985～1987年先后在美国哈佛大学、贝勒医学院从事合作研究。复旦大学神经生物学研究所所长（2000～2010），脑科学研究院院长（2006～2008）。曾任《生理学报》主编（1988～2002），中国生理学会理事长（1998～2002），《中国神经科学杂志》主编（1998～2004），《中国科学》编委（1998～2010），国家重点基础研究规划（973项目）"脑功能和脑重大疾病的基础研究"首席科学家（1999～2004），*Journal of Physiological Sciences*顾问编委（2000～2010），亚太地区生理学联合会（FAOPS）秘书长（2006～2011）。

长期从事神经科学研究，专注于视网膜神经机制的研究，已发表学术论文230余篇，专著5本，译著多部。研究工作得到科技部、教育部、中国科学院、自然科学基金委、上海市科委等基金资助。曾作为 Principal Investigator（PI）和 Co-PI 分获美国国立健康研究院（NIH）和"国际人类前沿科学计划组织（HFSPO）"研究基金资助。1988年国家人事部授予"国家级有突出贡献的中青年科技专家"称号，1989年、1996年分获中科院自然科学一、二等奖。1991年当选为上海市十大科技精英之一。2001年获何梁何利科技进步奖。2006年获教育部自然科学一等奖、上海市自然科学一等奖。

第 *1* 讲

权威的科学与科学的权威[*]

这里我想和大家分享一下我对于权威这样一个问题的一些认识和看法。同时，我也想把对自己所从事的神经科学研究的前景展望与大家一起分享。我将尽可能地把研究的进展和所讨论的问题紧密地结合起来。虽然我在某些学科上面被称作"权威"，但是就我今天探讨的问题而言，远远称不上"权威"，谈的意见只是一家之言。

权威——权力与威势

什么是权威呢？在汉语中，"权威"这个词最早出现在《吕氏春秋》中，《吕氏春秋》是吕不韦的门客所写的一部著作。原文是："若此则百官恫扰，少长相越，万邪并起，权威分移。"（《吕氏春秋·审分》）"权威"这个词的英文源于拉丁文 auctoritates，它含有尊严、权力和力量的意思，指的是在人类社会实践过程中所形成的具有威望、起支配作用的力量。举个例子说，如果我是外交部的发言人，那么我所发表的意见就可以称作是权威的意见。

我们都知道，在欧洲历史的发展过程中，存在着"文艺复兴"这样一个时期。在这个时期中，不管是在科学方面，还是在文学、艺术方面，都取得了巨大

---

* 2013年6月4日上海财经大学"科学·人文大讲堂"第1期。

的发展。大家耳熟能详的哥白尼、但丁、达·芬奇都出现于这个时代。用黑格尔的话来说，这是一次"辉煌的日出"。恩格斯曾这样描述过这个时代："这是一次人类从来没有经历过的最伟大的、进步的变革，是一个需要巨人而且产生了巨人——在思维能力、热情和性格方面，在多才多艺和学识渊博方面的巨人的时代。"这些"巨人"就是通常所说的权威。

科学的发展同样需要权威，正是这样的权威，用科学思维推动了科学的发展，同时也引领着科学走上正确的发展道路。牛顿、达尔文都是近代科学的权威，这是大家都熟悉的。我想借这个机会介绍神经科学发展历程中的一些权威，以此说明权威在科学发展历程中的作用。

科学权威的作用

大脑中的神经网络把我们从外界所获取的信息转变成电脉冲信号，同时进行编码、处理。那么这种信号是什么样的呢？它是如何工作的呢？它有什么特点呢？

如果我们把一支微电极刺入一个神经细胞中，就可以记录到这种信号——神经冲动。A.L. Hodgkin和A.F.Huxley两位科学家发现：神经细胞产生电信号的基础是，分布于细胞膜内、外的各种离子浓度不同；当细胞兴奋时，离子浓度分布发生变化，从而产生神经冲动。之所以会发生离子浓度的变化，他们假设，可能在膜上存在着离子通道，这种通道有时关闭，有时开放，从而产生电位变化。这两位科学家因为这方面的研究成果荣获诺贝尔奖。以后的研究证明，在结构上确实存在离子通道。20世纪70年代后，两位德国科学家（Neher, Sakmann）应用所研发的新技术（膜片钳技术），又直接记录了流经单个通道的离子电流，证实了通道的功能特性。1991年这两位科学家也获得了诺奖。这两个例子充分显示了科学权威在推动科学发展中的重要作用。

权威的另一个作用就是提携后学，这也是一个不容忽视的方面。李政道和杨振宁的脱颖而出就是一个典型的例子。正是意大利出生的美籍物理学家费米（Fermi）引导他们走上了成功之路。费米是世界上最早实现受控链式核反应的科学家，也是原子时代的主要开创者之一。后来，人们将原子序数为

100的元素命名为镄（Fm），以此来纪念费米。

从我自己的亲身经历来看，权威对我的提携在我的科学生涯中也起了关键的作用。已故冯德培院士在20世纪30年代留学英国，卓有成就，他是我老师的老师，我之所以在1991年就当选学部委员，冯先生的提携功不可没。在这条道路上，已故张香桐院士也对我指导良多，他虽然不是我直接的导师，但不遗余力助我成长。1977年"文化大革命"甫告结束，国内能发表科学论文的杂志寥寥无几。我当时是初生牛犊不怕虎，洋洋洒洒写了一篇关于色觉研究的综述论文投寄《科学通报》，几个月后就一字不改发表了。这对于我这样一个当时的小人物来说，简直就是匪夷所思。1980年我去日本留学之前，张先生向我道出事情的原委。原来，这篇论文经评审，谓"此稿内容属基础研究，不宜发表"，即宣判了该论文的"死刑"。是张先生（时任该杂志编委）力陈论文的价值，力挽狂澜，才使论文得以面世。正是这篇论文为我进入神经科学领域做了铺垫。

科学权威的时代性和局限性

与艺术领域不一样，科学是不断发展的。在达到一个高峰之后，又会出现另一个新的高峰。我们都知道，科学是对客观规律的探索，对技术有强烈的依赖性，而艺术却是主观臆想的表现，艺术的高峰往往难以逾越。

从历史上来看，科学所达到的高峰具有明显的时代性，而科学权威也有很强的局限性。科学的权威往往只是就某一个领域而言，超出这个领域，权威的意见就不那么权威了，只是一家之言。正是从这个意义上，我们必须明白：科学需要权威，但是绝不能迷信于权威。爱因斯坦曾说过："谁要是把自己标榜为真理和知识领域的裁判官，他就会被神的笑声所覆灭。"他还说："进入人们头脑中的权威是真理的最大敌人。"法国文学家罗曼·罗兰对爱因斯坦曾作过这样的评论："在一个疯狂的世界里，他保持着健全的理智。"类似的表述也见于中国的古籍，如孟子所说"尽信书，不如无书"也是这个意思。在尊重权威的同时，也要有挑战权威的勇气，只有这样，我们才能在科学上不断攀登新的高峰。

我最后用英国诗人约翰·米尔顿的话结束我的讲演。在题为《为英国人民声辩》这本书里，米尔顿写道："在《圣经》里，真理被比喻做一道潺潺的泉水；假使这泉水不永恒地流动，那水就会腐化成一团顺从和因袭的泥潭。一个人在真理的问题上可能是一个异端者；假使他相信某一事物，仅仅因为他的牧师是这么说的，或者因为国会是这么决定的，再也不知道别的理由了，那么虽然他的信仰是真实的，但他所坚信的真理本身也就变成了异端。"

闻玉梅

【学者简介】

闻玉梅,1934年生,教授,博士生导师,中国工程院院士。现任教育部、卫生部医学分子病毒学重点实验室教授、学术委员会委员,曾任该实验室主任。主要研究方向为乙肝病毒分子生物学与免疫学,为乙肝治疗性疫苗的开创者。先后获得国家自然科学奖、国家教委科技进步奖、何梁何利科技进步奖、"十一五"国家科技计划执行突出贡献奖,以及卫生部、教育部颁发的各种奖项,并荣获国家"863"高科技先进工作者、全国先进工作者、抗击"非典"全国优秀共产党员等荣誉称号。

第<big>2</big>讲

珍惜并享受大学阶段的文化[*]

我是医学院出身，不怎么懂财经，所以还是与大家谈一谈大学阶段的文化。大家踏进大学很不容易，从你小时候起父母就开始为你进入名牌大学而努力。现在连幼儿园都要选好的，更不用说中学。所以进入大学，你们是非常幸运的。可是我在这里要劝告大家，你们过去得到的教育也许是升学，进入大学以后得到的教育也许是有好的学历，将来找份好的工作。我在这里反其道而行之，跟大家谈一谈我对大学的认识。我觉得，对每一个人而言，确实应该珍惜进入大学的这么好的机会，同时也要享受学校为大家提供的大学文化。

大 学 的 感 悟

那么，我对于大学的感悟是什么呢？我觉得，最重要的，大学是我们人生观和事业观成熟的一个场所。我们在中学里多少也有一些人生观和事业观。可是在大学里，我们要逐步成熟。我们这一辈子，人生观是什么？从生下来到离开这个世界，我到底该做什么事？我做的这件事，怎么把它做好？所以这个"成熟"就是指在大学里成熟。

另外，我觉得大学是我们接受严谨专业教育的殿堂。不管是哪一门学科，

* 2013年9月6日上海财经大学"科学·人文大讲堂"第2期。

学习态度一定要严谨。我在医科的时候就讲,老百姓把性命交到我们手里。医生告诉病人一句话,他没有抗拒你,这个是本能。那么我想,学财经的同学,你的道德,你的审核,你鼓励别人投资什么方向,你对国家的经济战略提供的宝贵意见,都必须要有很严谨和很扎实的专业基础。

第三,我认为大学是点燃每一个个性火种的起点。其实老师应当是点燃你们心中的原始火种的人。因为每一个人有他自己独特的活法、个性。老师不是要强迫你,不是要把你束缚起来,而是要把你们每一个人都有的心灵的火种点燃。火种怎么发光,怎么给人民提供温暖,这个就是进步。所以大学是点燃你的火种的起点,这个是很不容易的。我举个例子。周晓燕教授是音乐专家、歌唱专家。廖昌永,现在是知名的歌唱家,他来到上海的时候,连音符都不认识,所以开始学五线谱。这样一个有火种的人,周晓燕教授把他点燃了。所以我希望每个同学都要珍惜自己这么好的机会,老师会点燃你,可是你自己也要学会接受。

大学还是学习人际关系沟通和学会包容性的小社会。毕竟你还没有进入大社会,可是在大学里,你从原来的家庭和学校进入到一个这么大的学校,同学来自五湖四海,来自各个专业,年龄不一样,地区也不一样,大家要学会互相沟通,要学会互相包容。你们要珍惜同学间地久天长的情谊,这情谊你一辈子都不会忘记。这就是我对大学的一些感悟。

大学能带来什么

我们要实现中国梦,那么,我们国家现在最需要的是什么呢?最需要的是高端人才、高水平的人才。现在经济发展那么快,可是我们的人才跟不上,经常出现人才外流,今年美国有报道说大约四分之一的留学生来自中国。这个很自然,到国外去学习我认为没有什么不好,问题是,我们需要你们做出创新性的工作和成果,特别是现在,我们要建立一个创新型的国家。所以,你们要致力于做到这一点。而创新,我认为是来自于实践。不是说为了自己,而是我们要解决中国的什么问题,我们要解决老百姓的什么问题。因此创新的思维常常是蕴藏在你的心里,因为你需要为老百姓解决这些问题。而每个人的素质和能力是根本的条件。

那么,素质是什么呢? 我认为素质是由自己追求的、实现的人生目标所决定的。一个人的素质是你的道德修养的基石,是处世为人的准则。你的道德修养、你的基石,奠定了你一生做什么事,也是你为人处世的准则。

另一个方面就是你的能力。我们来大学不单单是为了培养素质,还要有开展自己业务的能力。业务能力包括学习的能力,而学习不仅仅是局限于老师课堂里所教的那些知识。第一是要有思考的能力。所有你学的东西,你都要考虑是真的还是假的,有没有缺点,它的优点在哪里。我们讲给你听的道理,你要自己想想是不是真的有道理。第二是动手能力。我们医科要看病,当然要学会动手。可是你们也要学会,比如平常做会计的人要怎么算,或者需要你去评估一家公司,那么评估的标准是什么样的,你也要了解。第三是与人交流的能力。这点大学生要特别注意,学校是一个小社会,在你准备走向大社会之前,一定要学会与人交流。现在情商甚至比智商还重要,因为能够与人沟通,就能向人家学习,也能知道人家对你有什么要求,或者人家对你有什么不满意之处。

所以我希望,大家进入大学后自己先要清楚,一个是我的素质怎么提高,另一个是我的能力怎么提高。素质是一个人的基础,能力是一个人的手,是实现理想的手段。

个人经历分享

下面我就和大家分享一下我的一些经历,也许对大家有一定的借鉴作用。

我在中学就已经有了心中的偶像,就是居里夫人。我特别佩服她,于是阅读了她各种版本的传记,包括她女儿给她写的传记、别人给她写的传记。居里夫人是波兰人,波兰当时是由沙皇统治的,在课堂里沙皇有学监,随时会把你叫起来背沙皇的历史。只有她记忆最好,她总是背得出来,所以老师等有学监来了就叫她背。背完以后,学监走了,老师就抱着她痛哭。她在法国的时候没有钱,是做家庭教师赚了钱去的法国。她在法国做科研的时候,冬天天气特别冷,她没有钱,没有柴火,就把椅子盖在被子上,压着自己取暖。她当时的实验室很破旧,自己从大量的矿砂里炼出来第一个放射性元素,命名为钋,Po,代指波兰。第二个是Ra,就是镭,现在我们还用镭来治疗放射性疾病。可是她最后没有申请专利，她说，我的技术是为老百姓、为人民服务的。我的第二个偶像是白求恩。白求恩在加拿大是非常有名的胸科大夫。他到了中国，我们八路军当时非常困难，而且环境也非常危险，可是他说，我是外科医生，一定要把我的诊所放在前线。聂荣臻不同意他的做法，因为炮弹打来打去很危险。可是他说，我要是等病人送下来，再给他们开刀止血已经来不及了。他总是把病人放在第一位。这就是永远活在我们心中的白求恩。

所以到了大学，我就确立了要做一名医疗工作者的心愿，我要考取当时的国立上海医学院。那我当时为什么要考国立上海医学院呢？因为上海医学院是中国人自己的。我们中国人需要自己的医学院。大学里的这些老师给我们的教育是终身的。我就举一个例子。有个学内科的钱德教授，他是研究传染病的。他说，你看病人，不是看病而是看病"人"，每一个人都是不一样的，每一个人进来的姿势你都要关心，要能够判断他大概什么地方不舒服，而且你给他听诊的时候，冬天你必须把听诊器在自己手里捂得很暖和，才可以放到病人身上，不可以把冰冷的听诊器就往病人身上放，听完以后必须帮病人把衣服扣好，这就是做医生的本领和做医生的道德。所以我们在学校里受到的教育，这些教师的讲课和他们做人的道理，我认为是终身难忘的。我觉得这一点是深受他们的教诲的。

另外，大家一定要珍惜自己大学期间培养的友谊，我现在还与大学的同学保持着往来，从1956年到现在。这里面就有胡庆澧，后来是世界卫生组织的副总干事。还有一个叫魏敬煌，他自愿到新疆去。"文化大革命"时候，不知道是在南疆还是在乌鲁木齐，两派武斗的时候，只要魏敬煌出来说句话就不斗了。所以我在这里说，我们确实是在学校的培养之下实现了自己的人生价值。我们的老师，现在都九十几岁了，还在参加上医文化活动。一个学校的文化，是一辈子的。我们心中永远有患者，患者将生命交给我们，我们的责任重如泰山。这就是我们受到的教育。后来，我从内科医生转做科研，可是科研的道路并不平坦。我的老师，现在已经退休了。当时他手把手教我，我觉得我跟着他学到的，第一个是严谨，第二个是，你做事之前先想一想是否可以做成这件事情，那些你就算发牢骚拍桌子骂人也做不成的事情，就不要做。其实归根结底你还是希望把事情做成，而不是说负气。我觉得这对我也是一个永恒的教诲。

后来就是"文化大革命"，那时的我们不像大家现在这么幸福，可以在课堂里坐着听讲、做实验、做设计。那个时候,我和几位教师以及指点江山小分队的学生到了贵州最基层、最贫困的苗族壮族自治州的剑河县南哨公社。我们所有的食物就是自己到30里外扛的米。开始老百姓不了解我们,他们不信我们这一套。可是我们坚持,我们都是自己去挑米、自己去砍柴。我们坚信,只要好好为老百姓看病,他们是会相信我们的。过了3个月,老百姓第一次给我们送来一个南瓜,我们心里可开心了,觉得他们了解我们了,我们可以为他们服务。我虽然是做微生物和内科的,可是那边有很多病人有沙眼内翻倒睫,所以要找西医,帮他们开刀把眼睫毛扳回来,让内翻变成外翻,这样就不会刺激眼角膜。去的时候五官科医生就教我们,我们就跟着学。我们抓了野狗,就开始练习怎么在狗的眼睛上面把内翻倒睫扳回来。因为老百姓需要,我们必须把它纠正过来。慢慢地我们还跟很多赤脚医生建立了很深厚的感情。所以,我们受到的教育是,永远不能脱离群众,因为我们是扎根于群众的。

再往后越来越好,"文化大革命"结束了,我们建立了一个实验室。我自己去了美国和英国。当时我认为我与国外同龄科学家没法比,因为"文化大革命"十年再加上一天到晚搞运动,根本就没办法做科研。但我希望我的学生跟他们的学生比,然后我的学生的学生和他们的学生的学生就可以比赛了。这就是我的愿望。所以我回国后建立了卫生部的重点实验室。我们实验室的格言是:科研的核心是创新,科研的道路是勤奋,科研的态度是求实,科研的目的是为人民。

我感到为国家、为人民服务是永无止境的。我现在已经快80岁了,可是我始终觉得只要我还可以工作的时候,就一定要把事情做好。

杨　乐

〖学者简介〗

杨乐，江苏南通人，1939年生。1956年起就读于北京大学数学力学系，1962年考入中国科学院数学研究所读研究生，1966年毕业后从事数学研究工作。1977年起任副研究员，1979年起任研究员，1982年起任数学研究所副所长，1987年起任数学研究所所长。1998年至2002年任数学与系统科学研究院首任院长。先后被遴选为第六、第七、第八、第九、第十届全国政协委员，第五、第六届全国青年联合会副主席，中国科协全国委员会第三届委员，第四、第五届常委，中国数学会常务理事、秘书长、理事长；先后担任第三、第四届国务院学位委员会委员，第一、第二、第三、第四届国务院学位委员会数学评议组成员，中国科学院主席团委员，第三、第四届全国自然科学奖励委员会委员，《数学学报》主编，*Results in Mathematics*、《中国科学》《科学通报》编委等职。1980年11月当选为中国科学院数学物理学部委员。

第 *3* 讲

培养优良学风，做好学位论文 *

研究生是培育人才的一个非常重要的阶段，同学们从小学到中学，尤其是进入大学之后，都有自己的科系和专业，而且每年学校都会开设一些专业课程。大学四年，大家应该对自己的专业有所了解，但是最近半个世纪以来，科学以空前的速度发展，引领了高新技术，也带动了经济、金融、管理、物流等各个领域、各个专业，每一门学科里有了越来越多的分支，我们本来希望大学四年就能够对自己的专业有系统性的掌握，但是近几十年来这已不太可能，我们还需要进行研究生阶段的学习。这个阶段是非常重要的，同学们在今后的工作中所能达到的水平与你在研究生阶段的努力有着非常密切的关系。那么在研究生阶段的主要任务是什么呢？

两项重要任务

在研究生阶段，同学们有两项主要任务：第一项是继续打好较为广博和扎实的基础。以数学专业为例，它是一门严格遵照循序渐进原则的学科，如果你没有学习过前面的相关课程，那就无法进入后续阶段的学习。大家虽然已经学习了四年的专业课程，但是一般来说还未接触到本专业十分前沿的内容，

* 2013年10月29日上海财经大学"科学·人文大讲堂"第3期。

如果大家这时走上工作岗位，就很难进行一些研究性与创造性的工作，因此还要继续深入学习。

第二项任务是在导师的带领之下，接受一次完整的研究工作训练，做出优秀的学位论文。我这里说的并非只是写一篇学位论文，而是更侧重强调"在导师的带领之下"以及"完整的过程"。"完整的过程"是指同学们从选题开始，到阅读文献，然后最重要的是刻苦攻关以及在此基础上扩大战果，最后才是撰写出自己的学位论文。这是一个全过程的训练，通过这个过程，同学们才能了解研究工作是如何进行的，因此这不仅仅是写出了一篇学位论文，而且是为未来继续从事研究工作打下了坚实的基础。这个任务和前面第一个任务其实是紧密相关的，但是这个任务显得更为重要。下面我就针对撰写学位论文的每一个环节进行分析说明。

如 何 选 题

同学们的论文选题应该是这个专业领域中比较有意义的，是与其他内容联系较多的，而不是孤立的，最好是在国际领域中处于萌芽阶段的很有生命力的课题。同时要根据同学们的个人情况，选择适合自己的课题。大家已经在本科阶段学习了一些专业课程，那么你们可以考虑自己对哪一门课程更有兴趣，理解也比较深刻，大家的论文选题就可以在这门课程的领域内按照我前面提到的要求进行选择。当然，大家要关注国际潮流，还要关注学校和院系在某些领域里的特色和优势。

有的同学可能会说我不关注这么多信息，导师安排我做什么题目，我进行研究就足够了。但是大家应该注意的是，导师胸中的问题常有两类：第一类是这个领域内未解决的著名问题，这类问题已经受到了许多著名专家的研究和关注，而同学们尚处于初始研究阶段，且有学时期限的制约，是很难在这些问题上做出重要成果的。第二类是导师之前进行过研究但是没有发表论文的课题，之所以没有发表，一般都是由于研究所用方法和结果并没有多少创新之处，因此针对这些题目，同学们再重复老师乏味的工作意义不大。所以同学们选取论文题目既要与导师进行充分的沟通，也不能完全依赖老师，要逐步培养自己独特的品味。

如果有的同学在初始阶段无法确定选题，那也没有关系，同学们可以在第一阶段先大致确定自己的研究领域，然后通过阅读文献对该领域有了较多的了解后，再进一步选定题目。

如何研读文献

研读文献不只是为学位论文做准备，也是为了给未来的工作和研究打下基础，使大家对研究方向有较好的掌握，了解其研究思想、研究方法，以及重要的历史发展阶段。对一部分历史悠久、应用广泛的方向，有的学者已经写出了专著，我们应该从阅读这些专著开始。

给大家举个例子。我于1956年进入北京大学数学力学系学习，那时数力系学制六年，1962年毕业以后，我考取了中国科学院数学所的研究生，导师是熊庆来先生，他是我国老一辈著名数学家。在座的同学们可能不大知道，但是我举几个他的学生，大家一定非常熟悉，比如华罗庚、陈省身、钱三强等，这反映出熊庆来教授是一个很有造诣并且很会培养学生的前辈。但是我读研究生的时候，他已经70岁了，他当时和我们讲自己已经年逾古稀，不能给予我们具体的帮助，但是"老马识途"。后来我们才对熊教授的这番话有了更为深刻的体会，比如我们学习的函数值分布理论，这个理论长期以来都是数学领域中一个很主流的方向，不仅是函数论方面的专家进行过研究，其他方向的专家也进行过研究，因此关于这方面的专著很多。如果不是熊庆来教授的指导，我们很有可能会去寻找那些精装的很厚的专著，但是熊庆来教授给我们推荐了一本只有一百五六十页左右的书，这本书是由函数值分布现代理论的奠基人奈望利纳撰写的。读完这本书之后，就能掌握要领并且可以进入研究的前沿。而如果我们读的不是这本书，则很有可能只是在外围转悠，并非进入了这个领域的核心，这也就是熊庆来先生所说的"老马识途"。

因此我们阅读文献，要学会挑选合适的专著，要选择一些基本的文献。数学学科和其他一些高新技术学科不同，高新技术的淘汰速度是非常快的，而数学学科讲究的是学术思想，包括一些几十年前的学术论文，它的思想可能依然非常值得我们借鉴。当然我们在专注基本文献的同时还要掌握最新文献。如果同学们只专注基本文献，就很有可能白费功夫，因为你花费了许多时间和精力获得的研究成果可能其他学者已经进行过研究，并发表了论文。阅读文献时最重要的一点就是掌握作者的思想实质，不能只是停留在表面的领会上。科研工作的要求是创新，而不只是在别人的框架下对已有的研究工作做推广或者演算得更细微与精确些。

刻 苦 攻 关

做研究工作最关键的部分就是刻苦攻关。如果同学们想要做出比较好的成果，或者是在方法上有较大的创新，那么你们必然会遇到非常多的困难，而且是一个接一个的困难，做研究就是不断地克服这些困难，不断地找出新的办法前进，所有这些努力积攒起来就会有质的变化。20世纪20年代，清华大学国学院著名的四大导师之一王国维先生就说过，做国学的三种境界：第一种境界是"昨夜西风凋碧树，独上高楼，望尽天涯路"，意思就是你认真阅读文献，不断地攀登，眼界不断地开拓，逐渐对自己的研究领域有一个全面的了解；第二种境界是"衣带渐宽终不悔，为伊消得人憔悴"，这就是刻苦攻关了，这个阶段的困难和挫折是非常多的，研究绝非那么容易；第三种境界就是"众里寻他千百度，蓦然回首，那人却在，灯火阑珊处"，这个意思就是你花了很多时间和精力，想了很多办法来克服困难，各种道路都进行了尝试，前进了一点却又遇到了新的困难，最后似乎有个偶然的机会，发现终于有条路可以走通，而这种灵感好像来自于无意之间。那么许多同学可能都会问，我们能不能直接进入第三种境界？答案显然是不行的，因为第三种境界是建立在第一种和第二种境界之上的，没有前两种境界，我们不可能直接到达第三种境界。

那么经过了刻苦攻关并且取得了一定的成功之后，我们是否就可以止步于此？我认为还需要扩大战果，否则可能造成极大的遗憾。我们要继续探索目前的成果是否可以处理新的问题，这一点我和我的同学张广厚在研究工作中深有体会。比如在20世纪70年代初期，我们进行的一项工作取得了不错的成果，即把法国一位权威学者伐理隆和英国剑桥著名学者卡特莱娣研究成果的使用范围扩大了很多。如果我们当时就到此为止，这也算是非常好的一篇论文，但是我们后来继续进行了深入的研究，做出了更加突出的成果。函数值分布论实际分为两个大的领域：一个是研究函数在全平面的取值，叫做模分布；另一个是在某一个方向附近的状态，叫做辐角分布。模分布的研究有上百篇论文，辐角分布的研究也有很多论文，但是对于这两个分布的中心概念之间联系的研究却完全是空白，我和张广厚的研究正是得出了两者之间紧密的联系，使得学术界对这两个领域有了更深的认识。

有的同学可能会想，经过前面几个阶段的研究和学习，撰写论文就只需要写下自己的研究过程就可以了，但是撰写论文并非这么简单，尤其是对于学术研究，语言要求十分严谨、简练，同时表述也要恰当，要用几句话就表达清楚自己研究的问题。而撰写论文是所有同学都要面临的一个任务，这实际上是一个非常严肃、需要不断努力的过程，因此同学们应该认真对待。

培育优良学风

改革开放以来，我们国家取得了巨大的进步，经济高速发展，人民生活水平显著提高，国力大大增强，那么我们还有什么需要改进的方面吗？答案是肯定的，其中有一点就是改革开放后社会变得非常功利，过分物质化，用金钱来衡量一切。我认为这是社会经济体制迅速改变带来的问题，而且对教育、科研和青少年人才的培养产生了不利影响，教育部、科技部、中国科协、中国科学院、中国工程院和国家自然科学基金委员会在这几年都成立了科学道德和学风建设委员会，并且开展了很多相关活动，积极地与现在的学术不端行为进行斗争。这些不端行为包括：抄袭剽窃他人成果、伪造篡改数据、随意侵占他人科研成果、重复发表论文、学术论文质量降低、育人不负责任、学术评审和项目中突出个人利益、过分追求个人名利、助长浮躁之风等。这些在学术界、教育界都有所表现。与此同时，这些问题在我们同学身上也有所表现，比如考试作弊、论文抄袭都时有发生，有些同学甚至不觉得羞耻，而认为是司空见惯。青年学者对于这些问题没有正确的认识，缺乏是非观念，这就很难树立和培养优良的学风。同学们今后走上工作岗位，作为我国各条战线上的骨干和领军人物，对于是非的评判，将关系到我们整个社会的价值观念走向、社会的发展以及国家的进步，因此学风道德建设绝非小事。

这里我对同学们提几点希望。首先要有远大的理想。目前大多数同学的理想可能是希望以后能有一份待遇比较好的工作，或者成为一名教授等。但是我希望同学们的理想更加远大，要了解自己所在专业的国际水平，我们为什么不能与本专业的国际水平进行比较？我们要有理想、有志气、有抱负，要在自己所属专业里成为国际最高水平的专家、学者。

我们要对自己所在的专业有浓厚的兴趣，要有强烈的求知精神。也许不少同学的专业并非自己所选，因此进入大学之后常常抱怨对自己的专业没有兴趣，认为兴趣是天生的。其实我对兴趣的看法是主要靠后天的培养。拿数学来讲，很多人认为数学是非常枯燥的，但是如果你在数学上花一点时间、下一点功夫，就会发现数学并不是那么难，而是可以掌握的，再持续地下些功夫，你就会有自己的心得体会，这样就培养出了你的兴趣。

如果你想成为某个领域的高水平专家，那么你肯定会遇到很多的困难和挫折，但是现在的同学几乎都是独生子女，物质条件比过去好多了，难免就有一些娇生惯养，因此要想克服这些挫折，你们必须要有克服困难的精神，遇到挫折不能轻易地退缩。

最后，成才是一个长期的过程，读研究生、获得博士学位只是研究与成才的开始，刚刚具备了独立从事研究工作的能力。我们要在工作岗位上不断学习和研究，提升自己的水平和创新能力，才能成为所在领域的高水平专家和学者，因此成才的过程更像是马拉松而不是百米赛跑，我们需要10年甚至20年来完成这个过程。

继承老一辈科学家的传统

我国著名数学家华罗庚是一名妇孺皆知的传奇式的数学家，大家对他的认识是只有初中文凭，但是却在数学方面很有天赋，其实这只是一些表面的现象。华罗庚初中毕业时，由于家庭贫困，只能到上海不用交学费就能上学的中华职业学校学习。1年后，华罗庚甚至连生活费也负担不起，只得回到老家江苏金坛，白天帮助自己的父亲打理杂货铺，晚上的时间则用来自修。当时他在金坛找到的最深奥的数学书就是一本只有50页的微积分，这也是他当时所能达到的最高水平。华老曾经自己说起，如果没有后来的机遇和努力，他会一直留在老家成为一名中学老师。当时熊庆来先生看到了华罗庚写的一篇文章，把他招到了清华大学数学系的图书馆里做职员。正是利用这个机会，华罗庚旁听了数学系所有的课程，每天清晨4点半就起床读书，利用两年的时间就修完了所有的课程。在研究上有所表现后，他又获得了选派英国剑桥的机会，得到了很好的熏陶，研究工作取得了飞跃。因此除了环境，最重要的还是勤奋，华罗庚就是一个很好的例子。

我和张广厚当时在北大以及在中国科学院读书的10年里，从未听说过考试作弊和论文抄袭之事，监考的老教授在发完考卷后就离开教室，等到考试时间3小时快要结束的时候再进来收走卷子，但就是在这样的情况下，也没有一个同学交头接耳或者是拿着夹带抄袭。在我读书的时期，也从未听说同学过生日请客，大家基本上都是靠着助学金过着清苦的生活，每月还能稍有剩余，积攒数月之后用来到书店里买自己专业的参考书，生活上一直保持着清苦的状态。当年的同学有良好的学风，现在的同学可以做得更好。因此我相信同学们一定可以做到考试诚信、论文创新。现在，国家与社会对青年成才如此关注，大家的学习环境有了极大的改善，我衷心地祝愿广大的同学今后能够成为各个领域的高水平专家，为我们的祖国、为全人类做出自己的贡献。

闻邦椿

【学者简介】

　　闻邦椿,1930年生,教授,博士生导师,中国科学院院士。曾任国务院学位委员会机械工程学科评议组成员、中国振动工程学会理事长、国际转子动力学技术委员会委员。已培养博士和硕士200余名。研究和发展了振动学与机器学相结合的新学科"振动利用工程学",在相关领域发表论文700余篇,其中SCI、EI和ISTP三大检索论文250余篇,撰写著作、论文集和手册70余部。先后获得布鲁塞尔发明博览会"尤里卡"金奖、个人发明"骑士勋章"、国家科技进步二等奖三项、国家技术发明奖一项等省部级以上奖励20余项。

和青年朋友谈人生如何奋斗[*]

我写了一本《奋斗的人生》自传式著作。

我想和大家分享一下我写的这本书，该书是关于我的家庭和个人经历的，在书中我总结出了成功做事的十二条规则。

第一，我们做事要遵照三大要素：目的、内容、方法。如果我们做事不懂得为什么要做、做什么、怎么去做，那我们做任何事都不会成功。第二，懂得做事的三大要素之后，还要充分发挥主观方面的四项潜能：德、智、体和毅力，因为做事成功与否主要是由一个人的主观因素来决定的，这与学校要求我们德、智、体全面发展是一致的。第三，客观方面的因素也很重要，也就是：机遇、环境和条件，这些客观条件也有可能在较大程度上决定我们做的事能否成功。第四，我们要不断学习、经常检查及定期总结。以上就是我总结出来的做事的方法论规则。用诗句加以表达就是："世间做事有妙法，三大要素是原则。四项潜能为基础，三维时空莫忘却。成功处事众人盼，十二要素做指南。条条句句记心间，万事皆能迎刃解。"

现代成功学简介

以上我讲的十二条成功做事规则，也是我在《现代成功学》中讲的主要内

---

[*] 2013年11月5日上海财经大学"科学·人文大讲堂"第4期。

容。它是在卡耐基成功学的基础上发展起来的,但是它们也有不少的区别,比如工作目标、指导思想、理论体系、理论基础、工作内容和适用对象等方面。现代成功学的指导思想是科学发展观,它是以现代科学技术成就为基础的,其中包括:现代哲学、现代心理学、信息技术、最优化方法、统筹学、创新的原理和方法等。现代成功学强调我们要用现代的科学技术成就来指导我们的学习和工作,因为人类已经进入了信息网络时代,只靠个人的力量是远远不够的,因此它强调了集体力量和客观因素。现代成功学以科学发展观作为指导思想,其内容是:第一,它考虑问题是从人民和国家的角度出发的;第二,它重视全面性和系统性;第三,它重视实践性和科学性;第四,它重视继承性和创新性;第五,它重视协调性和稳定性;第六,它考虑可持续性和长期性。

人活着就要奋斗

人类的历史就是一部奋斗的历史,也是一部创造的历史。假如没有奋斗和创造,就没有今天社会的物质文明和精神文明,也就没有今天的美好生活。因此奋斗和创造是人类历史赋予我们每个人的责任和义务。要奋斗,要创造,就会有困难,有挫折。这主要是因为人们对客观事物往往还缺乏规律性的认识所造成的,只有通过不断实践,才能逐步了解事物发展的内在规律,从而顺利完成任务。

那么,我们如何才能在人生奋斗中取得成功,就是我在前面提到的十二条规则,这是我们做事能否取得成功的关键,下面我们就针对这十二条规则进行讨论。

谈树立正确理想的重要性

我前面所提到的做事三要素,其中最主要的就是要有理想和目标,年轻人应该早立志、立大志,因为志向是人生的灯塔。有什么样的理想和信念,就会有什么样的人生,大家都应以祖国的建设发展为自己的奋斗目标,立志为中华民族的伟大复兴而奋斗,同时在这个进程中实现自身的价值。那么我国当前的理想和目标是什么? 党的十八大报告中提出了两个百年的奋斗目标:一个是在建党100年时全面建成小康社会，一个是在新中国成立100年时建成富强、民主、文明、和谐的社会主义现代化国家。要实现这两个目标，即实现中华民族伟大复兴的中国梦，必须依靠全国人民的共同努力。十八大已经提出实现中华民族伟大复兴的中国梦，拟定了建设我们国家的"五位一体"总计划，包括：经济建设、政治建设、文化建设、社会建设和生态文明建设。在实现国家富强、民族振兴、人民幸福的三大目标上，展现了中国梦在国家、民族、个人梦想上的高度一致。

每个人奋斗的具体目标应该是在实现中华民族伟大复兴的中国梦的各种工作中做出自己的贡献，实现自己的人生价值。每个人所承担的工作可以是各式各样的。但是没有奋斗目标的人生是糊涂人生，很难有大作为。就我来说，大学毕业之后，我的导师对我们提出的要求是向院士这个方向努力，要在科学研究工作中做出贡献，所以我在学术研究方面，不断地努力创新和探索，争取为国家做出自己的贡献。经过不懈努力，我在科学研究上取得了一定的成绩，解决了工程中的问题，还得到了多项国家奖励。因此目标的设定对于我们的成功做事很有帮助，同时我们应该注意区分目标的类型，即初期的目标、中期的目标和长期的目标，我们实现目标不能存在"浮躁"的心态，要一步一步地完成。

我们设定目标时也是有具体要求的：第一，正确的思想（I）；第二，质量或品质（Q）；第三，成本或价格（C）；第四，时间或周期（T）；第五，要考虑环保（E）；第六，事后的服务（S）。其中，正确的指导思想很重要，如果没有这一点，就极有可能失败。比如三鹿奶粉事件和美国的金融危机，就是因为他们做事不符合广大人民的利益和国家利益而造成的严重恶果。

关于理想，我们大致可以分为四类。第一类，远大的理想。一些伟人以及取得较大成就的人常常都有远大的理想和宏伟的目标，比如我国的功勋科学家钱学森，20世纪50年代，冲破层层阻挠，回到祖国怀抱，他十分热爱祖国，把中华民族的伟大复兴作为自己的远大理想，并全心全意地投入我国的系统论、控制论和航天事业的研究中，使我国的航天事业达到了世界先进水平，成为航天大国。第二类，为解决个人生活基本需求确定的目标。对多数人来说，他们的理想是找到合适的工作就心满意足了，他们考虑的首先是能维持自己的生活，能让自己较好地生活下去，这谈不上有远大的理想。这种想法应该说是现实的,但是这样的奋斗目标不容易使自己激发出更高的奋斗热情,或者说,有了较远大的理想,才更容易激发出更高的奋斗热情,才更容易对社会做出较大的贡献。有远大抱负的人,必须通过不懈的努力,才能实现自己的远大理想,一旦这个理想得以实现,就能对社会做出较大的贡献,所取得的报酬会远远超出生活中必要的支出,所以树立远大理想是十分必要的。第三类,目标糊涂或者产生一些不切实际的幻想。有一些人,天天东想西想,一心想找一条发财致富之路,但不下苦功夫,不努力去实践自己的想法,完全脱离了"实践"与"创造"是通向成功的必由之路这一基本原则,也忘却了只有通过"勤奋"和"刻苦"才能使事业取得成功这一条人人皆知的公理。第四类,没有理想或者目标不正确。有些人根本没有理想,糊里糊涂地过日子,根本没有考虑如何学习、工作和生活,"做一天和尚撞一天钟";还有些人根本没有考虑要通过自己的劳动来维持生活,来获取生活费用,而是违反国家法律,通过抢劫、偷盗、绑架来获取不当利益。根据哈佛大学对其学生所做的一次调查,刚刚入学时,拥有第一类、第二类、第三类和第四类理想的人分别占3%、10%、60%和27%,25年后,后续的调查显示这些人的生活状态分别为社会的精英和行业的巨头、专业人士、生活过得去和生活过得不如意等结果,可以看出理想对我们的未来发展具有重要的指导作用。

然而,有了远大的理想是远远不够的,我们还必须要通过具体的工作内容去实现。在确定具体工作内容时,我们既要考虑国家的需要,也要结合工作实际和个人能力,更要考虑环境和条件。就我个人和我的家庭而言,我的爷爷和叔父,都为我树立了很好的榜样,我的爷爷小时候家里很穷,但他最终还是通过自己的努力,走出了贫困。我的叔父,为实现"科教兴国"的理想,努力学习,先到名牌大学念书,然后出国留学去实现第一步目标,再通过教书育人实现"教育立国,科教救国"的目标,所以切实可行的任务是使事业取得成功的关键要素。因此在确定了目标之后,我们还要解决学什么和做什么的问题,不能漫无边际地学,也不能什么事都去做,因为人的精力和时间是有限的,因此,选择任务十分重要,要选择好学和做的内容,也就是说,实现奋斗目标的内容需要我们仔细地去思考和选择。比如20年前,当有人提出要发展个人电话的时候,有的企业和研究单位抓住了这一重要信息,取得了优先发展的地位。再如10年前,浙江吉利集团抓住了中国民用轿车热即将到来的机遇,大力发展轿车产业,十年中,该公司的生产得到了快速的发展,目前已达到年产30万辆的水平。

最后,有效的工作方法也十分重要。它是一种在科学发展观指导下的工作方法,有了理想的工作方法,就会提高做事的质量,也就是说,可以更好地解决做事过程中的多、快、好、省问题,可以使执行的工作得以全面、稳定、协调和可持续地开展,就会大大提高工作效率。而科学的工作方法有两个特点:一是实践性,即要通过实践才能完成;二是科学性,即做事要符合事物发展的内在规律,要用创造性的思维去分析、掌握事物发生和发展的规律和存在的各种矛盾,在实践中不断进取、不断创造、不断积累。

充分发挥自己的主观潜能

做事能否成功,要看执行任务的人潜能发挥的情况,所谓潜能,是可以通过努力来改变的,所以每个人都要把它利用好,使每个人的积极性和主观能动性得到充分发挥。

首先,在大学期间同学们的学习固然很重要,但是更重要的是要学会做人。应该做一个人格完善的人,既会做人,也会做事,德智双全,但首先应"学会做人",要努力争取做一个遵纪守法的人,做一个善于与别人沟通合作的人,一个恪守诚信、勇于承担责任和克服困难的人,一个胸怀远大理想、热爱祖国的人。

其次,我们要掌握相应的业务能力。在科学技术高度发展的今天,科学技术的面越来越广,深度越来越深,专门化的程度越来越高,要想从事高新技术的研究,如果没有专门的知识和能力,就很难胜任工作任务。因此我们必须要以百倍的努力去掌握这些先进的科学技术知识,培养好自己的几个能力,如自学能力、分析和解决问题的能力、实践能力、创新能力和社交能力。我个人认为"学问乃立业、兴家、治国之本"。"立业"是指要做好本职的工作,"兴家"是指建立美满的家庭,"治国"是指把国家治理好,这些都是一个人能力的体现。

第三,要重视身体健康和人身安全。这是实现人生奋斗目标的核心和前提。防治疾病,积极配合治疗是战胜疾病的有效方法,如果健康情况不好,还谈什么奋斗的人生呢?所以同学们要十分珍惜自己的生命。我小的时候,体弱多病，与结核病抗争了十多年，结果不是疾病战胜了我，而是我战胜了疾病。在中学时期，我的同学都说我活不到40岁，但是我现在快80岁了。我自己就十分注意疾病的预防，比如我40多年只得了四五次感冒。因此同学们要学会珍惜自己的身体，更要珍惜自己的生命，珍惜别人的生命。

总之，青春就需要奋斗，青春在努力拼搏和刻苦学习中能迸发出灿烂的光芒。在这里最重要的就是"勤奋"和"刻苦"的精神，青少年时期是每个人一生中最重要和最宝贵的时期，多数青少年能牢牢地把握和利用这一阶段的宝贵时间。就我个人而言，我在大学时期担任过班干部，也参加过中国人民解放军，有着较高的思想觉悟，但是我也遇到过人生的挫折，然而我并没有放弃，最终通过自己的坚持克服了这些困难。经过50多年的努力，我和我的团队解决了工程中的许多实际问题，系统地研究了这一学科的理论，写出了数百篇论文，撰写了多部专著，终于在国际上建立起"振动利用工程"新学科，因此我写了如下一首诗："辛勤耕耘数十载，新兴学科要创建。振动本是多危害，变害为利促发展。企业生产有依据，人民生活得改善。骑士奖章胸前戴，梅花奇香苦寒先。"

充分利用客观因素

客观因素包括时间、地点和条件，它也是非常重要的，如果大家能够利用好，就会对你的事业产生积极的影响，因为一个人处事能否取得成功，与其外部条件有着十分密切的联系。其中时机和机遇是事业取得成功的不可忽视的因素，任何成功者都是十分积极地去创造有利的外因，人们常说"机不可失，时不再来"，巴尔扎克也说过"机会来的时候像闪电一般短促，全靠你不假思索的利用"。我的祖父和叔父以及其他家庭成员之所以取得成功，除了一些主观原因外，抓住机遇也是他们取得成功的重要因素。今天我和大家谈人生奋斗及现代成功学也是一个极好的机遇，因为人类已经进入知识经济时代，科学技术发展迅速，我们今天谈成功，假如不好好利用科学技术是不太可能成功的。

现在我想讲一个我的故事，给大家举例说明抓住客观因素的重要性。我在参加中国人民解放军时加入了共青团，在大学学习期间，我是团的干部，也写过入党申请书，但是由于家庭出身不好，一直入不了党。1983年我国发生了一次震惊全国的劫机事件，当时我就在这架客机上，客机最后迫降在当时还与我国没有建交的韩国。我紧急成立了一个临时联络小组，要求联合国有关组织来调查，我们要求保证所有乘客的生命安全，并将有关书面材料通过机上一名日本朋友转交给中国驻东京大使馆。最终我们所有乘客都得到解救，我也因为在这次突发事件中的表现得到了学校领导的认可，因此加入了中国共产党。

除了机遇之外，环境对完成某些任务也是十分重要的。例如前面提到的吉利集团，它创办了北京吉利大学，如果换成另外一个地方，短期内甚至长期内都难以达到现在的规模。最后，良好的工作条件也是关键。例如，你要使某一领域的研究工作取得成功，除了自身的一些因素外，还要有良好的工作条件作为支撑，要有领导和同志们的支持，有一个很好的群体和科研团队协助你的工作。

不断学习和定期检查总结

在科学技术得到高度发展的今天，文化知识日新月异，科学技术层出不穷，生活条件和环境也在不断地改变，在这种新形势下学习尤为重要，不学习，很快就会落后，就会掉队。因此，首先必须要树立起终身学习的理念，才能符合社会不断发展和知识不断更新的需要。

其次，检查总结也是一种学习，而且在实际工作中学习，比通过书本学习更加实际，更为有用。同学们在总结中发现自己思想上和工作上存在不足时，应该及时地予以克服和纠正，以免出现严重问题后再去想办法，再去处理，就为时已晚，因此我们要从总结中找出优点和不足，总结处事和奋斗过程中的经验和教训，使自己在下一阶段的工作中发扬优点，克服缺点，进而少走弯路。

最后，我用一首诗来结束我的感言："辛勤耕耘五十载，坦荡人生心无悔。若是登高望四海，便知远处更光辉。"

Anne P. Underhill（文德安）

【学者简介】

Anne P. Underhill（文德安），美国国籍，1954年生，人类学博士。现任耶鲁大学教授、人类学系主任、皮博迪博物馆研究员。文德安教授长期从事东亚古代社会复杂化进程的研究和东亚（主要是中国）的考古学研究，其相关研究领域主要包括民族考古、聚落考古、古代手工业考古。文德安曾深入我国贵州和新疆等地，对当地陶器手工业做了深入的人类学调查，对大汶口文化及龙山时代的聚落、墓葬及其所反映的人类行为也有独到见解。从1995年开始，作为美方负责人，文德安与山东大学开展了长达十余年的山东日照地区区域系统考古调查和发掘合作项目。2008年，文德安教授荣获中国政府授予的国家"友谊奖"。

第 **5** 讲

中国早期文明的考古学研究
（Recent Archaeological Research on Early Chinese Civilization）*

我在中国做考古学工作已有多年，在这期间我一直和山东大学的同事们合作。今天有幸能和大家分享我们的研究。

用考古学方法研究史前文明的发展

对文明起源的研究历来是全世界考古学家公认的重要课题，比如我们研究人类起源，研究金字塔文明的起源，研究在危地马拉和墨西哥地区的玛雅文明以及世界上其他地区的文明起源。当我还是一个年轻的学生时，我就希望学习中国古代的文明，因为那时候很少有美国人了解中国的考古学是什么样的，我那时也很想知道中国的学者和学生对于中国的文明正在做怎样的研究。

文明的起源是一个很复杂的论题，这一论题包含许多不同的方面。我相信中国的学生对中国最早期的朝代都很了解，像夏、商、周等，我们通过考古发现了商代的文字——甲骨文和精美的铜器等。但我和我在山东大学的同

---

* 2013年11月15日上海财经大学"科学·人文大讲堂"第5期，本文为译文。

事想了解的是在这些早期朝代之前发生的故事，即时间点在公元前1 700年之前的相关历史。我们想知道在那一段没有文字记载的时期，人们如何居住，他们的生活又是怎样的。所以许多中国的学者和我一起研究这一课题。他们中的许多人是在黄河流域一带做研究的，另一部分则工作在长江流域一带。

考古学是一个极具个性的学科，因为我们研究的是古代人留下的东西。同时它也是一个极具挑战性的工作，因为我们工作的基础就是要弄清楚古代的人留下了什么，例如他们死后留下的被埋在地底的东西，他们的房屋建筑等。我们需要研究这些被埋在地底的东西，并据此了解他们当时的生活情况。做这些事情对于考古学十分重要，尤其是在夏商之前那段没有文字记载的时代，我们只能通过古人留下的东西研究那个时期的社会。

考古学是一门科学，需要运用多种科学技术手段以及与人类学相关的理论知识来提高自己的研究水平。我是做考古学研究的，但我为什么要学习人类学呢？因为我们研究的是古代的文化，很多时候我们需要通过现代的文化来帮助我们理解古代的文化，即我们常说的由已知世界来推测未知世界。

从多方面考察文物、发掘历史

我们可以利用考古学方法来研究古代社会的不同方面。第一，通过研究古人留下的物品和建筑，进而确定古代社会阶级的产生时间，根据不同阶级标准的划分，来研究社会阶级的发展状况；第二，我们根据古人留下的房屋、城壕等信息来探讨中国古代早期城市的萌芽问题，这也是许多中国学者当前研究的热点；第三，考古学可以帮助我们了解区域性统治集团的形成、发展，以及后来的诸侯国的发展和消亡问题；第四，非常重要的方面是有关文明的传承问题。我的研究涉及许多的省份，如上海、浙江、江苏、山东等，许多考古学家都扮演着博物馆专家的角色，将自己的研究公之于众。他们告诉世人，考古学研究是中华文化传承的重要环节，对于中国人乃至整个世界都有着非凡的意义。所以当我们在中国不同的地区工作时，我们会告诉当地人，寻求他们的帮助，来保护文化遗址。因为我们知道，保护遗址对于当地人民了解他们祖先的生活有着重要的意义。

　　我举两个例子：首先是城市地区的考古发现。像上海、杭州这样的城市中有很多的博物馆，在学习之余去参观博物馆也是不错的选择，上海博物馆就是世界上最好的博物馆之一，其中收藏了许多周边地区的历史文物。良渚文明是中国早期城市文明的代表，也是中国东部地区古代文明的发源地之一。这一地区有著名的反山墓地、瑶山祭坛等遗址，这些古代遗存能帮助我们了解当时的社会阶级是如何产生的，以及长江下游对于中国古代文明的重要性。很多中国人认为中华文明的起源不能仅仅追溯到某一特定区域，而是很多地区不同文化的相互交融最终促进了中华文明的产生，但总的来说，以上海及周边区域为代表的长江下游地区是极为重要的一部分。在杭州的良渚博物馆里保存着许多重要的考古遗存，尤其是其中的 11 座大型坟墓，这些坟墓的主人十分富有，在陪葬的随葬品中发现了上百件玉器等贵重物品，这些玉石器都十分漂亮精美。其中一座墓葬，我们运用各种高科技手段检测发现，墓主人是一个 17 岁上下的年轻人，他的遗体被放入坟墓后，胸前先放上贵重的陪葬品，随后身上被盖上泥土。据此，我们可以通过对墓葬的发掘来复原当时墓主的丧葬习俗。此外，我们还发现这个墓主与其他墓主是有区别的，这个年轻人有着特殊的身份，年纪轻轻的他，墓中的玉器等陪葬品的质量和数量却远远超过其他人，因此我们推断这个年轻人的身份比其他人更为尊贵，应该是属于当时的贵族阶层。另外，考古学家们还发现在随葬的玉器表面有火烧的痕迹，据此推断当时的人们曾把这些东西扔进火里，这可能是当时葬礼的一种形式。总之，一个墓葬遗址能告诉我们关于古代人民社会生活的多种信息，据此我们也可以窥探古代社会不同阶级的分布状况。最后，考古学家们通常还可以通过比较墓葬规格的大小、墓葬所处的位置等来判断坟墓主人的身份和地位，一般墓葬规格越大，主人的身份地位就越高。当然我们也可以从单个陪葬品来判断。考古学家们常用的另一种方法是根据墓葬在整个墓区中的叠压打破关系来判断其相对早晚关系。有一些墓葬开口在整个墓地文化层的最底层，有一些则在其稍高的层次，还有一些墓葬之间存在着一个墓葬破坏另外一个墓葬的现象。我们可以通过这些信息来判断墓葬埋葬的相对早晚关系。一般在最底层的坟墓是最早被埋入地下的，因而越是处于底部文化层的坟墓历史越久远，被另一个墓葬破坏的墓葬，其年代也相对较久远。总之，我们可以使用许多方法来获取单个坟墓的各种信息。

对良渚文明的研究

当今全世界的考古学家们最感兴趣的论题之一是：为什么世界上有如此多的翡翠玉石等精美的饰品，而它们各自又代表着什么？在良渚文明中也有许多这类东西，它们大小不一，形状各异。有的考古学家认为大的玉器是权力的象征，因为一般大的玉器都是从较大的墓葬中出土的，这是一个很好的证据，足以证明拥有这么大玉器的主人，当时的社会地位必定十分高贵。还有一些带有精致雕刻花纹的玉器一般也是从大的坟墓中出土的，由此可见，精致的雕刻纹饰也是社会身份的一种象征，拥有这些东西的主人有可能是当时的权贵。总之，我们可以从不同的方面判断坟墓主人所属的社会阶层。

我们都知道，玉石是一种很特殊的材料，因为它很难切割和雕刻。因此，考古学家们很好奇当时的人们花费了多少时间来完成那样一件件精美的作品的。那些作品上大多有很细致的雕刻纹饰，有的纹饰不仅精细而且图案复杂。考古学家们由此联想到当时的人们创造了怎样的技术来制作这些精美的玉石器具。那时候没有先进的工具，所以他们可能只是拿其他石头来雕刻玉石。因此考古学家们又很好奇，是谁制作出如此精美的物品？这些东西又为什么被放进坟墓作为陪葬品而不是被再利用？我认为这些都是很有趣的问题，因为我们很难知道当时有多少人在活着的时候用过这些精美的东西。也有可能这些东西制作出来的目的就是用于陪葬，因为在中国，将一些精致美好的东西放入坟墓中陪葬是一种很早就有的传统。我相信，古代的人们可能会认为，人死后会去另一个世界，因而活着的人把美好的东西放入他们的坟墓，以此来表达对死者的怀念和敬意。我们可以通过研究这些玉器来探讨当时人们的信仰。

在良渚博物馆我们还能见到一种特别的玉器，它由一根木棍和一个斧头状玉器构成，这一器具应该代表着权力，一般只有领袖拥有，以此来象征自己无上的权力。但由于良渚文明距今已有5 000多年的历史，这类器具上的木头早已腐烂，只剩下单一的斧头状的玉器，考古学家们只能根据出土时的状况和合理的想象复原出它原来的样子。关于这一器具的构成材料，有的考古学家认为它的柄可能是骨头而非木头，因为这更能代表力量与权势，但这也需要进一步的考证。

良渚博物馆里还保存着完整的墓地资料，我们可以想象当时的人们花费了多大的人力和物力来建造如此雄伟的墓冢，我们也可以看到古人坚定的信仰，他们如此看重葬礼，希望自己的亲人死后去另一个世界。他们在坟墓周围堆上石头，做成台阶，把尸体放在设计好的墓坑中。他们搬运了很多的石头，在墓底做成了一个平台，这在当时是极其浩大的工程，由此可见当时人们坚定的信仰。

另一个著名的遗址是瑶山墓地，这一遗址中也有很多精美的玉器，也都保存在良渚博物馆中。这些玉器上面都雕刻着各异的图案，我们至今仍不清楚它们代表着什么，但这些东西的制作耗时良多，有些考古学家认为我们可以通过对这些东西的考察研究当时的经济状况。考古学家们认为古代经济发达的表现之一是手工制品的精致程度。有的考古学家也正在考察当时的这些制作工艺有没有开始实行生产专门化，如此精美的物品一个部落也许只有很少的人会制作。这些手艺的传承需要十年甚至更长时间的训练，因为把如此精美的东西呈现给部落首领是一件极为荣耀的事。

另一个考古学家们在探究的论题是：那时候是否出现了部落间的交易？现在有很多科学技术手段可以用来考察当时的贸易。我们可以研究不同玉器的组成成分，与不同地域的地质特征比较，从而找到这类玉器的原始产地。这样我们就可以看出这一玉器是否是经过交易辗转而来。总之，对古代交换及贸易的研究对于考古学有十分重要的意义。

迄今为止，还有一些玉器我们无法找到其相关记载，因而也无法了解它们的出处以及用途。还有一些属于良渚文明的文物流落到中国以外的地区。我曾在美国的博物馆见到一件类似良渚文明的文物，我和许多中国的考古学家们强烈要求那些流落在外的文物应当归还中国，毕竟它们本来就属于中国的文物。现在，继续研究这些未知的文物仍有极大的意义，否则，我们即便在书上看到相关的文物图片，也很难知道它的历史、它的用途、它代表的社会阶层。这些文物所代表的中国古代文明需要我们传承，所以，保护好这些文物及相关遗址是包括你我在内的所有人的责任所在。

从以上内容我们可以看出，对于良渚文明，还有很多值得研究的课题和努力的方向。

对早期城市文明的研究

最后谈一下考古发现的古代城市文明。最近，考古学家们发现在良渚文明的核心区域，外围被堆土城墙所包围，还有一条河横穿而过，另外还有几个不同规格的墓地，像反山等。考古学家们发现这一圈墙围绕起来的是一个完整的城市。这是一个惊人的发现，城内中心区被称为"莫角山遗址"。考古学家们希望研究这一城市的发展：为什么在这些特定的地区会有城市的出现？这些城市有什么作用？这些城市中是否出现了像今天一样的交易活动？等等。这些对于研究整个中华文明的起源有着极为重要的作用。

经过多年的考古发掘，考古学家们已经大致了解了5 000年前在这一地区的良渚人民的生活。在这一城市中，有极为重要的城市权贵，他们负责组织城市中的所有活动，安排其中的所有劳动力。他们组织了庞大的队伍修建了那堵围墙来包围整座城市。因此这些权贵象征着当时最高的社会阶层以及早期强有力的领导。考古学家们同样研究普通民众的生活，包括普通人居住的房子、使用的器具等。他们发现普通人的房子一般很小，而且房顶一般使用草铺盖；而贵族们的房子一般很大。普通人的器具有些也很精美，有细致的纹路，制作十分困难。

其实在良渚周围还有很多类似的早期城市出现。在良渚文明之后的一段时期内，我们称之为"龙山时代"，大约在公元前2500～公元前1900年间，在黄河一带，例如山西、河南、山东等地，也出现了许多类似的城市，它们都有着相似的城市布局、城市围墙及精美的玉器和陶器等。

两 城 镇 文 明

多年来，我和山东大学的同事们主要在两城镇遗址进行考古发掘，调查活动则主要集中在整个日照地区。在20世纪30年代，中国的考古学家们在两城镇地区发现了遗址，其中有许多精美的陶器、玉石等，与良渚文明中的发现十分类似。因此我和山东大学的同事希望更详细地研究这一地区，因为在1936年之后很少有考古学家继续研究这一区域。我们前期对这一地区进行了系统的调查，包括整体的地形、地貌等。我们仔细地寻找并发现了一些破碎的陶片，从陶片上的图案和颜色我们推断出这些东西是否属于龙山时代。在考古挖掘的时候，我和我的同事需要戴上手套，慢慢挖出地底的东西，然后小心地放到盒子里，在这一过程中我们需要走很多路。我们也会根据地表形态的不同选择特定区域进行挖掘。在晚上，我们会在宾馆里研究白天发掘的陶片。宾馆的服务人员时常会因为我们的陶片太脏而不开心，但这是我们的工作，我们需要对陶片进行清洗、拍照、绘图和研究。经过研究，我们推断发掘的陶片是公元前 3000 年左右的东西，日照地区在那时已经有了聚落，而龙山时代则有更多的聚落。两城镇当时属于一个较大的聚落，我们在两城镇的南部地区也发现了另一个较大的聚落。在龙山时代中期的时候，两城镇聚落较大，它的周围也有一些较小的聚落。这些大大小小的聚落的特征，我们称之为"聚落形态"。

　　我们还想知道，两城镇是一个什么类型的聚落？这一聚落与南部地区的大聚落有着怎样的联系？居住在两城镇的是哪一类人群？在两城镇是否有与其他族落类似的围墙以及是否有社会阶层的出现？等等。这些问题我和我的同事们研究了很多年，为了解开这些谜题，我们必须对两城镇进行考察，我们花了 3 年时间发掘了一部分两城镇遗址。这是一项庞大的工程，需要很多人组成团队，各自分工。我们需要记录下所有的发现，否则就会遗失挖掘的成果。在考察及发掘期间，我和同事们都住在遗址周围的村庄里，和当地的村民相处愉快。

　　我们在两城镇发现了各种类型的房屋建筑，在这之前，其他考古学家们还没有在山东地区发现多少完整的房屋，而此次发现大量 4 000 多年前的房屋实在是幸运。这些房屋保存得很好，我们发现了完整的炉灶等生活设施，虽然我们还不了解当时的人们为什么离开这里，也许是发生了危险的事使他们不得不放弃这些笨重的东西。我们还发现了用来建造房屋的泥土墙等。我们一般用各种科技手段来判断这些东西的用途。除此之外，我们还制作了较为完整的地图，地图上清楚地标明了每处墓葬的方位和大小等。但与良渚文明的墓葬相比，两城镇的墓葬规格较小，挖掘出的东西也相对较少。我们细致地搜集了所有有关两城镇的挖掘资料，用来和同时期的其他地区对比，以了解各地不同层级的群落的生活状况。

在这次研究中,有趣的是,我们并没有发现贵族的房屋,所有的房屋都是普通人的住所,我们发现了很多不同寻常的灰坑,并在里面发现了很多完整的陶器,大概有200多件,我们猜想这些是用于供奉祖先的器皿。

在我们对两城镇遗址进行考古研究的时候,也有其他的考古队伍对周围其他的遗址进行挖掘。他们采用了多种考古器械探寻地底的东西,包括先进的钻探技术、雷达等等。他们也发现了很多龙山时期的文物。有的考古队在墓葬里发现了水,由此推断这个区域可能是一条壕沟,早期的人们用它来保卫聚落,阻挡外敌。我们也发现了很多动物的骨架,包括猪、羊等,还有各种粮食作物,例如大米。由此可见,从几千年前开始,人们的有些饮食习惯一直流传至今。墓葬中还有一些用石头做成的工具,例如刀、矛等。通过相关的科技分析,我们推断古人用这些石器收割粮食等。考古学家们甚至通过分析挖掘出的陶杯,检测到古人用它来喝米酒,由此可见中国酒文化源远流长。这些出土陶器中的大部分是用于日常生活的,有的陶器用于储水,有的用于生火,等等。

我们在两城镇发掘的文物,制作工艺都相当精美,由此可见古人的聪明才智和高超的手工技术。他们花费巨大的人力和物力才打磨出了这些实用而精美的器具。我和我的工作团队正尝试着保护两城镇遗址,经过我们的努力,两城镇遗址受到了国家法律的保护。并且,在日照市博物馆,也对两城镇遗址做出了详细的介绍,告诉人们遗址的具体方位、文化内涵等等,以求得到当地居民的重视,共同保护这一遗址。我们通过考古发现和研究来尽可能地复原几千年前人们的生活片段,并希望现在的人们能保护好这些遗址。我们在发掘期间,也在当地的小学宣传考古学,告诉小学生们考古学是什么。因为我们希望把这一文化传承给下一代,这也是考古学的意义所在。

邬贺铨

【学者简介】

邬贺铨，中国工程院院士，光纤传送网与宽带信息网专家。长期从事光纤传输系统和宽带网研究开发及项目管理工作，近十年负责下一代互联网（NGI）和3G及其演进技术（LTE）等研发项目的技术管理。曾任电信科学技术研究院副院长兼总工程师、中国工程院副院长。目前兼任国家信息化专家咨询委员会副主任、国家标准化专家委员会主任、中国互联网协会理事长、国家"新一代宽带无线移动通信网"科技重大专项总师、"中国下一代互联网示范工程"专家委员会主任、国家物联网专家咨询委员会组长、无锡国家传感网创新示范区咨询专家委员会组长、IEEE高级会员。

大数据时代的机遇与挑战 *

这里我想跟大家交流的是关于大数据时代机遇与挑战的一些看法。我们将谈到三个方面的问题,首先是大数据时代的到来,其次是大数据应用的价值,最后是大数据技术的挑战。

大数据时代的到来

先说第一个问题——大数据时代的到来。先给大家看一下这组政府的数据。视频监控摄像头广泛应用于主要道路、热点地区、地铁和居民小区的安全监视。比如,北京市大约装了80万个摄像头,行人走在街上每天平均被拍到80次以上。北京市公安局规定,北京超市只要有食品架的,食品架前均要求安装能清晰拍到走在架前的人的脸部的摄像头。让我们再来看第二组数据。一个8 Mps摄像头产生的数据量是3.6 GB/小时,一个月为2.59 TB。很多超市的摄像头多达几十万个,一个月的数据量达到数百PB,若需保存3个月则存储量达EB级。税务总局管理3 500万纳税户、2.24亿自然人的个人所得税、100亿份专用发票、10亿份出口退税单,每月收集全国数据4 TB、已集中的结构化数据260 TB。北京市政府部门数据库总量2011年为63 PB,2012年为95 PB。空客飞机装有大量传感器,每个引擎每飞行小时产生20 TB数据,从伦敦到纽约

---

* 2014年3月7日上海财经大学"科学·人文大讲堂"第6期。

每一次飞行产生640 TB级数据。一架飞机一个航程就产生640 TB级的数据，那么全世界企业的数据该怎么算呢？

根据赛门铁克2012年的调研报告，全球企业数据存储总量2.2 ZB，年增67%，10 KB相当于一张填满了文本的A4纸，2.2 ZB的纸张摞起来相当于1 287幢帝国大厦的高度。国家电网年平均产生数据510 TB（不含视频），累计产生大数据5 PB。中国联通用户上网记录83万条/秒，对应数据量3.6 PB/年。交通银行日均处理600 GB数据，存量数据超过70 TB。北京公交的一卡通每天刷卡4 000万次、地铁1 000万次。京东商城每秒产生2 000元的交易额，累计各种数据达到PB级。农夫山泉要求员工每天从出售其矿泉水的超市回传10张照片，每月3 TB。医院的数据就更多了，例如做一个CT，其影像多达2 000幅，数据量已经到了几十个GB。中国大城市的医院平均每天门诊上万人，全国每年门诊人数更是以数十亿计，住院人次已经达到2亿人次。按照医疗行业的相关规定，一个患者的影像数据通常需要保留50年以上。

网络的数据就更加庞大了。淘宝每天交易超过数千万笔，其单日数据产生量超过50 TB、存储量40 PB。新浪微博每天有数十亿外部网页和API接口访问需求。百度目前数据总量接近1 000 PB，存储网页近1万亿。每天要处理60亿次搜索请求（谷歌为30亿次）、几十PB数据。腾讯微信用户5亿，每天300 GB存储量、1千亿次服务调用、5万亿次计算量。

我们生活在一个大数据的时代，1998年网民每月人均下载流量为1 MB，而2014年则增长到了10 000 MB。如今全球IP流量一天达到1 EB，是以前一年的总量（1 EB可刻满1.68亿张DVD）。全球信息总量每两年就可以翻番。2011年新产生的数据为1.8 ZB，如果把它装在iPad上，一个iPad是32 GB，那么相当于575亿个iPad。到底有多少呢？我们把iPad和砖作比较，如果5个iPad等于1块砖，575亿个iPad可以砌起两座中国长城。2020年全世界将产生40 ZB，等于43 078 400吨光盘。这是什么概念呢？相当于424艘全世界最大的航母——尼米兹号航母（重达101 600吨）的重量。

什么是大数据

现在我们面临一个大数据时代，那么什么是大数据呢？维基百科的定义是："大数据是指无法在容许的时间内用常规软件工具对其内容进行抓取、管理和处理的数据集合，大数据规模的标准是持续变化的，当前泛指单一数据集的大小在几十TB和数PB之间。"什么是单一数据集呢？例如交通数据、医疗数据等。我们遇到较多的是中数据和小数据，像Yahoo等。大数据的特征，首先是大，但大不是它的唯一指标，重要的是它变化快而且品种很多。大数据受到重视，也是因为它所蕴含的价值。大数据中有很多垃圾信息，从里面筛选出有价值的东西就像是海底捞针、沙里淘金。

大数据的价值

究竟什么是大数据的价值？ IBM日本公司的经济指标预测系统，可从互联网新闻中搜索影响制造业的480个经济数据，计算出制造业采购经理人指数PMI预测值。因为它认为一个网络里面的新闻舆论是跟经济相关的，如果社会经济状况不好，那么新闻表达也会反映出相关的情绪。

美国印第安纳大学学者利用Google提供的心情分析工具，把用户970万条留言分为6类——高兴的、惊讶的、震惊的、愤怒的等。由于写微博的人的心情是和当地经济水平有关的，从中可预测道琼斯工业指数，准确率可以达到87%。

"淘宝CPI"这一指数通过采集、编制淘宝网上成交额比重达到57.4%的90个类目的热销商品的价格走势，反映网络购物市场整体状况，以及城市主流人群的消费状况。

制造业方面，例如丰田公司利用数据分析，在试制样车之前避免了80%的缺陷。GE通过对所生产的2万台喷气引擎的数据分析，开发的算法能够提前一个月预测其维护需求，预测准确率达到70%。

农业方面，硅谷Climate公司从美国政府获得30年的气候、60年的农作物收成和14 TB的土壤的历史数据，同时还利用来自250万个地点的气候测量数据和1 500亿例土壤观测数据，生成10万亿个模拟气候数据点。该公司预测美国任一农场的明年产量，向农户提供天气变化、作物、病虫害、灾害、肥料、收获、市场价格等咨询，并出售个性化保险，承诺每英亩玉米的利润增加100美元，如果出现未能预测的恶劣天气损坏庄稼，该公司将及时赔付。这家公司至今都没有赔付过。最近该公司被全球最大的种子公司孟山都以11亿美元的价格收购。

沃尔玛基于每月4 500万网络数据并结合网上挖掘的对产品的大众评分，开发语义搜索引擎，方便浏览，在线购物者增加10% ～ 15%，销售额增加十多亿美元。它还通过对消费者购物行为的分析，了解顾客购物习惯，优化商品陈列。沃尔玛通过购物者的清单，分析买A商品的同时，购买B商品的概率有多大。通过该方式，将一些商品放在一起售卖，大大增加了销量。

广告业方面，相信大家都有在网上购物的经历，例如淘宝，可大家不知道，当你在网上购物时，你的购物档案也同时被记录保存了下来，阿里会公开拍卖这些信息，服装公司、化妆品公司、电子公司等都会来竞价购买，谁出的价格最高，用户的IP地址等信息就给谁。从阿里广告交易平台买下顾客购物记录与IP地址的商家一旦发现该顾客浏览与该商家有广告关系的网站时，就会推出相应产品的广告。广告主的投放更精准，用户的体验也会改善。现在很多广告都会在网站上进行宣传。宝洁、平安保险和1号店等从百度获得用户对产品的喜好，百度在搜索排名中优先推荐，承诺按照广告效果收费。这些公司将广告费从央视转到百度，2012年央视的广告收入为269.76亿元，百度为222.46亿元，央视广告年增15%，百度广告则年增53.5%。

大数据的实际应用

接下来，我们说说大数据在金融业中的应用。华尔街"德温特资本市场"公司分析全球3.4亿微博账户留言，判断民众情绪，人们高兴的时候会买股票，而焦虑的时候会抛售股票，以此决定公司股票的买入或卖出，该公司2014年第一季度获得7%的收益率。

淘宝上买东西付款的流程是买家将购物款先转到支付宝，货到后再通过银行给商家付款。阿里后来发现，根据这些信息可以选出健康和诚信的网络电商，若这个商家有短期贷款的需求，它在网上申请后，贷款时无需担保，阿里3分钟即可搞定这个贷款。阿里这个平台的贷款成本是2.3元一笔，而银行呢，则是2 300元一笔，阿里的坏账率是0.3%，我国四大商业银行的坏账率是1%，而且需要担保。

再说说大数据在银行业的应用。FICO费埃哲公司对借款人过去的信用历史资料进行诚信评分。交通银行太平洋卡中心采用FICO的CDA自动信贷审批信用决策引擎,优质账户平均余额和利息收入增加20%和10%,审批效率提高30%。民生银行与FICO合作,针对小微信贷业务搭建起完整的风险管理体系。可见,大数据在提高风险管理方面起了很大的作用。

在非结构化的数据处理方面,ZestFinance公司开发的分析模型对每位信贷申请人的超过1万条原始信息数据进行分析,并得出超过7万个可对其行为做出测量的指标,而这一过程在5秒内就能全部完成,其违约率也比行业平均水平低60%左右。

除此以外,还有大数据在交通运输业的应用。美国UPS每天平均运输163万件包裹,用传感器跟踪46 000辆车、优化运输路线,在2011年节约了840万加仑燃料。美国AirSage公司每天通过处理来自公路汽车的上百万部手机用户的150亿条位置信息,为超过100个城市提供实时交通信息。中远物流公司有100多个配送中心、3 000个网点,装GPS的上万辆车每月产生2亿条信息,减排10%。

更接地气一点,可以说说大数据在电影票房方面的预测。在《一九四二》全国公开上映前20天,新影数讯公司发微博预估《一九四二》票房在3.8亿元左右,上映后最终票房3.64亿元。新影数讯公司掌握了两万部电影、六万名艺人、四千位导演的数据资料,并能对微博关注影视娱乐的1.2亿人进行偏好分析。其开发的iFilm+系统通过对影名、剧本、角色、演员阵容、宣传情况、主题曲等70多个维度和变量进行数据分析来综合测评,预测一部电影的市场表现等情况,准确率高达80%。

还有大数据在影视业的应用。Netflix每天记录用户遥控器3 000多万个观看的动作、400万个评分、300万次搜索,据此预判观众的喜好,选择导演和演员及调整剧情,吸引用户付费订阅。多屏收视使《纸牌屋》大获成功。不仅是在美国,在中国,搜狐视频以1亿元拿下《中国好声音》独家网站直播权,微博微信互动,第二季后就入账1.6亿元。

跟大家息息相关的还有大数据在流行病预测中的应用。Google把5 000万条搜索词和美国疾控中心在2003～2008年流感传播期的数据进行比较,建立了数学模型,并结合45条检索词条,在2009年甲型H1N1流感爆发的几周前,就给出了预测,与疾控中心数据相关性高达97%,而比疾控中心提前一周发布。中科院与百度合作，精选了160多条关键词，对5年来的数据进行建模分析，先于卫生部门公布前几周得出中国艾滋病感染人群的分布情况，卫生部门认为估值基本靠谱。

大家非常关注的还有大数据的基因测序在个性化医疗中的应用。现在医患纠纷比较多，其实不一定是医生的错误。75%的癌症病人、70%的老年痴呆者、50%的关节炎病人、43%的糖尿病患者、40%的哮喘病患者、38%的抑郁症病人，诊断对了而且用药也合理，但未必见效，这不是医生的问题。每个人的基因不一样，每个人的新陈代谢不一样，对药物的反应是不一样的，所以要因人而异、对症下药。

与生活相关的还有大数据在热点检测中的应用。利用短信、微博、微信和搜索引擎可以收集热点事件与舆论挖掘。通过多微博用户建立档案，可以提前关注可能引起社会不稳的因素。在长假之前，很多人会在网上搜索旅游地点、旅店、火车与飞机航班等信息或自驾游的路线等，由此可预知哪些旅游景点和交通路线会拥塞。

还有大数据与汽车防盗系统。日本先进工业技术研究所在汽车座椅下安装360个压力传感器，以测量人对椅子的施压方式，将人体屁股特征转化成数据，可识别乘坐者身份，准确率达98%。系统能识别出驾驶者是否是车主，可以发现车辆被盗，并通过收集的数据识别出盗贼身份。

除此以外还有大数据与治安管理。如果知道有人在网上搜索如何制造炸弹及器材的同时还搜索某一地点，能帮助提前锁定作案的嫌疑人。2012年美国加州大学通过分析洛杉矶过去几十年来的130多万起案件，找到了各小区发案与日期、天气、交通状况及其他相关事件的关系，建立了犯罪活动预测平台，指导警察巡逻地点，当地财产犯罪率和盗窃案分别下降了12%和26%。

大数据在科学研究中的应用也不可小觑。科学研究方法随着时间的变化而发展，从上千年前的实验科学，到理论科学，再到计算科学，再到今天的数据密集型科学。大数据研究模式有如下特点：不在意数据的杂乱，但看重数据的量；不要求数据精准，但强调效率；不追求因果关系，但重视规律总结。在现实世界中，人类对世界的认识还远没达到高水准，很多时候我们知其然而不知其所以然。虽然很多东西，例如地震，是不能准确预测的，但现在大数据可以分析很多以前不知道的事情。大数据还能提供智能搜索与语音合成服务。iPhone4S语音助理Siri就是基于云计算后台的语音识别和合成功能的。合成技术包括：以Google为代表的搜索技术，以Wolfram Alpha为代表的知识搜索技术，以Wikipedia为代表的知识库技术，以Yelp为代表的回答以及推荐技术。目前正在发展提问者本人声音的应答，未来会进一步将口型或脸部表情与语音对应。

大数据也能提供机器翻译服务。过去机器翻译是尽可能地让计算机学会语法和查字典，但语言太复杂了，很多机器难以实现高质量的翻译。Google将语音视为能判别可能性的数据，将语义挑战变成数据问题。Google天然的优势是已经索引过的海量资料库，从互联网上搜索各种文章及对应的译本，找出多语言数据之间的语法和文字对应的规律。Google的语料库来自互联网上的内容，会有语法错误和拼写错误等，但"大数据基础上的简单算法比小数据基础上的复杂算法更有效"。不懂外语的外语翻译——"百度翻译"能够提供24种语言的翻译，但整个百度翻译团队无人能懂其中的12种语言。

大数据在提供人脸识别服务方面也有重大作用。人脸识别系统治理了学生中"选修课必逃，必修课选逃"现象。百度"宝贝回家"应用存有2万名失踪儿童照片，用户只需在大街上拍下疑似失踪儿童的照片并上传，与数据库中已有照片相似度达到61%时，系统就会通知"宝贝回家"组织，提醒家长确认。腾讯QQ空间404页面嵌入宝贝回家提供的288名失踪儿童信息，目前18名失踪儿童已顺利回家，召回率已达6.25%。

除了这些提到的应用以外，大数据还在帮助找对象、招聘、提供大众特点搜索服务等方面发挥了不可替代的作用。大数据与评选、政治、军事领域、经济价值有着密切的联系。

大数据技术的挑战

最后，我们来说一下大数据技术的挑战。大数据来自于三元信息——社会层面、物理层面、网络层面。要把多种数据收集在一起，才能得到完整的数据信息。然后，数据的挖掘是一个复杂的过程，它包括获取、存储、计算、分配、挖掘、呈现、安全。数据挖掘算法包括准备阶段、发现阶段和解释阶段，大数据本身就是一种复杂的算法分析。在大数据的预处理环节,我们对数据进行分类贴标签,把重复的去掉,以此来简化数据。而大数据平台的运行需要利用云计算技术。另外,最难的是非结构化大数据的处理,况且一般结构化数据也不是很容易分析的。信息融合、信息抽取、虚拟化与可视化也是大数据分析的重要方面。

大数据的挑战,总的来说,有以下几个方面:第一,我国对数据的存储、保护与利用不够重视,导致信息不完整或重复投资。第二,我国在自主可控的大数据分析技术与产品方面与发达国家相比有不少差距,存在安全与隐私保护的隐患。第三,中国能理解与应用大数据的创新人才更是稀缺资源。第四,我国在网络安全与信息化方面的法律滞后。第五,需要制定国家大数据发展战略。大数据是一个应用驱动性很强的服务,其标准和产业格局尚未形成,这是我国跨越发展的机会,需要从战略上重视大数据的开发利用,赢得大数据时代竞争的主动权。

信息化的浪潮已经来临,新一轮科技革命和产业革命正在孕育兴起。互联网产生大量数据,移动互联网和物联网进一步推动数据的爆炸,社会进入大数据时代。大数据的挖掘深化了信息技术的应用,催生了新应用和新业态的出现,提升了管理和决策的智能化水平。大数据挖掘技术是大数据时代竞争的焦点,自主掌握大数据开发技术是对我国创新能力的考验。大数据时代对我国是机遇也是挑战,我国需要有国家大数据战略。

周傲英

【学者简介】

周傲英，华东师范大学长江学者特聘教授、数据科学与工程学院院长、云计算与大数据研究中心主任，曾获得国家杰出青年基金。分别于1985年和1988年在成都科技大学获得计算机应用学士和硕士学位，1993年在复旦大学计算机系获得博士学位。为中国计算机学会会士，目前担任中国计算机学会数据库专业委员会副主任；担任《计算机学报》副主编，*World Wide World Journal*、*Frontiers of Computer Science*等期刊的编委；曾任ER'2004大会主席，ICDE'2009、ICDE'2012 PC副主席，VLDB'2014 PC主席。研究方向主要包括Web数据管理、数据密集型计算、内存集群计算、分布事务处理、大数据基准测试和性能优化。

第 *7* 讲

从大数据热看学科发展的机遇

——以计算机学科为例[*]

大数据与学科

大数据是近年来比较热的话题。2011年这个话题开始被方方面面的人所提及,2012年很多国家的政府开始规划大数据的发展,到2013年,大数据被普遍列入政府的各种发展计划当中,企业中各个方面的人士也开始讨论这个话题。今年(2014年)李克强总理的报告中,互联网金融、大数据、智能制造、分享经济等被再次提及。这一切都说明大数据近年来的发展势头依然如火如荼。当然,作为在大学里工作的老师,我们更多的要谈学科。比如像我这种教计算机科学的老师,我们读书的时候可能不会太在意学科,但随着在学校工作时间的增长,我们会越来越意识到学科对一个大学的重要性,毫不夸张地说,学科是一个大学的灵魂。事实上,学科已经在不经意间影响了我们,最典型的就是大学的排名。大学排名其实是按照学科来排的,不同的大学在相应的学科中会有自己的优势,并最终影响排名的先后。对学校以外的人来说,尤其是我们的家长,在为孩子选学校的时候,学科排名对其判断影响很大;在国外亦然。对于同学来说,学科意味着相应的导师、专业方向的优势以及未来的就业

---

* 2014年4月15日上海财经大学"科学·人文大讲堂"第12期。

情况。如果你是一个在相应研究领域最强的学科出身,那么你的校友可能遍布上海、全国乃至全球。前段时间有个新闻,说南京信息工程大学(也就是以前的南京气象学院)有很多的气象学专家。南京气象学院的人说,如果我们的校友都从美国的气象岗位上退下来,那么美国就没办法做天气预报了。所以可以看到气象学界实际上是一个圈子,而这个圈子里的领导者就是南京气象学院。另外一个典型的圈子就是中石油、中石化,这些国有大企业的部门领导读的大多就是石油学院,学校不见得名气很大,但其毕业生在工作岗位上获得了良好的发展,成为行业的领袖。这就是为什么那些石油大学与石油相关的学科都很强。学地质勘探专业的,比如说地震、采矿、岩土工程等,这些专业对应的学科中国矿大都是首屈一指的,都是矿大的强势学科。因此,我们在学校里谈学科泛泛而论是不对的,要根据各自学校的历史渊源和学科特点来谈。比如说在财大,如果谈论学科发展时不涉及经济、金融这些学科,可能其他学科就没有办法融入到财大这个氛围中来。因此今天我选择学科的角度来谈大数据,也是结合我自己20多年以来的学术研究和学校治理的经历,来谈一个大家容易理解的话题。

说到学科,就要谈学科分类。学科分类很重要,在中国首先是学科的谱系,最高的一级称为学科门类,共有哲学、经济学、法学、教育学、文学、历史学、理学、工学、农学、医学、军事学、管理学12个门类。以目前学科分类中的"图书馆、情报与档案管理"为例,它是属于管理学门类的。以前是大学的图书馆系负责这个一级学科的建设,但现在大多数高校没有图书馆系,强一点的图书馆系一般改成信息资源学院,更多的学校则是合并到管理学院的信息系统和信息管理系。其实,这个一级学科下面的3个二级学科——图书馆学、情报学和档案学都是非常综合性的学科,都需要深厚的理论支撑,这也是为什么一个好的图书馆的馆长都需要学富五车、学贯东西的著名学者来担任。图书馆学的一个方向是研究图书分类,把书分成体育类、文化类、历史类等,而只有经过专业训练的人才能知道这本书属于哪一类。图书分类的另一个问题在于,有些书并不属于一类,可能同时属于很多类,读者应该可以通过不同类别的渠道找到这本书。所以说,分类学是一门学问,道理就在里面。图书情报的这种分类是在学科的发展和演变过程中自然而然形成的。在国外,学科分类是自然形成的,我们国家的学科分类目录是需要得到国务院学位委员会批准的,随着社会经济的发展,也会与时俱进推出新的学科分类。

批准了一门学科就需要有一批学术带头人。学科的分类有比较标准的分法:如一级学科、二级学科、三级学科等,这些分类还可以继续细分。去年,中国计算机学会和百度公司在洛阳举行了一个计算广告学的研讨会。会议讨论的广告是在线广告,在线广告是和大数据密切相关的。根据个人的浏览记录投送不同的广告,因此在线的广告实现了个性化与针对性。如果我们把广告作为一个学科,那么计算广告学就应该属于比较低的分类层次。一门新学科的发展需要有相应的专业人士给出权威意见和学科标准,描绘学科的发展路径,给出学科的具体研究内容以及相关重点,否则作为学科就很难成立。所以,学科的建立和学术思路、学科的学术内涵有密切的关系,当然也与学科的研究范围和学术资源的划分有关系,会受到一些行政因素的影响。

计算机学科的分类

按照社会科学常用的办法,我以计算机学科为例。下面我们看计算机学科的分类。在美国,有一家媒体叫US.News,这家媒体会发布一个叫BEST RANKINS的大学排名,这也是美国多个机构中比较权威的大学排名。US.News并不是按照我们国内这种学科分类来进行学科和学校排名的,而是按照一种国际上约定俗成的分类来进行的。工程、科学等就像我们国内的第一个层次分类(我们称为“门类”)。在第一个称为“科学”(相当于我们的“门类”)的层次下面就有计算机科学(相当于一级学科)。计算机科学下面还有四个分类(相当于二级学科),分别是人工智能、程序设计语言、系统和理论等。所以如果我们把科学看作第一层次(相当于“门类”),计算机科学就是第二层次(一级学科),类似的第二层次还有物理、化学、生命科学等。但计算机科学分类在我国的分类有所不同。我们把计算机一级学科下面再分成三个二级学科,分别是计算机体系结构、计算机软件与理论和计算机应用技术。在这种分法之下,以前只有国防科技大学、清华大学这样的学校才能设计计算机,才能建设计算机体系结构这个二级学科。当然,时至今日,在互联网时代,学习和应用计算机体系结构知识不再是高不可攀的事,很多互联网企业的计算平台都是自己设计、组装和部署的。而以美国、欧洲为代表的整个西方体系都是按照四大类对计算机科学进行分类的。第一层次的"工程"(相当于"门类")中除了有土木工程、机械工程以外,也有同计算机相关的分类,称为Computer Engineering,与计算机科学在"科学"里面一样,也是属于第二层次的(相当于一级学科)。Business和Library都是第一层次的类别,这两个类别下面还有Information System。Information System在很多学校的管理学院就是信息系,以前也称为管理信息系统、信息管理与信息系统。其实在图书馆学下面也有信息系统,但不同类别下面的信息系统还是有些不一样的。商学院或管理学院下面的信息系统和信息管理系是同企业的信息系统相关的,而对图书馆学来说,其信息系统更倾向于数字化的图书情报系统。所以大家可以参照不同的分类标准来明确自己学科的定位。

大数据意味着什么

大数据对做学科的人来说意味着新的技术、新的系统、新的产品、新的服务和新的机遇。对计算机学科的人而言,大数据意味着新的系统,只有有了新的系统,才说明把握住了大数据带来的新的机遇,才真正接地气。而大数据对学科分类来说意味着新的机遇。至于新的技术、新的平台以及新的服务,都已经被广泛应用。互联网金融、滴滴打车、快的打车,这些都是新的产品和服务。现在上海的电调平台已经和快的、滴滴有了合作,这就是大数据带来的新的平台和服务。以前电视、报纸上的广告是平面的大众化的广告,但现在在互联网上,因为收集了用户的浏览日志,这些日志其实就是可以反映用户日常行为的大数据。通过协同过滤等算法对这些行为大数据进行分析,可以基本掌握用户的年龄信息、收入、兴趣爱好和教育水平等情况,再根据这些信息投放用户可能感兴趣的广告。而浏览的快速性要求必须在浏览者切换页面之前将广告推出,这就需要快速计算浏览者可能感兴趣的广告类别。这就是大数据在广告层面的新的技术、新的应用和新的服务。

现在很多人都在讲大数据,讲大数据的人基本分为三类。第一类是做战略决策的人,比如国家、部委以及科委的领导,他们为了落实大数据国家战略,需要规划大数据相关的研究和发展计划。第二类是商人,因为他们要在自己的相关产品上印上大数据的标签,即使产品没有太大的改变,大数据的标签也能让相关产品获得更多关注。而第三类就是研究方向不太明确的科技人员或学者,他们把大数据当成一个崭新的学科方向。真正有研究方向的人,大数据应该只是一个大的背景,研究者关注的是在大数据新的技术条件下原来所从事的研究会发生哪些变化。比如,做计算机研究的人会关注大数据带来的很多计算系统实现和应用等方面的机遇。

大 数 据 分 类

研究大数据,首先得对所研究的对象,也就是数据有个分类。对大数据的分类可以从应用性质来分,包括:网络空间大数据和物理空间大数据。这个分类是直观和自然的分类。物理空间大数据主要是讲传感器数据和科学试验或科学观测获得的数据。从事材料科学、生命科学研究的科学家,从事海洋观测和大气观测的学者,他们的科学研究都是基于实验或观测数据的。为防治雾霾而成立的大气雾霾治理技术实验室其实主要就是做数据观测和收集工作的。这些数据都是现实世界中的数据,所以叫物理空间大数据。而网络空间大数据是指互联网大数据、金融大数据和移动大数据。互联网大数据是今年新生的数据类型。金融大数据中信息的收集和处理对金融发展又是至关重要的。还记得十几年前,复旦大学邀请我担任当时刚成立的金融研究院的学科筹备组副组长,我是计算机系的,他们邀请我参与金融研究院的创建,可以看出数据和信息在金融研究中的重要性。一个典型的例子就是,随着市场化的不断推进,今后银行在贷款管理的风险控制上需要更多的数据作为支撑,包括物理空间和网络空间,对客户信用进行评估。以前没有办法收集到的数据信息现在可以在大数据新技术条件下得到,个人的信用行为等可以得到详尽的分析。至于移动大数据,前段时间有个新词叫做"大智移云","大"指大数据,"智"指智能,"移"指移动互联网,"云"指云计算。现在移动智能手机的保有量是非常大的,从城市到农村智能手机已经很普及,这就为大数据的采集提供了很大的空间。移动互联网通过智能手机上的app获得用户的浏览日志记录,传统的互联网使用方式被移动app取代,而未来,app又会被新的应用模式所替代。这种模式和人有交互,不单单是人的位置和行为,它还能掌握人的全面信息,所以移动大数据中包含了很大的信息量。

从支撑系统来分,大数据可以分为三类,分别是Web数据、决策数据和科学数据。Web数据就是在网上留下的数据。决策数据是大家在做各种管理时,比如工商管理、经济管理、统计管理等,利用相关数据来做战略决策或商业决策。科学数据是在科学观测、科学发展以及科学试验中需要的数据。Web数据让每个人都感受到大数据的所在,这也是大数据近年来变得热门的直接原因。决策数据只有学相关专业或做领导的人才能感觉到其重要性。科学数据是科学家、研究人员才做得到的。有一类说法是大数据80%是非结构化的数据。结构化和非结构化在计算机的研究中有很明确的说法,而且以前计算机领域中的很多研究都是针对结构化数据的,抓住了结构就抓住了关键。就像国家、学校、学科的治理一样,有了层次和分类后才能更方便操作,这种分类就是结构。索马里就是因为无政府才弄得如此混乱,现在有总统后索马里海域安全很多。所以,无结构的事务是很难管理的。但之前说大数据中非结构化的数据占80%,其中很多都是Web上的数据,没有办法把有用的信息很精确地抽取出来。根据80-20规则,80%的非结构化数据只产生20%的价值,20%是结构化的,比如我们以前在数据库和数据仓库中存放的数据,它产生80%的价值。这就是为什么决策数据,也就是放在数据库和数据仓库里的数据特别重要的原因。现在很多人说的数据都是Web上的数据,但是那种认为结构化数据不属于大数据范畴的看法是不对的。在具体的应用中,不见得只用这三类数据中的某一类,比如互联网金融、金融信息处理等。互联网金融要用到Web上的数据,要掌握顾客平时网上消费的习惯、支付能力和偿还能力等,但也要用到数据库中的个人基本信息,如年龄、职业等。

技术和系统全景

我们已经讲了大数据的分类方法,接下来看看怎么管理数据。决策数据这一类大数据就是指存放在数据库和数据仓库里的数据,我们的学科就是与怎样管理数据、分析数据和使用数据有关的。接下来看一下大数据的技术和系统全景。第一,我们说Hadoop。现在好像不讲Hadoop就不懂大数据。第二,"别忘了数据库"。数据库已经有40多年了,我和数据库是同龄人。1965年的时候就有了第一个数据库系统IDS。第三是数据流系统,也叫CEP系统,全称是Complex Event Process, 直译为复杂事件处理系统, 其实也就是我们讲的数据流系统。大家都知道, 数据库是把数据都放到里面, 然后我们用各种各样的语言查询, 比如SQL语言或其他操纵语言将数据提取出来。也就是说, 数据是基本不变的, 而我们的要求是经常变化的。在数据库里面这就是所谓的Ad Hoc Query, 我们把它翻译成即席查询。但数据流系统就不一样, 数据源源不断地流走, 就像我们讲的实时监控传感器一样, 那么多数据收集起来也没有用, 数据是一直在变的, 但是我们的查询是基本不变的。比如说报警系统, 大楼或大桥的传感器将数据源源不断地传过来, 当数据到达某个阈值的时候, 系统就要报警, 所以我会把这个警报(alarm)变成一个查询语句, 这个语句是不变的, 而数据却一直在变, 源源不断地流过去。在这个意义上, 数据流和数据库正好是相反的。数据没有必要留下来, 但是当数据超过某个警戒线时就要采取相应行动, 包括人的行动或者系统的行动, 这就是数据流。但为什么数据流没有那么众所周知? 其实数据流本来有很大的前景。从21世纪初开始, 斯坦福和伯克利的数据流都做得很好, 2005年我在伯克利访问的时候, 伯克利的一个教授停薪留职去创业, 他们创业的最初目标就是针对华尔街的应用需求, 真正迫切需要用到数据流的就是华尔街。因为资金的流动、金融信息的处理以及根据相应的金融数据对系统发出报警提示是很重要的。最典型的可能就是美国信用卡公司的反欺诈应用, 使用信用卡的时候常常会被系统拒绝并要求进一步核实身份, 往往是信用卡用户会接到一个电话询问各种基本信息以便确认当前使用信用卡的是不是持卡人本人。因为当消费行为发生异常改变时, 信用卡公司会确认信用卡是否仍然被持卡人所持有。在美国, 你的信用卡被别人消费了, 银行会先垫款, 然后再去查。我们这里差不多正好反过来, 信用卡所有人先垫着, 如果银行查出来是盗刷的, 再把钱还给你。所以国外信用卡发卡银行就要特别重视风险控制, 防止盗刷的根本办法就是必须实时分析信用卡的消费行为, 必要时予以核实或制止。其实这就是一种数据流, 刷卡产生数据时需要及时判断是否属于异常情况, 从而判断持卡人是否发生了变化。所以这样的数据流系统在华尔街是特别需要的, 因为可以直接减少信用卡公司的损失。但是大家知道2007年金融危机以后, 华尔街的金融机构自身都难保, 所以即使这些数据流系统本身是很好的系统, 也没有机构愿意去投资。2013年上半年, 伯克利的那位教授利用学术休假来华东师范大学访问了半年，他的数据流系统后来卖给了 Cisco，Cisco 中国负责系统在国内的推广应用。所以数据流系统是非常重要的系统，可以实时监测。就像我们的证交所，他们设有监察部，监察中心有相应的数据仓库，到了下午 3 点以后，证交所把所有的数据导入到这个数据仓库里，进行分析，打印出报表，第二天早上放在领导的办公桌上。这种监察也是靠分析一天的交易数据来判断是否出现了违规交易。但是现在需要的是实时监察，是希望在出问题的时候可以及时制止而不是做事后诸葛亮。这就是所谓的数据流系统。而这样的系统不是大数据才有的，是很久以前就有的。还有就是科学和统计数据库管理，称为 SSDBM。大家知道统计数据由来已久，统计部门就是负责统计数据收集和使用的，把科学数据和统计数据一并考虑是在关系数据库出现以前就有的。最后，CAD、CAM 也是做各种各样的数据系统的。上面提到的所有这些系统，它们共同的起点都是文件系统，所有的数据都是放在文件系统里的。对数据流来说是不把数据存起来，但是不存起来也是一种存法，可能要把一些核心的东西或者综合的东西存起来，而细节的东西就不存。

绕不开的 Hadoop

接着我们来说说 Hadoop。Hadoop 的出现源于 Google 的员工在 2003 年、2004 年、2006 年发表的三篇文章，分别是关于 GFS、Map/Reduce 和 BigTable 的。我们相信，Google 以后还会研发出各种新的技术和新的系统。Google 现在除了卖眼镜，还造机器人，还有自动驾驶汽车、健康医疗等。Google 能做的事情特别多，就是因为掌握了大量的数据。Hadoop 之所以会问世，同 Google 的发展理念有很大的关系。Google 是在 1998 年由斯坦福大学的学生创建成立的，公司的基础就是他们发明的 PageRank 算法。2000 年上市以后有了资本，公司就招聘了来自计算机名校的很多博士生。PageRank 就是用来对网页进行排序的，这就是所谓的搜索引擎的基本功能。利用搜索引擎，我们填入关键字提交以后，搜索引擎会把与关键字最相关的结果列表排序呈现给用户。在 Google 以前，互联网是属于 Yahoo 的天下，就像在国内，百度以前是新浪一样。新浪和 Yahoo 属于分类门户网站，就像我们的图书馆一样，下面有很多类别。

Google 最早的业务就是用 PageRank 来支持的，当时已经很成熟了。上市以后高薪招来的优秀的计算机系统方面的博士，公司一开始也不知道让他们干什么。Google总部一楼和二楼的咖啡吧和健身场所就是为他们准备的。他们在没有明确研发目标的情况下招聘这么多优秀员工，分析下来是因为两个原因：第一，避免这些青年才俊们去别的公司，形成对Google的强大竞争力；第二，这些年轻人若是自己创业，未来也很可能形成威胁。相比之下，很多人批评中国的互联网公司，企业成功之后没有体现出相应的使命感和责任感，不少还停留在靠点子赚快钱的阶段。Google招聘的很多人学的是体系结构或者操作系统等，没有什么学数据库的人。他们为了解决PageRank的问题做的系统叫GFS（Google File System），也就是Google的文件系统。Google当时的环境氛围应该算是很开放的，这些博士成功研发系统并得到应用以后就想同以前在学校一样去写文章，他们写的文章就在2003年和2004年发表了，并产生了很大影响。文章浅显易懂，有人根据论文的思想做出了相应的系统。随后，Yahoo就把这些人招到门下，在2006年开发出了Hadoop系统，很快形成了整个Hadoop生态圈。2012年12月，我到北京参加一个有关Hadoop的大会，做了一个报告，题目就是《Hadoop与大数据：一个数据库学者的解读》。因为Hadoop出来之后，很多人认为有了Hadoop以后就用不着数据库了，我就是针对这种观点发表了自己的意见。那天在国家会议中心开会，场面非常大，参会者达到两三千人。在会场，我感到很震惊，被北京的学术氛围所感染。询问一些参会者，被告知他们参加会议是来学习的，如果熟悉和掌握Hadoop的有关技术和系统，跳槽后工资会涨50%。很多年轻人都是自己买票来参会的，这也说明了Hadoop这个生态圈已经很完善。虽然所有的数据并不是都靠Hadoop来解决的，但Hadoop确实形成了一个很好的生态圈。我们更在乎的可能不是技术或能力，而是生态圈，从某种意义上来说就是人脉。其实我们计算机科学中很多技术上、理论上很完善的东西，不见得会得到广泛的应用。很复杂的东西往往应用不是很广泛，能用的东西都是很简单的，Hadoop就是这样。Google提出相关概念，Yahoo做出系统，开源以后很多人做出贡献，自然就形成了很好的生态圈。

Hadoop在数据管理中的地位

Hadoop可以做大数据的管理和分析，而且在app上面都可以完成以前大型计算机才能完成的高性能计算。大家知道Google里面的数据中心，其中的硬件是他们自己做的集装箱一样的机柜，数据中心扩容的时候就把一个个的集装箱运进去。整个中心需要大量的电来支撑计算机的运行。Hadoop的做法是把在底层分布并行的无关的细节屏蔽，然后大家可以更方便地访问有关数据，采用的方法就是设计Map和Reduce两个函数。Hadoop处理的实际上就是非结构化的数据。结构化的数据在数据库里已经处理了，大型机、小型机都在做这种事。非结构化的数据总的来说价值是比较低的，如果用传统的方法来处理成本太高，所以要开发新的处理方法，用更经济的方式来做。而Hadoop处理的非结构化数据主要就是网页数据和日志数据。金融机构的系统需要用数据库系统来支持Mission-critical的应用。举例来说，要在银行系统的账号间转账，必须转出账号扣掉金额以后，转入账号增加金额，整个转账操作才算完成。无论什么情况下，即使系统崩溃，也要保证这一点，这就是事务概念所要求的，是数据库系统的核心功能和特点。大家知道12306以前春节卖票的时候总是登不上去，查都没办法查，今年是可以查但是没办法买，而且今年不但可以查自己的还可以查别人的，所以就出现问题了。因此这种系统设计得并不完善，没有办法来支持事务处理功能。

Hadoop = 大数据？

Hadoop不是大数据的全部，只是大数据的一个案例，它带给我们的启示是，要处理任何新的数据问题，我们都应该从文件系统出发来解决。以前是从数据库的角度来解决的，而数据库是从文件系统发展来的，在数据库中解决起来很困难的问题回到文件系统中会变得更容易找到解决方案。

别忘了数据库

讲完了Hadoop，我还想说不要忘了数据库。数据库是自成体系的，1959年的时候有个会议叫Conference On Data System Language（CODSYL）。以前说数据系统语言其实就是Cobol语言，计算机以前都是用来做计算的，比如做弹道曲线的计算、核爆实验的计算等。进行传统计算的时候参数往往会很少，但是到Cobol语言之后计算机才真正在商业领域得到使用，所以Cobol语言是计算机从计算转到数据的一个标志性的东西。经过30多年的发展和竞争，形成了当前Oracle、IBM的DB2以及微软的SQL Server三足鼎立的数据库市场局面。MySql是开源的。这就是现代的数据库。数据库是有其自身体系的，并且还在发展，大家不要以为简单的data加base就是数据库。数据库的基本目的就是记账、转账和订票。国外的很多数据库专家也同意我这个观点。记账就是要把所有相关数据记录下来，为以后盘点做准备。记账就是为了做BI。另外就是订票。一个位置只能订一个人，不能订两个人，而订票就是系统根据个人要求先把一个位置锁住，如果客户没有用才能把位置放出来再订给别人。订票就是要做事务处理。每个人都感觉到自己在用这个系统，但实际上位置只能留给一个人用，其他的要加锁，等到不用的时候再解锁。但是我们知道12306不能选位置，如果要确定位置的选择会更麻烦。真正的原始的订票就是一个位置给一个人，所以在订票选位置的时候要把位置锁起来，如果别人来订系统会提示位置已经被预订，只能去选其他的位置。转账的例子我前面介绍过。所以发明数据库系统就是用来做这几件事的，这几件事也就属于关键任务。

数据库的三大成就

数据库之所以成功，是因为有关系模型。概念特别简单，只有简单的东西才能得到广泛的使用，如果概念非常复杂以至于要改变人们的思维习惯来使用，那么它的推广就会很困难。此外还有事务处理、查询优化等。这三大成就造就了数据库数百亿美元的产业。

发 展 驱 动 力

大数据时代数据管理发展的驱动力来自于应用，而应用又是从企业中来的。我们可以分出两类企业。第一类是传统的生产和商业企业，包括制造业企业、传统的服务业企业和政府机构等。IT企业也属于此类。另外一类就是新型的信息服务业企业，就是我们所讲的搜索引擎、社交媒体、电子商务、在线广告等。大家看到百度、腾讯、阿里巴巴等并不生产什么产品，它们提供的是信息服务。这两类企业对数据管理发展的驱动是不一样的。传统的生产类企业要有IT的部门，要买IT的产品，包括软件和硬件，然后还要专门招聘IT的人来帮忙做系统、维护系统。典型的，所有的银行、保险公司、政府部门都要购置大型主机，有信息中心、网络中心。这就是所谓的传统产业。但是新型信息服务业企业的信息平台是自行搭建的，Google是一个集装箱一个集装箱地往里运，其硬件主要是廉价的PC集群，他们并不去买高端的集群。另外，软件主要利用开源的技术和系统，其中最典型的就是腾讯，用他们自己的话来说，他们用的所有软件都是开源的。他们都是看别人有什么东西，然后拿过来改造，从来不会自己花钱去买软件产品。我接触过腾讯公司做IT的员工，都是很有进取心的。尽管最早一批员工不见得是从有名的学校毕业的，但是他们都很努力，觉得自己是在做事业，是在做中国的、民族的软件和系统。他们所做的事带动了中国信息技术的发展。以前新的信息技术是指望贝尔实验室、IBM的研究院、HP的研究中心和实验室来开发和推出的，后来人们发现情况并非如此。最近几年的情况是，IBM、HP这些公司是跟着互联网公司在做的，而这些互联网公司并不是IT公司，他们只是信息服务公司，而这些信息服务就是靠IT技术和平台来支撑的。

不 同 的 贡 献

以上两类企业有着不同的贡献。传统的IT企业的贡献大家有目共睹。我们现在所说的信息化社会形形色色的IT产品都是这些IT企业研发和生产的。数据库、操作系统、网络、硬件、软件、中间件都是它们的产品。它们所做的是面向机构（Enterprise-oriented）的。而互联网企业的贡献在于，作为一个非IT公司却极大地推动了IT技术的发展。最近几年IT的热点主要是云计算和大数据，而云计算和大数据就是分别由Amazon和Google提出或炒热的。而Amazon和阿里巴巴一样，并不是传统的IT公司（因为它们既不生产硬件也不生产软件，也不对外提供解决方案）。现在IBM、微软和HP公司都在发展云计算和大数据，可以说，这些曾经引领潮流的老牌IT公司转而成为互联网企业的追随者。再来看看互联网金融，在此之前银行对自己圈内的竞争格局都是很清楚的,但是互联网金融发展壮大后,银行就感觉到不同寻常的压力。这就促使银行采取各种措施来应对互联网金融的挑战,但这并非长久之计。传统的银行也很清楚,在互联网环境下,银行需要进行根本性的变革和发展。所以我就打了一个比喻,如果把传统的IT企业比喻成做家具的企业,那么互联网企业可以比喻为开新型自助式茶馆的人。他们开这个新茶馆的时候并不会去买桌椅板凳等家具,因为家具企业的产品太贵了并且也不太适合,他们自己度身定制桌椅板凳,不但给自己的顾客用,也会分享给其他的有类似需求的面馆、饭馆等。传统的IT企业发现很多新的客户都不来买自己的产品,而是选择基于开源的软件和系统来进行个性化定制。这样一来,整个商业模式就变了。我们观察到垂直应用成为IT发展的主要驱动力,这里的垂直是相对于水平来说的。以前的系统就是水平式的,包括通用的计算机系统,通用的操作系统,通用的网络硬件、交换机和通用的附着应用的中间件。但现在情况不是这样了,现在是企业自己做IT系统,而不是找系统集成商提供解决方案。

大数据所带来的变化

我觉得大数据带给我的最大的变化是思想方面的变化,这很重要,主要就在于破除了迷信。我们学计算机的以前总觉得做计算机系统和数据库系统是高不可攀的事情,不是每个学校都可以做的。但现在大家觉得完全可以自己做,只要应用需求很明确,就可以为满足这类应用做出相应的系统。从技术方面来看,以前做应用系统的时候要受到现有IT产品的限制,是基于通用的IT产品来实现系统以支持现实应用。从应用的角度来看就是削足适履,应用的发展会受到约束。互联网和大数据的兴起,信息技术的理论研究和技术探讨进入到了一个"春秋战国"时代,这是一个人们解除禁锢、思想解放的时代,各种各样的思想都得以展现,满足不同应用需求的形形色色的系统也会被推出。

中国数据库界的机遇

这样一个时代对中国数据库来说意味着巨大的机遇。我用了一个词叫"Knife Re-invent"(重新发明刀子)。我们这个专业以前经常讲的是"重新发明轮子"（Wheel Re-invent）。以前学软件工程时，这个词是在告诉我们不要去做别人以前做过的事，做软件的没必要什么都从头做起。计算机里有个词叫"Reuse"（重复利用），别人编好的程序可以拿过来用，没有必要自己再从头写一遍。而现在我要讲"Knife Re-invent"（重新发明刀子）。我上面讲到2012年去北京开Hadoop会议的时候，与会的著名互联网企业都把重点放在宣传自己的公司应用Hadoop来解决自己的问题很成功，无外乎是计算节点很多、上线用户数量很大、产生的经济效益巨大。在我看来，这主要是因为我们国家人口基数大，互联网发展迅速。也就是说，中国已经成为大数据开源技术的最大试验场。在会场的时候我产生了"开源是把双刃剑"的联想。我这里举的例子是中国的WTO谈判。美国代表和中国代表谈及知识产权问题，美国代表就半开玩笑地说"我们在和小偷谈判"，而当时的副总理吴仪回应道"我们来和强盗谈判"。但后来想一想，强盗是越抢越强，而小偷却越偷越弱。现实情况往往是，强盗制定规则，划定势力范围，引领着技术和生态建设的发展方向。"开源是把双刃剑"，以前是微软说我们盗版，说我们"偷"，而现在的大数据技术和系统很多都是开源的，放在那里让我们去拿。我国互联网的蓬勃发展得益于这种开源的生态，因为我们不需要花钱去买相关的产品和系统，只需去开源的池子里拿现成的东西。企业可以等着有开源的系统时再去开发自己的应用，这样一来，开源可能会造成企业习惯性的懒惰，扼杀创新能力，使企业重利益、轻责任、淡使命。一个只看重利益而没有创新的企业很难有好的发展前景。

2010年3月，当时召开的国际互联网大会有人提出抵制中国参加，说中国不是互联网而是Great Firewall（防火墙），因为当时中国建了防火墙来屏蔽外国网站。现在互联网已经使中国产生了很大的改变，包括最近的反腐败，相关信息的暴露等互联网起到了很大的功劳。但国外的很多人仍然觉得中国的不是互联网，而这种漠视和抵制的原因很大程度上在于我们一直在用别人的东西。别人开源了，我们就拿来用，我们并没有东西拿出来开源给别人用。现在我们国家的互联网公司规模很大，可以被人认可，但我们要变成一个像Google一样被人尊重和敬佩的公司还有很长的路要走。所以，我们可以把互联网企业从低到高分为被认可、被尊重和被敬佩三个层次。不单单是人力、用户的多少，我觉得更重要的是公司的责任和理念。

　　我们国家因为文化、风俗和社会制度的特点,有丰富的应用需要信息技术来实现和支持,所以我们需要发明更多的"刀子"。我们当然可以改造原来的"刀子"来用,但我们更应该发明自己的"刀子"。如果我们因为要实现自己的应用发明了新的技术并被别人所使用,那么就会赢得别人的认可和尊重。从这个意义上来说,值得我们探索的道路就是我们做自己的数据库系统。原来的数据库有很大的系统额外开销,就是所谓的overhead,系统96%的投入都被花在了overhead上,只有4%用来真正做事。Hadoop通过解决PageRank问题避免了这种不必要的额外开销。随着互联网应用的发展和普及,新的需求也会提出来。举例来说,淘宝发起的"双十一"网购节和12306网站春运购票,典型的特点是现象级应用。现象级是指平时没什么事情,到了某个时间流量就变得特别大。平时大家都可以很方便地进行网络购票,因为平时的访问量并不大,但是一到节假日,平时的系统就无法承受几个数量级的巨大流量,所以,12306网站到春运时就会不堪重负。淘宝网站也是一样,为了应对11月11日当日的巨大流量,技术人员要花几个月的时间来准备和应对,因此也促进了阿里巴巴在IT技术发展方面走到前列。最后,应用环境在变,主要体现在各种各样的网络环境;硬件也在变;体系结构也在变。互联网企业自己构建计算系统和平台已经是司空见惯的事情;超大规模内存集群开始出现;计算环境也在变化,人们随时随地都可以上网。而这些变化带来的结果包括我们前面讲到的现象级应用。另一个值得一提的就是去IOE,IOE分别代表IBM的机器、ORACLE的数据库和EMC的存储。这些产品都很昂贵且存在安全问题。斯诺登事件之后,我国意识到"网络(信息)安全就是国家安全",所以中国数据库发展的基本思路是,我们要立足应用,拓宽思路,发挥我们在某一些应用和技术领域的优势。可以得出这样的结论:应用是促进系统发展的原动力,数据为王、应用为大,有了数据、立足应用就可以做出自己的系统。那种靠一个系统或产品解决所有问题的时代已经过去了,我们要针对不同的应用开发不同的系统。我们正处于一个充满机遇的窗口期,应用驱动创新。

陈燮君

【学者简介】

　　1952年7月生于上海，籍贯浙江宁波，在美国圣路易斯华盛顿大学哲学系学习博士研究生课程。现为上海市文物管理委员会副主任、研究员、博士生导师，兼亚欧基金会博物馆协会执委、美国亚洲协会国际理事会理事、国际博协中国国家委员会副主席、中国博物馆协会副理事长、上海文博学会理事长、上海市新学科学会会长、中国美术家协会会员、上海市美术家协会理事、上海中国画院兼职画师、中国书法家协会会员、上海市书法家协会主席团成员、上海中国书法院副院长、上海市作家协会理事，曾任上海市文广局党委书记、上海博物馆馆长、上海市人大常委会委员、教科文卫委员会副主任委员，主要研究哲学原理、科学哲学、当代城市文化和新学科宏观理论、图书馆学、博物馆学、信息学、艺术管理、文博管理，首创时间学(与金哲合作)、空间学、学科学、世博学，并首先提出开创新学科学和新学科史学的系统构想，率先进行新学理论研究和太行学研究。出版了《学科学导论——学科发展理论探索》《时间学》《生活中的色彩学》等著作(包括合作)90多本，主编《世博词库》，参加主编《新学科辞海》《世界新学科总览》《21世纪世界预测》等，发表《战国楚竹书的文化震撼》《千年丹青》《百代法书》《古琴今赋》等论文、文章1 000多篇，计达2 000多万字。在故宫博物院、山西博物馆、西藏博物馆、上海美术馆等举办十多个个人画展。获上海社会科学院精英奖和全国、省市哲学社会科学优秀成果奖90多项。享受国务院颁发的政府特殊津贴。被英国剑桥世界名人传记中心授予"世界名人"证书和"20世纪2 000名杰出科学家"证书。被意大利共和国授予意大利"仁惠之星"骑士勋章和证书。

第 8 讲

大数据时代的思维方式*

机会是给有准备的人准备的

我今天想尽量给大家讲一些科学的方法、科学的方法论。首先,同学们肯定会问:"你凭什么可以讲大数据时代的思维方式?"我有很多熟悉的朋友都以为我就是搞书画、图书馆、博物馆的。我在社科院待了十七八年,原来主要是研究自然辩证法的,后来叫做科学方法论、西方哲学。其实,我在1970年的时候,就开始从事大飞机自动导航系统的设计,这是很幸运的。我们实实在在试制出了样机。2011年,我在北京颐和园办了一个个人画展,北京航空航天大学(当年叫北京航空学院)的三位老教授都来了,他们告诉我,当年我们试制出来的样机,是今天大飞机自动导航系统的基础。

今天下午在学习方法上我还可以跟大家做一些沟通,学习的问题一定要遵循规律,而且一定要有实践的平台。1970年,那时候我的同学已经开始装小电视机了,可是我却刚刚起步,更不要说导航系统了。自己从小就喜欢文史哲,但是有一点,那就是执着的精神,机会来了就逮住不放。那时候趁着年轻,就住在实验室。刚开始搞内存储器,半年下来,要选一个人搞系统、程序设计。当时有一个选拔机制,公正、公平、公开,大家上去讲对大飞机导航系统的理

---

* 2014年4月28日上海财经大学"科学·人文大讲堂"第14期。

解。于是，自己得到了非常好的锻炼机会——参与大飞机自动导航系统的程序设计。有了几年的实践和整个系统工程的历练以后，将其与原来对文史哲的爱好很自觉地联系在一起。

后来，更大的机遇来了。改革开放以后，社科院开始复院，我较早走进了刚刚复院的上海社会科学院。那段经历至今依然记忆犹新。1982年，凡是"文革"时期的大学生、研究生、大专生、工农兵，要想评职称的话都要参加全市的五门统考，文科有哲学、政治经济学、党史、外语和专业五门，我当时的专业是西方哲学。五门考下来，我在全市算得上是名列前茅。

我把自己的一段经历介绍作为今天的开场白，是想告诉大家，思维方式可以从各个时段切入。而今天我侧重讲大数据时代的思维方式，讲网络时代、大数据时代的思维规律。联系自己几十年的学习经验，我觉得机遇对于每个人来说都是不可多得的，机遇永远是向有准备的人敞开大门的。我们一路过来，你有机遇，可能其他一群人也有机遇，最后脱颖而出的是持之以恒的人，是始终懂得"细节决定成败"的人。学习既是艰苦的，又是愉悦的，如果你在学习的过程中始终感到除了痛苦还是痛苦，我想你要自我检讨了，方法上一定出了问题。

关于大数据和大数据时代

几年前，央视在黄金档节目上推荐了一本书——《大数据时代》。这本书里有哪些论断值得我们关注呢？它对大数据时代的分析很值得我们关注。书中提到："大数据开启了一次重大的时代转型，就像望远镜能让我们感受宇宙、显微镜能让我们观测微生物一样，大数据正在改变我们的生活以及理解世界的方式，成为新发明和新服务的源泉，而更多的改变正蓄势待发。"这句话讲得很有鼓动性，如果大数据时代到来以后，我们跟不上的话，就像望远镜时代到来以后，我们把望远镜拒之门外，就像显微镜发明以后，我们却置之不理。

大数据对于思维方式来说，最本质的观点有哪些呢？第一个观点，这些年来我们一直讲IT，I（Information）是信息，T（Technology）是技术，《大数据时代》的作者认为我们对T的重视比较多，对I的认识远远不够，这个观点很值得我们思考。第二个观点，我们一直以来习惯于目标论、目的论，现在提出应该关注过程论。我们很多年来在传统思维方式下，对信息是抽样调查。在大数据时代，抽样调查有时会显得非常无奈，它更关心的是相关数据的分析。我研究了很多年哲学，我认为不要把话说得太绝对，但是上述这些观点，至少从两点论的角度来讲，我们能不能在重视 T 的同时，对 I 给予同样的关注，我们在强调目标、目的的同时，能不能对过程也给予很大的关注，特别是相关数据的分析。当然，关于大数据时代还有很多值得探讨的技术方面问题，我想今天也只能点到为止。

大数据时代为什么给予云计算那么大的关注呢？我也在这里简单地给大家做个提示。所谓云计算，关键是信息技术、信息系统。有了电子计算机以后，信息集成量慢慢加大，到了今天，在局端的相互维系上提出了一种新的命题。上海中心现在已经封顶，在工程推进过程中，云计算曾经作为典型个案在媒体上进行比较大的报道。上海中心一共有 400 多块外围墙，每块建材重量是 600 ～ 800 吨。有了建筑信息模型云技术的支持，只需要十几个工人，3 天左右就能完成一层。这种建筑信息模型基于三位一体的思考，把云计算、存储、数据中心整合到了一起。未来五年内，全球语音增长将超过 20 倍，人体识别等应用增长将超过 22 倍，视频增长将超过 16 倍。在这种高密集、像云海一样的数据面前，如果我们的思维方式不变、硬件和软件跟不上的话，光靠抽样调查和技术的突破就会显得非常无奈。

另外，大数据时代中，很重要的一点是对脑科学的一种新的关注。大家如果有兴趣的话，可以对脑科学进行跟踪性的了解。思维科学、思维方式如果离开脑科学的最新进展是很难说清楚的。现在我们中国对脑科学的研究就像在外太空、深海领域一样，我们希望能在短时间内和国际上发达国家站在同一起跑线上。我们在脑科学方面与世界上发达国家的差距还是很大的，包括近年来我们对脑科学新的探索的投入，包括财力和人力的投入。但是在战略上，中国的脑科学研究从理解情感等入手，我们渴望在这一领域能有所突破。另外，我们对脑科学主要基于这样的认识：人对大自然的了解是非常不够的，但是人对自身的了解甚至远远低于对大自然的了解。在对自身的了解当中，对人脑的现有研究成果是远远不够的。人脑的课题是非常复杂的，我简单举个例子：1 千克质量的脑中有 1 千亿个神经元，有 1 千万亿的联结数，有 1 百亿亿个突触蛋白。对脑科学的研究离不开这些基础科学的研究。中国的脑计划是：在宏观与微观间"架桥"，不只关心神经元层面，更注重其联结与功能的关系。生命科学发展的轨迹是从基因组、蛋白质组到神经联结组这样一个递进的过程。未来的脑科学必将是将基因组、蛋白质组、神经联结组、脑网络组等有效集成和汇聚的大科学前沿。但是我想，对脑科学、思维科学的研究除了传统意义的学科进展以外，还要聚焦于思维和思维方式的探索与突破。

世界从什么时候开始提出了所谓信息技术、云计算、大数据时代这些深刻、伟大的命题？这还得从20世纪40年代电子计算机的出现谈起，关注第一台电子计算机问世。但是，当时第一代电子管计算机有很多弊端，体积大、耗电厉害、电子管很容易烧掉，烧掉后就会出差错，因此差错率比较高。到了50年代初期，晶体管出现以后，日本很快在晶体管的生产、应用，对第二代电子计算机的更新率上有了突破，所以第二代电子计算机（晶体管计算机）很快诞生。晶体管计算机的优势是耗电少、体积小、不容易出差错。现在回过头去看，中国与其他国家是有差距，但这个差距也不是不可逾越的，我们在20世纪70年代已经开始研制多层板。为什么用多层板呢？因为多层板大大缩短了导线的长度，减少了电阻，减少了差错率，包括虚焊的差错率。当时的电路已经开始把分离元件集成化了，所以我们当时研制的计算机是第三代电子计算机——小规模集成电路电子计算机。今天给大家讲讲电子计算机的原理。任何一台综合计算机或者专用机，总是有几大板块：外围是电源；核心板块是运算控制器，像人脑一样负责运算；还有一个很大的板块是存储器；第四大板块就是总体设计——程序设计。20世纪70年代，我们国产的计算机运算速度可以达到每秒上亿次运算，那时候的集成电路，各国也就在这样一个水平上。集成电路里面所有的开关线路就是两种：一种叫与门，一种叫或门。什么是与门？就是一扇门，两根输入端，在电流同时通的情况下，这个门打开。或门就是只要一端开通就能开启这扇门。

这里要引入一个概念——布尔代数。布尔代数可不是电子计算机有了之后才有的，布尔代数解决了机械式计算机如何运用布尔代数来进行运算的问题。布尔代数的关键是二进制。十进制是逢十进一，有0～9十种不同的数字；二进制是逢二进一，只有0和1。在电子计算机操作过程中，电流通是1的话，不通就是0。为什么0和1能进行繁复的十进制运算呢？关键是要解决十进制和二进制的换算问题。换算规律掌握后,二进制可以轻而易举地转换成十进制。今天的信息社会有一句很通俗的话:"我们自觉不自觉地站在0和1的旗帜下。"计算机的整个世界就是真假逻辑,非0即1,非开即关。实际上,布尔代数在机械式计算机的年代就已经有了,确切地说,机械式计算机运用了布尔代数。到了20世纪40年代,电子计算机运用的还是布尔代数。第三代计算机是小规模集成电路电子计算机,把电阻、电容、二极管、三极管这些分离的元件集成。后来很快出现了大规模集成电路,出现了第四代电子计算机。第五代电子计算机有了质的飞跃,出现了专家系统,开始具有模糊识别的能力。

模糊识别能力是什么呢? 给大家举个例子吧。我今天来到这个讲堂找财大的刘书记,如果让机器来找就麻烦了,要给机器大量的数据——刘书记的性别、身高、坐姿、五官,最终机器才能找到。可是,人找的话,就不用那么费劲了,人用不着那么多的数据。我和刘书记是朋友,如果很熟悉的话,甚至不抬头,刘书记走进来没有声息,我凭第六感觉都能知道。人比机器的高明之处在于,人至少具有机器现在还不具备的模糊识别能力。如果一台电子计算机开始具有模糊识别能力,那么这台计算机就进入了第五代——专家系统。识别能力越来越高,就到了第六代、第七代。

下面我举几个例子,大家就能很容易地理解模糊识别了。在传统逻辑学的真假逻辑当中,有一个"秃子悖论"。我问大家:"我是不是秃子?"大家肯定会说:"一看你头发那么多,当然不是秃子,是非秃子。"我开始拔我的头发,当我把头发拔到只有三根的时候,我再问大家:"我是不是秃子?"大家肯定不假思索地说:"只听说过张乐平先生画三毛,没有听说张乐平先生画秃子,三毛不是秃子,所以三毛是非秃子。"这就是传统的真假逻辑,要么是,要么不是,两者必居其一。这个坎是永远过不去的,传统逻辑学中一定解决不了。1964年,美国有一位应用数学家叫查德,他用模糊逻辑学的问题设计模糊数学。这个问题其实很简单,用[0,1]可以表示。如果非秃子是0,当头发拔到一半的时候,对应的是0.5,再继续拔,拔到只剩3根、2根、1根,越来越接近1,当拔掉最后一根头发,就变成了秃子,这时候就从0走到了1。模糊数学这扇大门在1964年才刚刚打开,这是非常了不起的一个突破。模糊数学的概念创立后,模糊逻辑学的问题迎刃而解,很多模糊语言学的问题也都解决了。我们经常说高高的楼房,什么叫高高的楼房? 这就是模糊语言。1949年,24层楼的国际饭店，75米高，如果将上海那时候的最高楼设为1，海平面是0的话，那么上海的所有楼房0和1之间都有定量的对应。现在有了金茂大厦、环球中心、上海中心，又把上海中心定位为上海的最高端，设为1，海平面是0，上海的所有建筑都可以在0和1之间非常精确地找到其对应点。

讲到这里，还要引入一个新的概念，黑箱或者系统当中的反馈概念。钱学森同志认为，应该研究思维科学，应该在社会科学中独立地进行思维科学研究。这是非常深刻的。关于思维科学，我们的知识板块到底应该怎么切割？人读了一辈子的书，如果没有弄清楚人类的知识是几大板块的话，那就太遗憾了。很多年来，分自然科学和社会科学，自然科学的定义是比较清楚的。关于社会科学，20世纪80年代初期和中期，慢慢地在社会科学当中分化和独立出人文科学。我不知道在座的同学们能不能通俗地表达人文科学，其实很简单，人文科学就是研究真、善、美的学科，这种说法还是比较模糊、通俗，简单一点说，文学、历史、哲学是研究真、善、美的，属于人文科学。钱学森同志极力倡导思维科学，就从自然科学、社会科学、人文科学之后又延伸了第四个板块。光有四大板块还不够，在四大板块中，贯通的还有两大学科，一个是哲学，一个是数学。如果说"4+2"这个结构开始入耳入脑了，那么我们对知识世界中的顶层设计和框架性的设计就有了完整的了解。

钱学森同志认为，三论——系统论、信息论、控制论，最主要的就是系统论。系统有各种各样的，有大系统、小系统，有灰箱系统、白箱系统、黑箱系统。白箱系统不用多讲了，比较容易把握。而黑箱系统比较好操作。对于黑箱系统，不用搞清楚黑箱的内部构造，只需要弄清楚它的输入端和输出端以及输出对输入的反馈。最难的是灰箱系统，现在仍是全国性的难题，包括社会稳定等很多问题面对的往往都是社会灰箱。

还有一个重要的概念就是反馈，反馈有两种：正反馈和负反馈。还有一组概念，单向反馈和双向反馈。什么是单向反馈？最简单的例子就是抽水马桶的原理。抽水马桶是一个封闭、循环的单向反馈系统。强制性地按动开关，使得出水系统的洞打开，打开以后开始放水，因为有连动装置，在放水的同时把进水的孔打开，当水位下降到一定水平时，进水系统开始进水。随着水位的升高，浮球开始上升，连动地把进水口堵住，就停止进水了，然后再进入一个新的循环阶段，整个过程是单向反馈的。那么，什么叫双向反馈呢？比如说老鹰捉小鸡,小鸡知道老鹰在捉它,它要逃,老鹰根据小鸡逃跑的速度和方向来决定下一步俯冲的速度和方位。再比如我今天在这里讲课,一两个小时的课,没有 40 ～ 60 个例子是讲不生动讲不好的,但是两个多小时讲不了那么多例子,到底应该选用哪些例子,这里就涉及双向反馈。我看到同学们与我对视,同学们是听得下去的、感兴趣的,那么说明这些例子是选对了,所以继续按照这个思路进行。如果我看到同学们很想听,但显然继续听下去遇到的难题更多,那就必须赶快调整。在这个过程中,我们之间的反馈系统就是一种双向反馈系统,我讲课的语速、深浅程度会根据现场的反应做出调整。

关于思维方式

现代思维方式到底遇到了一些什么问题? 除了刚才讲的精确与模糊以外,还有粗估节奏等一系列问题。现在有一种新的思维方法叫粗估。关于节奏,我给一些即将参加高考的高中生上课,给他们讲高考的科学方法。在日常生活中,科学方法很重要。比如说数花生,从 1、2、3 一直数下去,如果挨个儿数,数得你自己数到了几都弄不清楚,旁边人看着都累。如果换一种方法,讲一点节奏,一五、一十、十五、二十……在第一分钟,你的优势可能没那么明显,五分钟、十分钟以后,奇迹就发生了,既精准,又轻松,这里面就有方法。

方法就是那么回事,在一些重点高中学生临考时,我主要跟他们讲些什么呢? 比方说,我主要介绍参加考试的方法。讲"容错技术",就是允许犯错误。什么叫"容错技术"? 电子计算机当中就有"容错技术",就是能有效地应对犯错的技术和方法。最简单的就是大家都知道的备份,为什么有备份? 它就是容许机器犯错,当机器犯错的时候,备份就可弥补错误。电子计算机都有容错系统,那么学生在临考前能不能设计一个容错系统呢?

另外,就算是专业人士,如果没有经过针对性很强的专门训练,要考 TOFEL 听力也得不了高分。当时出现了一种有效的方法,叫"蓝眼睛方法"或者"接站法"。我们到火车站去接人,我告诉你这个人是外国人,最好的办法就是识别他的眼睛。讲到底就是抓关键、抓重点。大家可以慢慢形成这样一个习惯,比如用几个关键词把一个讲座的内容基本上复述出来。如果说我们能用中文熟练地进行这种思维方式的训练,那么当我们听一段英语短文的时候，就能抓住一些关键词，这样就能顺利应对 TOFEL 的听力测试。

讲到科学方法，我要举一个裴老师通过教孩子英文打字开发脑功能的例子。因为自己很关心思维科学方法，我完整地参加过裴老师教孩子学英文打字的全过程，两个月为一个周期，一个星期两个晚上，一个晚上两个小时。我发现裴老师不仅是在教孩子学英文打字，更是在帮助孩子开发左右脑。不认识 abcd 的孩子都可以到裴老师那里学，学了之后，不光打字学会了，abcd 轻而易举也就学会了。好动是孩子的天性，这些孩子参加了裴老师的班以后，粗心大意的毛病改掉了，上课专心得多了，有很多毛病都克服了。当时最高的英文打字水平是国家 A 级水平，即每分钟准确地打 260 个字符。经过裴老师带教出来的孩子，两三个月后，普遍每分钟能打 300 个字符以上。脑科学、思维科学的潜力真的很大。

那么裴老师是怎么训练孩子的呢？其实方法很简单。裴老师有两种方法，第一种方法，颠覆了打字时手指要复位的方法。我们学钢琴、练短跑，动作的复位很重要，但是裴老师认为，大多数打字的人更看重准确而快捷，如果打字的时候，打到哪里手指放到哪里，手指不要复位，那么就会出现一片新的天地。第二种方法，无限地从小循环到中循环到大循环。裴老师教孩子总是从第一册 *Essential* 第 96 页上的一篇短文开始，第一句话："This is a classroom in an English school." 一个字母、一个单词、一个句子、一个段落……坚持从第一个单词的第一个字母开始练习，不断循环，然后奇迹就发生了。我们曾到上海郊区农村去实验探索，效果也非常好。

这些年来，自己带有创建性地研究时间学、空间学等科学，也关注后天精神失调的孩子重回母胎（时光再造）的方法，用潜科学的方法助推孩子们进行外语学习，包括单词记忆方法，实践证明，科学方法是非常重要的。能在短时间内把几十个毫无关联的单词记住，记忆是有技巧的。人的记忆和思维有关，有人说自己老是记不住，往往不是记忆力不好，而是方法不对。比方说要上台从容不迫地完成一小时演讲有时会感到困难，但是如果能把一些关键词牢牢记住的话，就不成问题了。我的女儿三岁半时参加讲故事比赛，结果第一场上去以后脑子一片空白，哭着奔下来。其实，不要说三四岁孩子的脑子会在一瞬间一片空白，就算是很有经验的专业人士在特定的情况下也会出现这种情况。

后来我教女儿一种非常简单的记忆方法叫标钉法。如果故事中有四个小故事，可在思想上把第一个故事主题写在一张纸条上，用一枚大头针钉在左眼上（这些都是思想活动）；第二个故事主题钉在右眼上；第三个故事主题钉在鼻子上；第四个故事主题钉在嘴巴上。四个故事主题全部钉在熟悉的器官上，然后就会收到惊人的效果。我们今天讲方法、讲思维、讲思维方式，如果从细节、小事做起，就可以走得很高很远。

我最后给大家一点提示，人的思维，有正向的就一定有逆向的。我跟一些年轻人说，在画画中，如果形体把握得不是很好，可以试用一种逆向思维。比如画肖像，往往是你对熟悉的人画不像，最简单的办法是把熟悉的人的肖像倒过来，这样五官就变得很陌生，特征一下子就抓住了。比如画手臂，我们要对手臂粗细和人体其他部位的比例进行观察和比较。能不能逆向思维呢？如画手臂的实体时，改变观察实体的习惯，参照实体之外的几何形状，这种方法很灵。另外，关于平面和立体。我经常跟孩子们做一个游戏，用六根火柴棍搭四个三角形，很多孩子不知道该怎么办，这是为什么呢？因为他们的思维是平面的，我只要一提立体，孩子们马上就反应过来了，立即立体地搭建成四个三角形。平面和立体可以生出无限风光，当代艺术不就是让立体重新回到平面吗？确切地说，很多情况下是回到了"二度半"。

最后，我想以一道数学题来结束今天下午的交流。这道题很简单，4个人到商店里买围巾，陈列的围巾有3种，外观看起来很相似，但是因材质不同有3种标价，一种5元，一种5.4元，还有一种6元，4个人中有3个人每人拿出2元，他们想买一条6元的围巾。当他们买好围巾之后，营业员发现自己给他们的是一条5元的围巾，马上叫住了第四个人找还他1元。第四个人留下了四角钱，还给之前的3个人每人两角钱。一列公式发现两角钱没了：$(2-0.2) \times 3 + 0.4 = 5.8$。每个人出了2元，后来找还了0.2元，所以每个人实际出了1.8元，3个人一共出了5.4元，再加上第四个人留下的0.4元，总的加起来5.8元，可他们之前拿出了6元，这两角钱到哪里去了？这是一道数学题，也是一道暗示题。有些暗示题告诉答案以后疑惑就迎刃而解了。比如说，在看不见星星、月亮的一天，在一条黑色的马路上开来一辆黑色小汽车，司机全身上下的穿戴都是黑色的，黑色的帽子，黑色的衣服、裤子，黑色的袜子、鞋子，这时候突然从马路边蹿出一条黑色的狗，司机非常灵敏地把车刹住了，为什么？这个谜底是——因为在白天。我讲了这么多黑色，无非就是为了暗示"看不见星星、月亮的一天"，看不见星星月亮为什么一定是黑夜？大家都忽略了白天也看不见星星、月亮，一讲谜底大家都明白了。但是我刚才讲的这道数学题就是长久的暗示了，即使讲明白了，好像还是有疑惑。其实这里所谓的暗示就是一种误导，这是一个伪命题。整个数学式应该怎么来列呢？（2−0.2）×3−0.4＝5，每人出了1.8元，减去第四个人拿走的0.4元，正好等于围巾的价格：5元。我误导大家加上0.4等于5.8，实际是将问题复杂化了，试图让大家的思路进入误区。在外语教学当中，甚至是思想政治工作当中讲透或者科学运用暗示方法，真的是很灵的。

欧阳友权

【学者简介】

　　欧阳友权,文学博士,中南大学文学院二级教授,博士生导师,国家教学名师,国家网络文学研究基地首席专家,全国网络文学研究会会长。著有《文学创作本体论》(1993),《艺术美学》(1999),《网络文学论纲》(2003),《网络传播与社会文化》(2005),《网络文学的学理形态》(2007),《比特世界的诗学》(2009),《数字媒介下的文艺转型》(2011),《中国网络文学编年史》(2015)等;研究论文有《数字媒介下中国文学的转型》《网络文学本体论纲》《网络审美资源的技术美学批判》《新媒体与中国文艺学的转向》《论网络文学的精神取向》《数字化的哲学局限与美学悖论》《数字传媒时代的图像表意与文字审美》等。所著《数字化语境中的文艺学》曾获第四届鲁迅文学奖。

网络文学的现状与走向*

1994 年 4 月 20 日，中国正式加入世界互联网公约。自打互联网进入中国，我们的文学就在第一时间走进了网络。汉语网络文学最早是在北美产生的，留学美国、加拿大的华人学生建起来的互联网汉语新闻组和文学网站是网络文学的源头。中国加入世界互联网公约以后，网络文学迅速挺进中国本土，这些年来蔚为大观、一片火热，与现实中的文学冷寂的局面相比，网络中的文学非常火爆，我们的文学开始媒体上的大转移、大迁移。这些年来，文学在大学里不是最热门的学科，在市场经济发展进程中，文学的地位与过去相比在下降；但网络文学的火爆超乎人们的想象。火到什么程度？存在什么问题？我们在这里交流一下。今天与大家交流四个方面的话题：一是走进网络文学的现场，看看目前是一种什么状况；二是琢磨一下网络文学改变了什么，与传统文学相比有什么不一样的地方；三是看看网络文学有什么局限性，即揭短网络文学；四是网络文学的发展趋势。

走进网络文学的现场

用两句话概括网络文学的现状：一是了解新媒体，"欲以弓箭追火箭"。

---

* 2014 年 10 月 15 日上海财经大学"科学·人文大讲堂"第 28 期。

我们知道弓箭是追不上火箭的,这意味着新媒体的发展速度实在是太快了,每天都有新东西,技术也在不断更新换代;二是看看海量增长的网络文学,看看它是一种什么状况。为了回答这两方面的问题,首先了解一下什么是网络文学。网络文学在我国诞生的时间并不长,人们一般认为网络文学真正在国内大规模兴起是在1997年,其标志是一部我国台湾作者撰写的《第一次的亲密接触》的网络小说,在网上特别火爆。该小说是汉语网络文学在本土兴起的一个标志,从我国台湾传过来后,迅速在中国大陆网络中传播,这一年全国还举办了网络文学大赛。2007年底至2008年初,国内组织了网络文学十年盘点,这个"十年"就是以此为起点的。至此,网络文学在大陆发展的十几年时间里,发展很快,争议也很大。很多人疑惑究竟什么是网络文学?有人就说,如果将《红楼梦》放在网上,是不是《红楼梦》也成了网络文学?我们先从感性认识上了解一下,究竟什么是网络文学。我把网络文学区分为三个大的类型:

第一种是广义上的网络文学:是指所有经过电子化处理后上网的文学作品。今天的互联网上,古今中外几乎所有的文化资源都上网了,均可以在互联网上查询和阅读。从四书五经到诸子百家,从唐诗宋词到明清小说,现代文学史上最有名的作家如鲁迅、郭沫若、茅盾、巴金、老舍、曹禺、艾青、丁玲、赵树理等人的作品在网上都能读到。从孔夫子到孙中山,从亚里士多德到尼葛洛庞帝,所有的理论家、作家的作品全都能在网上找到。这些作品都是经过电子化处理的,现在叫做数字出版、数字阅读,如现在有很多人在机场候机时拿着手机阅读电子书。再如从1901年到2014年获得诺贝尔文学奖的作品,如果你在书店找不到,那么肯定可以从网上找到。即使是2014年诺奖得主法国作家莫迪亚诺的《暗铺街》《青春咖啡馆》,我们在网上也能找到,因为这些作品已经翻译成中文出版了。华人作家高行健2000年获得诺贝尔文学奖,莫言2012年获得诺贝尔文学奖,他们的作品也都能在网上找到。举这些例子的意思是说,在今天,所有传统的文学作品都已经上网了,我们都称它们为网络文学,那只是文学传播的媒介和承担的载体不一样,而作品本身是一回事。这是第一种网络文学。

第二种是网络原创文学:是指发布于互联网上的原创文学,即用电脑创作在互联网上首发的文学作品。这不同于先印在书上尔后传到网上的概念,我们今天所说的网络文学指的主要就是网络原创文学。如《第一次的亲密接触》讲的是一个网恋的故事，不同于传统文学的文字格式，全部用短小的句子分行排列，用了大量的网络语言，非常生动，非常幽默，非常好玩，读起来非常轻松。我在这里列举一些这几年来在网络上非常走红、影响力比较大、点击率比较高的网络文学作品：今何在的《悟空传》、慕容雪村的《成都，今夜请将我遗忘》、我是赵赶驴的《赵赶驴电梯奇遇记》、李可的《杜拉拉升职记》、当年明月的《明朝那些事儿》、萧鼎的《诛仙》、天下霸唱的《鬼吹灯》、何马的《藏地密码》、流潋紫的《后宫·甄嬛传》、菜刀姓李的《遍地狼烟》等等，这些作品都是大众耳熟能详、点击率比较高、有代表性的，它们大多在被改编成电视剧后又广为传播，这些作品也是我们走进网络文学的入门之功，大家读过里面的一部或两部，就能找到网络文学的感觉，也就能知道网络文学现在为什么那么火。网络原创作品虽然与传统文学作品在写作媒介上有所不同，但写作方式总体是差不多的。除此之外，还有一种原创作品是通过计算机程序创作的，它不是人工写出来的，而是计算机编程实现的。如1984年，在我国首次青少年计算机程序设计竞赛中，上海育才中学年仅14岁的学生梁建章曾设计出"计算机诗词创作程序"，这个系统收集词汇500多个，以"山水云松"为主题，平均不到30秒即可创作一首五言诗，曾连续运行出诗400多首，无一重复。

第三种是网络超文本链接和多媒体制作的作品。这类作品具有网络的依赖性、延伸性和网民互动性，不能下载做媒介转换，离开网络就不能生存，这样的作品与传统印刷文学完全区分开来，因而是真正意义上的网络文学。如网络作品《拔河》需要与网民互动从而形成作品；如由大学生创作的网络小说《哈哈，大学》是描写校园生活的，书中嵌入了大量描绘大学场景的动漫、摄影，这样的作品其生命力仅存在于网络，离开了网络它就不能生存；如人民出版社出版的第一部网络小说《风中玫瑰》，其作品不是一个人创作的，是由一个人发帖众多人跟帖而组成的，这本书有14万余字，其中属于作者创作的只有一小部分，其余都是一个个网友跟帖链接而成的；再如超文本小说《平安夜地铁》，作者在书中多处设计了A、B链接，读者选择链接的路径不一样，其故事情节和发展的结局也就不一样。

网络文学是新媒体文学的一种，今天的新媒体不仅仅是过去的台式电脑和手机，数字电影、数字电视、数字广播、数字报纸、触摸媒体、桌面视窗、数字杂志等，我们眼见的大量视频、音频都是与数字技术相关的，并且发展速度特别快。比如我们现在的手机可以做很多事，它已远远超出了单纯信息沟通如打电话、发短信的功能，能够交电话费、交煤气费、购物、乘车、查询很多信息。微信从2011年开始上线，短短几年时间中国就有6亿多人在使用，完全是超出人们想象的发展速度。网络文学就是在这么一种新媒体环境当中、在数字化技术突飞猛进的过程中诞生出来的一种文学形态。

从中国互联网发展状况看，2014年7月21日，中国互联网信息中心（CNNIC）发布的第34次《中国互联网发展状况统计报告》显示，截至2014年6月底，我国网民规模达6.32亿，互联网普及率为46.9%，手机网民5.27亿。其中，网络文学网民2.89亿，较2012年底增长1 498万人，网民网络文学使用率达45.8%。我给新媒体的评价是：它是一柄"双刃剑"，一方面它是撬动世界的杠杆，另一方面它也是潘多拉的盒子。它确实对社会的进步起到了拉动作用、杠杆的撬动作用，但它带来的问题也不可小觑，需要引起我们的关注。

网络与文学联姻以后，让文学的面貌发生了巨大的改变。今天在互联网上的调查初步表明：网络签约写手超过200万人，上网发贴写作的人接近2 000万人，职业、半职业写手超过3万人。一个网站一天可以接受原创新作品8 000万字到1亿字，如此大数字，谁也没有能力读完所有的网络文学，只能挑选其中相当小的一部分浏览。过去，盛大文学在中国网络文学领域是一家独大，其中最有名的是起点中文网。从2013年5月份开始这种格局发生了变化，腾讯公司成立的创世中文网发展很快，形成了盛大与腾讯相抗衡的局面，许多有才华的人从现实中转移到网络。当然，由于网络作品是海量的，精品是有限的，大量的是口水、文字垃圾或文字质量不高的作品，但我们同时也应看到，网络上仍然有相当多好的文字作品。要相信天才在民间，千万不要小看网民的力量，过去，许多写手因为篇幅有限、版面有限，在传统文学阵地上难以赢得一席之地。但现在不一样了，网络媒体是开放的，构筑了人人可以当作家的平台，许多有才华的人一写就写出名了，其中包括不少学理工、学法律、学管理、学经济的人，这些人的文学才华通过网络平台得到释放，找到了发展的空间。综上所述，数字化技术和山野草根一起推动了文化大跃进的局面，带来了网络文学的繁荣。

网络文学改变了什么

一是网络文学的市场化崛起给文坛带来了新的活力,改变了当代文学格局。过去的文学格局是传统文学独步天下、一家独大,如:能在《诗刊》上发表诗歌,能在《人民文学》《当代》《收获》《花城》这些大型刊物上发表小说,作品能够被《小说选刊》《新华文摘》转载,说明这些作品能够登上大雅之堂,作者可以进入作家行列。但是这种格局因为网络的出现发生了变化。今天文学格局是三分天下,网络文学一家独大。现在传统文学在萎缩,即使是最有名的小说家写的小说,如果出版社能够首印2万册已经是非常了不起的了。但是网络上一部作品下载后开印10万、20万册则比比皆是。目前中国图书市场每年出版4 000部以上的长篇小说,其中超过2 000部是网络小说,并且畅销书排行榜中靠前的大多是网络下载的作品。这说明,网络文学、传统文学、图书市场文学三分天下中,网络文学所占的市场份额是绝对多数。

二是在挑战传统与更新观念中悄然改变了文学惯例。传统文学写作通常是纸笔书写、找出版社出版、找刊物发表,但是网络写作从存在方式上说不需要纸张、印刷、出版等硬载体,它需要的是如数字化符号的软载体。表意的体制发生了改变,网络的表达方式可能不是那么高深、不是那么纯粹、不是那么典雅,往往大众化、口语化、通俗化,但是为普通大众喜闻乐见,一般读者喜欢上网阅读。

三是展现了不一样的文学生产方式。文学从专业化创作走向"新民间写作",文学媒介由语言文字书写转向数字化符号的机器操作。过去写书往往要修改抄写几遍,如果抄稿每天抄8 000字,到晚上手捏筷子都是僵的;现在电脑打字,每天打三五万字都不是问题。这就使作家从艰苦的劳动当中解放出来,可以高产创作。现在网络文学之所以这么多、这么火、量这么大,是因为写作方式发生了改变。

"揭短"网络文学

总结为三个方面的不足:

一是"海量"与"质量"的落差,"速成"与"速朽"并存。也就是说,网络文学量很大,但品质总体不高。我的判断是,网络上 1/3 属于文学,1/3 属于准文学,还有 1/3 属于非文学。在 1/3 属于文学里面又有 1/3 属于好一点的文学。尽管只有 1/3,但绝对数量很大,所以仍然可以找到很多好的作品。我们时间有限,可以在网上找点击率比较高、排行榜靠前、网友评价比较好的作品来阅读。有人说,网络上是"星星多月亮少""沙子多珍珠少""灌水"者众而"文学性"短缺,这种判断其实是有道理的,确实存在这种情况。莫言把网络写作叫做"乱贴大字报""马路边木板上的信手涂鸦",所以说在这种情况下,要保持比较高的水准是很难的。还有一些说法叫"经典不及偶像,传统不敌时尚""韩寒排名在韩愈之前""郭沫若排名在郭敬明之后",这种现象不同程度地存在。

二是自由写作中承担感的缺失。网络写作是一种自由的写作,作者往往一身轻松却过于轻松,少了些责任感,更缺少担当感。我们传统的创作是带着一种神圣的使命感创作的,如:文学要反映生活,要表达时代的良心,要为社会的正义、为社会的真善美来创作。但这些责任感在网络作家身上或者被淡化或者被遗忘,怀着很崇高的责任感、使命感来创作的人越来越少,过去有为而作和崇高的事业感变成一种悦心快意、自娱娱人的轻松游戏;作者不再是"灵魂的工程师"或"社会良知的代言人",而成为网上灌水的"闪客"或"撒欢的玩童";作品没有宏大的叙事和深沉的主题,不再是国民精神所发出的火光和引导国民精神前途的灯火,而成为用过即扔的文化快餐。这种现象必然导致一些作品轻飘飘的、色迷迷的,导致有担当的、有深刻主题的作品较少,而灌水的东西多一些,这也是网络文学的缺陷所在。

三是类型化写作膨胀,隔断了文学与现实生活的依存性关联。写作类型化是近年来网络文学的主流,常见的文学类型有:玄幻/奇幻、武侠/仙侠、科幻/灵幻、修真/穿越、历史/架空、盗墓/悬疑、惊悚/恐怖、侦探/探险、都市/言情、游戏/竞技、青春/校园、职场、官场、军事/异域、权谋/宫斗、女性/美男……,不下 50 余种主要类型。为什么会有这么多类型?这是由网络特点所决定的。尽管网络是大众化媒体,但它同时也是分众、小众细分的市场,因为每个人不可能将网络文学都阅读完,我们总是选择自己想读的作品来读,类型化小说正好适应了网络细分的需要,读者找起来很方便,缩短了读者选择作品的时间。但类型化写作存在一些局限性:如模式化的"重复短板"、想象力枯竭焦虑、隔断了文学与现实生活的依存性关联等。从近几年网络小说排行榜前十名情况看,绝大多数作品都是玄幻武侠、架空穿越、灵异修真、历史后宫等类型化写作,现实题材的作品很少。这类作品的情节、故事、人物、想象、节奏和叙事方式等大多是模式化的,有利于迎合阅读市场,创造商业资本利润最大化,却无关乎文学和艺术。网络写手需要对新媒体志存高远,对文学心怀敬畏。

网络文学的发展趋向

一是网络文学与传统文学打破隔膜,出现交流认同的可喜局面。传统主流文学开始以积极主动的姿态,为网络文学递上示好的"橄榄枝"。特别是中国作家协会积极介入网络文学的研究和引导,采取了许多有效的措施来扶持网络文学。比如让部分知名网络作家担任中国作家协会全委会委员;让网络作品参评全国文学大奖;赋予网络写手比较高的地位,让他们加入中国作家协会;让网络小说入选全国"五个一工程奖";组织网络文学十年盘点;召开全国网络文学理论研讨会;组织传统作家与网络写手结对交友等活动。改变了过去网络文学与传统文学鸡犬之声相闻、老死不相往来,相互瞧不起的局面。

二是网络文学的产业化初露端倪,商业模式日渐成型。现在网络文学之所以火,是因为找到了发展的商业模式。网络文学的发展呈现马鞍形,第一阶段是2000年前后的五六年时间,那段时间网络文学的中心,也是当时最有名的网站,是上海的"榕树下"网站,多年领跑中国网络文学(目前已沦为二流网站);2003至2005年是网络文学发展的低谷期,其原因是文学网站没有找到商业模式,没有足够的资金来源,网络文学只能走向低谷。2006年至今,网络文学发展很快,其原因是文学网站逐步找到了商业模式,即:以文学网站为基础的网络文学产业链。其主导模式是:网站大量网罗签约写手,从而储存大量的网络原创作品,这些作品通过付费阅读、二度加工转让、下载出版、影视改编、制作电子书、开发移动阅读产品、网游改编、动漫改编、转让海外版权等多种渠道形成网站收入。其中,影视改编是最大的一块,这几年热映的影视作品如《山楂树之恋》《我是特种兵》《杜拉拉升职记》《美人心计》等，均来自网络文学作品的改编。同时，网络写手通过网站签约写作，也获得了一定的收入来源，这几年网络作家中的千万富翁比比皆是。网络文学正是由于找到了这样合适的商业模式，从而推动了整个网络文学的市场繁荣。

三是竞争加剧，争抢资源，出现写手"去草根化"趋势。网络的活力在于草根，网络文学之所以那么火，也是因为草根写手没有门槛，人人都可以写，都可以在网上发表。但慢慢地网络上形成了一批白金写手、著名写手，这批网络写手希望"去草根化"，从而取得传统文学认可，挤进传统文学行列。同时，原创网站对大牌写手的争夺也日趋激烈，让新媒体文学开始步入战国争雄、寡头垄断时代。草根群体为了生存，期待加盟或招安，向大神靠拢。

潘迎春

潘迎春,武汉大学历史学院教授,世界史系主任,博士生导师。研究方向为现代国际关系史、美国史、加拿大史。中国美国史研究会常务理事,中国加拿大研究会常务理事,中国近代史研究会常务理事,湖北省世界史学会副会长。主持国家社科基金项目1项、湖北省社科项目1项。参加教育部重大攻关项目和湖北省教学研究项目,在《世界历史》《世界经济与政治论坛》等权威、核心期刊上发表学术论文20余篇。获得国家级教学成果一等奖(2014),湖北省优秀教学成果一等奖(2013)、二等奖(2009),武汉大学杰出教学贡献校长奖(2014)。国家级精品课程《世界近代史》的主讲教师之一;主讲课程《西方历史的源头》入选教育部首批百门精品视频公开课建设项目,于2012年8月在中国大学视频公开课"爱课程"网站和网易公开课网站上线;主讲的《简明世界史》慕课正在"爱课程"网站"中国大学MOOC"栏目和网易公开课网站向社会公众开放。

西方历史中的中国元素*

中国古代的四大发明

众所周知,中国有灿烂悠久的文化,中华文明对于世界的发展做出了巨大的贡献。一提起古代中国对于世界的贡献,国人就会想到指南针、火药、造纸术、印刷术这四大发明,知道我们中国人的这些伟大发明影响和改变着西方历史以及西方历史的进程。但一般的读物,甚至是教材上并没有去谈论到底产生了哪些影响、如何影响,没有去追根溯源,我们的广大读者以及青年学生只知其然却不知其所以然。更重要的是,我们中国古代的文化对于世界的影响不仅在于这四大发明,还有更多鲜为人知的方面。可以说,中国元素在西方历史的各个重要的发展阶段都发挥过重要的作用。

我在李约瑟原著的《中国科学文明史》中找到了一些资料,其中列举了26项从中国传到西方的机械及其他的技术,并且仔细地说明了这些技术的名称以及西方落后于中国的时间,并以百年为单位计数。从中可以看出,中国古代在这些方面都遥遥领先于西方,包括造船、火药、罗盘等。李约瑟认为,在16世纪以前,中国人在充分利用自然知识方面远远地走在了西方的前面,他甚至将中国古代的科技视为世界近代科技的先驱,强调了它对近代科学的贡献和推动作用。

---

* 2014年11月7日上海财经大学"科学·人文大讲堂"第37期。

中国元素与西方的社会经济

在社会经济方面的影响我们将从日常生活的衣、行、用等方面来考虑。

首先是穿着方面。中国元素最早对西方产生影响的是丝绸。丝绸的引进改变了西方人的穿着方式和生活方式。古代欧洲人穿着多以麻布和皮革为主要材质,冬天穿羊毛织物御寒,因为西方的棉花产量较低,棉布在西方属于高档商品。无论是希腊的农民还是皇帝,穿戴的都是亚麻、麻布。中国是世界上最早养蚕织丝的国家,而且在公元6世纪前是唯一能够饲养家蚕和织造丝帛的国家。考古发现中国最早的丝帛出现在浙江吴兴一带。自商代以来,养蚕织丝就成为一项重要的手工业。从资料中我们可以看到,马王堆出土的"素纱蚕衣"有2.6平方米,但只有49克,薄如蝉翼,轻若烟雾,出土的时候色泽鲜艳,纹饰绚丽。这件西汉初年的文物代表了中国古代极为高超的丝织水平。

中国的丝织品自商代以来就不断向外推销。这也吸引了世界上独一无二的西北的游牧民族,并通过这些西北的游牧民族向西一直传入中亚、欧洲地区,从而造就了著名的"丝绸之路"。这条路东起中国汉代首都长安,经过敦煌、吐鲁番,蜿蜒西去。从西汉发展到唐朝,这一路运送的主要货物就是丝绸,沿途的贵族翘首以盼的也就是丝绸,所以这条路就被称为"丝绸之路"。与汉代同期的罗马共和国的执政官恺撒曾经穿着紫色的丝绸长袍出现在公众场合,引起了很大的轰动,在当时被认为是奢侈至极,导致罗马贵族争相仿效,一时间轻薄、舒适、色彩艳丽的丝绸服饰就成为贵族专属的奢侈品。从当时的一些雕塑上可以看到服饰相当轻薄,著名的胜利女神的衣着也是轻薄的丝织品。以致当时罗马帝国的皇帝都下令要禁止男子穿丝绸,以遏制这一奢靡之风,但丝绸依然很流行。

其实罗马的当地人民并不知道丝绸是如何制造的,他们见到的都是成品。罗马当时的著名学者"百科全书之王"普林尼曾说:"赛里斯国以树木中出产的丝文明于世,这种细丝生于树上,收割后用水浸湿,再加以梳理织成丝帛。"可见当时的罗马人民都以为丝产自树上,而不知道是蚕吐出来的。并且,尽管丝织品很早就传到欧洲,但是欧洲人民对于丝织技术并不了解。当时中国对这一技术有一定的垄断,并不外传。拜占庭的东罗马皇帝查士丁尼就曾悬赏：谁能够知道中国织丝的秘密便予以重赏。当时有两个僧侣，即他们的教士，表示曾在新疆地区看到过织丝用的蚕，因此这两位教士来到新疆，将蚕卵藏在竹杖里带回君士坦丁堡献给了查士丁尼。因而从公元6世纪以后，欧洲人也学会了养蚕织丝，并产生了最早的欧洲丝织业。从现存的壁画来看，拜占庭的皇帝查士丁尼和朝臣都穿着丝绸服饰，其中以紫色最为尊贵。从13世纪起，意大利，后来包括法国，渐渐地成为了欧洲丝织业的中心。

唐宋以后，除了陆上"丝绸之路"以外，还有一条海上"丝绸之路"，通过中国的杭州、扬州以及广州一直向西去，通过印度洋到达波斯湾、阿拉伯半岛、红海、东非，并向西进入地中海，直到欧洲。所以穿丝绸服饰也就成为欧洲各国宫廷和贵族趋之若鹜的风尚。这就是中国元素对于西方衣着的影响。

在"行"的方面，主要是指海上航行。人类的航海史可以追溯到公元前2500年古埃及人在地中海和红海上的航行。但是当时因为缺乏在深海航行的指示技术，人们主要依靠沿岸的步行来导航，再远一点的航行则依靠天文星辰。中国是世界上最早使用磁石指南进行航海的国家，指南针的发明及其传播对于航海业产生了重大的影响。对于指南针的发明中国历史上也有相关的故事记载：相传中华民族的祖先之一神农氏跟另一个强悍部落的首领蚩尤作战时遇到大雾，因而大败。神农氏因此向更为强大的黄帝求助，黄帝便制作了指南针送给神农氏，使得神农氏在大雾中也能够辨别方向，大胜而归。虽然这只是一个传说，但也说明中国古代人民已经认识到磁石能够指明方向这一规律。真正可在历史中考证的是三国时期马钧创制的指南针模型，以及沈括在《梦溪笔谈》中介绍的几种指南的方式，例如水浮法，还有后来发展改进而成的罗盘。我们也找到了历史上真正存在的模型来验证这一说法。根据文字记载，中国古代将指南针运用于航海事业始于宋朝，即12世纪初。当时的北宋政府曾经派出庞大的船队出使朝鲜。有书中记载，一天晚上船队遇上恶劣的天气，一片漆黑，船队依靠罗盘指向找到了方向。使用指南针不仅解决了在恶劣天气下在海中求向的问题，而且为仪器导航开辟了道路，也使得人们能够航行得更远。

指南针的技术也是通过"丝绸之路"传入了欧洲国家。据李约瑟的记载，欧洲在1117年以前对于磁石具有指向性这一特点尚未了解，直到1190年才有文件记载表明磁石有指向特征。所以早期欧洲人对于指南针并没有太多的了解，在13世纪后半期，也就是1250年以后，法国人才开始研究指南针技术，并对中国的罗盘进行改造，后为世界各国航海所采用。指南针被应用于航海，传入西方，为1900年以后新航路的开辟、"地理大发现"都提供了技术条件，也开启了世界历史从分散走向整体的新时代。

在"用"的方面，主要以瓷器为主。明代以后，中国的青花瓷成为各国人民不分贵贱都喜爱的日用品和珍贵的礼器。明代之前，唐宋时期中国外运的瓷器主要是龙泉青瓷。而青花瓷是以钴金属作为着色剂烧制的白底蓝花的一种瓷器。在元代时期，青花瓷就开始以景德镇作瓷器为代表。元明清的瓷器传到欧洲，在当时的欧洲，瓷器还是稀有物品，人们将瓷器作为最尊贵的礼物送给王宫贵族。在油画《诸神之宴》里，青花瓷就是一种只有神才能使用的珍贵器物。当时的欧洲生产的大多是陶器，从古代希腊开始就有陶器出现，但陶器比较粗糙，远比不上瓷器精致。所以欧洲人第一次看到瓷器时认为瓷器是由一种特殊的材料制成的。普通的瓷器被运到欧洲后，欧洲人会在瓷器上加各种装饰并赋予其神圣的用途。因此瓷器成为欧洲社会最珍贵的礼物，成为上流社会显示财富的奢侈品，并作为重要的一项记入家族或个人的财产清单。后来甚至还有欧洲向中国特别定制的瓷器，画有纹章瓷等欧洲特有的图案。当时的欧洲人民都以收藏中国的瓷器为荣，但由于整个欧洲需求量巨大，而通过"丝绸之路"运到欧洲的瓷器数量有限，满足不了人们日常的需要，导致欧洲的一些地方开始仿制瓷器，例如美帝奇瓷等。

当时在欧洲流行各式各样的中国商品，都非常畅销。在17、18世纪将近200年的时间里，掀起了一场中国风的狂热，中国的商品、书籍、各类亭台楼阁、中式的建筑风格等在欧洲非常盛行。英国皇家植物园邱园中的中式宝塔，建于1762年，有50多米高，共10层，每层都是八角形的结构，边缘有龙形图案，由英国设计师威廉·查布斯设计。威廉本人对于中国的建筑推崇备至，他曾来中国学习过中国的建筑、家具等，并著有《东方造园艺术》，对中国的园林极尽赞美。类似的建筑还有德国波茨坦宫的中式茶亭等。

中国元素与西方的军事技术

在人类历史上，战争始终是一个挥之不去的梦魇，而为了在战争中取胜，必须掌握最新的军事技术以取得先机。在古代，作战是使用冷兵器，因而锋利的兵器是制胜的关键。中国是世界上较早使用铁工具的国家，在战国时期，古人就开始使用铁质武器。中国也拥有较为先进的铁器煅造技术，而欧洲直到近代才出现较好的铸铁工艺。

古时人们最早使用手持武器作战，后来开始驾驶战车。在冷兵器时代，骑兵是很精锐的部队，然而最初骑兵骑马作战并未收到理想中的效果。古时欧洲多使用步兵军团作战，他们的骑兵虽然骑马，但需要将双腿夹住马腹两边，两腿空荡荡地垂着，而没有马镫或其他任何支撑，因此根本谈不上手持武器跟对方厮杀。对于骑兵来说，马镫是一个很小但很重要的部件，没有马镫，骑手们很难在马上保持平衡。中国也是如此，在秦代兵马俑里面的骑兵也没有马镫，只有其他马具，当时的骑兵很难骑在马上作战，主要武器是弓箭、戟、戈等。

马镫虽小，却能将马与人的力量很好地结合在一起。据历史学家考古发现，中国在西汉时期就开始使用马镫，最早的实物发现于公元320年左右，但当时的马镫只有一只，置于马左侧用于上马，后来才两边都设有马镫。有了马镫，骑兵就能在马背上站住脚跟，可以且骑且射，可以在马背上大幅度地左右晃动，进行一些战术动作，于是在人类战争史上才真正赢来了骑兵无敌的时代。所以《大英百科全书》中说道：让人无比惊讶的是，人们真正迎来骑兵时代居然是源于马镫的发明。

中国在两汉时期就使用马镫，当时中国的对手匈奴也已经使用了马镫。之后汉帝国打败匈奴，匈奴因此一路向西而行，退到了欧洲，这也导致了之后的欧亚民族大迁徙。据考证，匈奴人最终到达了现今的匈牙利地区，而如今的匈牙利人正是匈奴人的后代。欧洲最早发现的马镫是出土于匈牙利6世纪的墓葬遗址，因此也可以认为是匈奴人将马镫带入了欧洲。

马镫的引进对于欧洲有着重大的影响，使得骑兵代替步兵成为军事作战的主力。欧洲因此进入骑士时代，"重甲长矛"成为骑士标志性的武器，增强了骑兵的杀伤力。斯塔夫里阿诺斯在《全球通史》中说：马镫使得中世纪穿戴沉重盔甲的骑士产生，由此带来深远的影响。骑士们手持长矛冲锋陷阵，攻城略地，而君主们对其论功行赏，分封采邑，并因此确立了欧洲的封建制度。与中国的火药在封建制度的最后阶段帮助摧毁了封建制度一样，中国的马镫在最初阶段却帮助了欧洲封建制度的建立。这些马上的贵族、骑士们也逐渐形成了一种社会风尚,随之带来了新的文明形态、思想格局。这些骑士文化是欧洲文明的重要因素,所以说,中国元素在西欧封建社会产生的过程中发挥了关键的作用。

尔后,火药的发明是军事发展史上一次质的飞跃,使得战争从冷兵器时代进入到热兵器时代。中国是最早发明火药的地区之一,但最早发明火药不是为了作战之用,而是为了炼丹。唐朝时期,孙思邈在炼丹过程中发现了火药的制作方法。军事家们很快找到灵感,将火药运用于战争。开始是用于传统的火攻法,例如用弩箭、抛石机将火球射入敌营引起火灾等。到了宋朝时期,火箭成为战争的必备武器,用于抗金、抗元和对抗蒙古军队。有记载称:蒙古兵在攻打襄阳之时,宋军曾使用襄阳炮,即一种投石炮,远距离将石块投入敌营。这类武器也是火炮成熟之前最为重要的武器。《岳飞传》中也有记载,在1250年,金兵攻打汴梁时,当时的丞相李刚使用霹雳炮击退了金兵。南宋末年出现了突火枪,这是最早的管型火器,为今后使用射击型的武器奠定了基础,这是火器发展史上重要的一步,其威力是冷兵器无法比拟的。因为冷兵器必须面对面攻击,而这类兵器却能远距离攻击。到了后来的元朝,蒙古人打败宋朝之后也学会了将火药用于实战中。这些火药火器一经发明便被阿拉伯人广为传播,他们也发明了硝作为配料,并发明了火药。中国的火箭、火枪成为伊斯兰国家最早的火器,并用于攻打欧洲。伊斯兰国家也成为后来火器传入欧洲的媒介,欧洲人有关火药的知识都来自于阿拉伯人。从13世纪末到14世纪初,西欧各国和穆斯林各国展开了一系列重要的战役,阿拉伯人的火器使得欧洲人大败,欧洲人因此吸取了经验教训,开始了火器的研究发明,西班牙、意大利等国制造了第一批火器。后来火器、火药等被广泛用于航海中,当时的"地理大发现",航海家们之所以能够来到印度、东南亚等国家,与其随船携带的火炮也有莫大的关系。在西欧进行殖民扩张时,火器也成为一种得力的工具,使得他们如虎添翼。所以恩格斯曾说,火器一开始就是城市和以城市为依靠的新兴君主政体反对封建贵族的武器,以往久攻不破的贵族城堡的石墙抵不住市民的大炮,市民的枪弹射穿了骑士的盔甲。贵族的统治最终与身披铠甲的贵族骑士兵队同归于尽。

我们中国的火药帮助西欧改变了整个世界的格局,影响了世界,但是在明末清初人类处在历史的十字路口时期,同样的火药技术,却被欧洲人很快用于对外殖民扩张。中国尽管是最早发明火药的国家,遗憾的是,在军用火器的道路上却被西方远远地甩在了后面。中国继承了民用烟火的道路,继承了前朝的绚烂,却与欧洲各国渐行渐远。

中国元素与西方的思想文化

这里主要的中国元素之一是造纸术。纸是我们日常生活中的必需品,我们无论读书看报还是写字画画都离不开纸。回顾历史,造纸术是我们中国人的发明。在造纸术发明之前,人类的书写工具发生了一定的沿革,从泥版、纸草、羊皮纸到竹简等。由于中华文化的源远流长,中国商代的甲骨文经过几千年的发展流传下来,经过大篆、小篆、楷书等最终演变成为今天的文字。

世界各地的人们都为书写工具费尽心思。希腊早期多使用卷轴书,这类卷轴伴随了希腊和罗马等国家多年。但这些书在读的时候比较困难,不易于翻折,甚至需要连续阅读。当埃及和西欧国家关系恶化时,埃及会对欧洲停止出口纸草,欧洲人只能将羊皮经过鞣制后制成便于书写的小块。但羊皮纸很珍贵,价格较高,产自于帕加马地带,后来传到欧洲以后,罗马人称之为"Parchment"。当然还有中国古代使用的竹简、印度人使用的贝叶经等书写工具。

造纸术也改变了人们的读书习惯。书籍的形式逐渐从古代的卷轴转变到册本。用羊皮纸制作书籍的步骤是:先处理动物皮,再剪裁修正,抄写文字内容,最后插图。由于当时羊皮纸价格较为昂贵,当有些内容被认为过时之后,人们就会把羊皮纸的内容刮掉,重新再写上新的内容。但是原来的字迹往往刮得不够彻底,很容易形成重复抄写。现代文献学家可以借助于红外线技术将所有被刮掉的文字辨别清楚。所以由于图书非常珍贵,当时图书馆的藏书非常之少,而且一般不轻易外借,因此也出现了"锁藏图书"这一现象。这些都是中国的造纸术传到欧洲之前欧洲的图书状况,可见在当时文化知识的普及相当困难,普通民众甚至很难接触到书籍。

中国最早的造纸术制造的纸也较为粗糙,甚至无法写字,直到公元105年,东汉的蔡伦改良了造纸术,用破布、麻布、旧渔网等材质作为造纸的原料,提高了纸的质量和产量,也扩大了纸浆的来源,为纸浆取代丝帛、竹帛做出了巨大的贡献。在公元2世纪以后，我国广泛地推行了这一造纸术；到3～4世纪，纸已经成为主要的书写工具，并且有力地传播了科学文化。之后技术经过了不断的革新，在魏晋时期出现了种类各异的纸。

造纸术自汉代到唐朝，在国内都是非常普遍的，而同时期的欧洲还在使用羊皮纸、纸草等。后来由于一次阿拉伯人和唐朝军队的战役，即公元751年的达罗斯之战，使得中国的造纸术意外地传到了阿拉伯地区。打仗时双方互有胜负，一些中国唐朝军队遭到俘虏，军队中就有一些造纸的工匠，这些工匠将造纸术传到了阿拉伯地区的萨默尔汗，即现在的乌兹别克斯坦附近，他们也成为阿拉伯造纸业的开山鼻祖，萨默尔汗成为当时中国之外第一个拥有造纸术的地区。在之后的几个世纪里，萨默尔汗成为阿拉伯地区的造纸中心。他们也只对外卖纸而拒绝将造纸术外传，但很快，造纸术就传到欧洲，推动了阿拉伯帝国之外的文化繁荣。阿拉伯帝国在9、10世纪时掀起了一场翻译运动，保留了大量古代希腊罗马的著作。等到12、13世纪以后，这些著作又被翻译回拉丁语，传回欧洲，这也促进了文化的传播以及后来的文艺复兴运动。

与造纸术息息相关的就是印刷术。印刷术是指以反体文字或图画制成版面，然后着墨、就纸，加以压印，取得正文。我们中国的印刷术最早是雕版印刷，主要出现在隋唐时期。在此之前都是依靠抄写。隋唐之后，政府弘扬佛教，大力推广尊重儒学，寺庙众多，民众需要反复抄写佛经，因此需要一种快速复制图文的方法，这刺激了印刷术的发明。中国的雕版印刷术也是通过阿拉伯人传入欧洲。

之后便出现了更为先进的活字印刷术。活字印刷术弥补了雕版印刷术的不足，利用单个的活字更为方便，活字保存的时间也更长。最早关于活字印刷术的记载见于宋代科学家沈括的《梦溪笔谈》。毕昇发明的活字印刷是泥活字，比之后古登堡人发明的金属活字、铅活字早了400年。

早期的印刷业对于欧洲的文字产生有很重要的影响。英国的哲学家弗兰西斯·培根指出："印刷术、火药、指南针这三种发明已经在世界范围内把事物的全部面貌和情况都改变了：第一种是在学术方面，第二种是在战事方面，第三种是在航行方面，并由此又引起了难以计数的变化，竟至任何教派、任何帝国、任何星辰对人类事务的影响都无过于这些机械性的发现。"马克思进一步阐释了这一说法："火药、指南针、印刷术，这是预告资产阶级社会到来的三大发明。火药把骑士阶层炸得粉碎,指南针打开了世界市场并建立了殖民地,而印刷术则变成了新教的工具。"总的来说,这些发明变成了科学复兴的手段,变成了创造精神发展必要前提最强大的杠杆。这里虽然没有提到造纸术,但实际上有了造纸术才有了印刷术的推广。

中国元素与西方的政治制度

在政治制度方面,主要是中国的科举制度对西方文化产生了深远影响。一提到科举制度,大家可能就会想到中学课本上学过的《范进中举》这篇文章,想到科举制度下的牺牲品。但实际上,中国的科举制度是世界上最早的文官选拔制度。这一制度在中国一直实行了1 300多年,从隋唐开始到清末,一直伴随着中华文明的发展。余秋雨的散文《十万进士》中提到,据他的粗略估计,在中国实行科举制度的1 300多年以来,一共选拔出了10万名以上的进士。这些人构成了历代官员的基本队伍,其中包括一大批优秀的文人及行政管理人员。像唐代诗人王维,以及文天祥,都是科举的状元。

科举是中国的特产,同时也对亚洲尤其是东亚以及西方国家产生了重要的影响。例如,日本曾一度仿效科举制度,朝鲜、韩国也都长期实行中国的科举制度,对西方的影响则表现在英、法、德、美借鉴科举制度建立了西方文官考试制度。多数人对于科举制度的认识可能存在贬义成分,这实际是从时代方面来考量的。清朝末年,中国政府风雨飘摇,而外国的尖弹利炮打破了中国闭关锁国的状态,所以当时的科举制度已经到了穷途末路的境地,到后来甚至不得不废止,推广新学、办新学堂应运而生,因而在我们的印象中,科举制度被甩进了历史的垃圾堆。人们在20世纪新文化运动时也对科举制度进行了强烈的批判。但是放在世界范围去看,孙中山先生曾说,现在欧美各国的考试制度,差不多都是学英国的,而穷流溯源,英国的考试制度原来还是从中国学过去的。所以,中国的考试制度就是世界最古老、最好的制度。

正是在孙中山先生这一说法的启发下,中国学者对科举西传的问题进行了艰难的探索。当时有专门的学者去探究英国的这些文官考试制度是不是从中国传播而来的。经过论证,当时描写中国的书刊中有很多提到了中国的科举制度,在1570～1870年间,仅英文出版的关于中国的政治制度和官员选拔制度的书籍就达120多种；在19世纪中叶，中国的科举制度已经为欧洲的知识界所普遍知晓。因而，英国的选拔制度的确是从中国的科举制度中吸取了有益的成分。

18世纪以前，欧美各国文职官员的选用实行个人赡徇制度、政党分肥制度、贵族世袭等。中国的科举制度实行竞争考试，择优录取，其标榜和体现的"公开平等"精神具有超越时代的特性，与启蒙思想推崇的"人权平等"不谋而合。在欧洲当时的环境下，中国的科举制度显得尤为珍贵，当时的伏尔泰、狄德罗等人就十分推崇这一制度。所以19世纪英国也通过考试来选拔中下层的官员，试卷包括数学、法律、国际关系等。这与中国科举制度考察的内容有较大差别，更加有针对性，与所取职位有更大的相关性，避免了科举制度八股取胜的盲目性。所以最后中国的科举制度走向穷途末路，与固步自封、不思进取有关。

中国的科举制度移植到西方的土壤上，根据西方的特色、西方的国情，为各国的政治制度开创了一个新的局面。西方的文官考试制度吸取了科举制度的合理内核，舍弃了空洞、无用的方面，这就是其革新之处。西方的一些学者认为，科举制度西传欧美是中国在精神文明领域里对世界的最大贡献之一，有的学者甚至认为其重要性超过物质领域的"四大发明"。美国汉学家卜德在《中国思想西入考》一书中说到："科举无疑是中国赠与西方的最珍贵的知识礼物。"确实，从对世界文明进程的影响来说，科举在一定程度上可称为中国的"第五大发明"。在科举制度废止很多年后我们对其加以批判，但是到了20世纪80年代，当欧风美雨袭来，看到他们对科举如此高的评价，我们感到十分惊讶，因此我们需要重新认识科举制度。这也是我们需要反思的地方。

在西方历史的发展过程中，中国元素曾经在社会生活、作战技术、思想文化、政治制度等方面都起到过关键性的作用。中国一度领先世界多年，在世界的不少地方都烙上了自己的印记。我们的祖先已经将中国元素撒播在世界不同的角落，深刻地影响着世界历史的进程。只是到了近代以后，中国积贫积弱，国际地位日益下降。在国际学术界"欧洲中心论"掌握了话语权，占据了主导地位，从而导致中国文化对世界文明的具体贡献不被人所知。因此，我们需要充分了解中国古代的辉煌成就及其对世界的贡献，从而准确地认识世界、理解世界，在对外交往中培养和树立起不卑不亢的心态。

孙立群

〖学者简介〗

孙立群,南开大学历史学院教授,博士生导师。毕业于南开大学历史系,获历史学博士学位。主要从事中国古代史、秦汉魏晋南北朝史的教学和科研工作,所开课程有《中国古代史》《魏晋南北朝史》《中国古代士人史》《中华文明史》等。参与编写教材、专著十多部,发表论文数十篇。代表作有《中国古代的士人生活》(商务印书馆)、《解读大秦政坛双星——吕不韦、李斯》《从司马到司马——西晋的历程》(中华书局)等。多次获得教学质量优秀奖,主讲课程《中国古代史》为南开大学示范精品课、天津市精品课、教育部"中国大学视频公开课"。现为中央电视台《百家讲坛》主讲人,录播了吕不韦、李斯、范蠡、扁鹊、西晋历程等系列讲座。

第 *11* 讲

以史为鉴，认识兴亡周期律*

中国古代没有现实意义上的管理。"家天下"，化家为国，人治社会。由于治国理念不同，后果不一，然而不论如何，王朝终被推翻，所以我们要认识兴亡周期律。历史是一面镜子，历史是凝固的现实，现实是流动的历史。我们要学习历史，这样才能写好历史，也能了解历史已然是凝固的事件、人物，不可改变。历史不可伪造，我们要尊重历史，尊重历史就是尊重每个人自己。

历史有连续性和继承性，不可隔断，理解中国历史，可以帮助我们更准确地认识国情。中国国情是由自然场和社会场决定的，也可以说是由地理环境、经济基础以及社会政治结构决定的。

不可忘记历史

战国后期的一位大思想家荀子曾经说过："观往事，以自戒，治乱是非亦可识。"这句话至今都很有意义。过去我们常说的是唐太宗的一句话："以史为镜，可以知兴替。"我觉得荀子的话很有道理，他说观往事，就是看历史，但是看历史不是为了发思古之幽情，而是为了更好地让自己警戒起来，也就是警钟长鸣。这句话虽然是两千年前说的，但是对今天依然非常重要，甚至没有一丝过时。

---

* 2014年11月11日上海财经大学"科学·人文大讲堂"第39期。

我们看历史、学人文学科，一定要找到历史的最根本之处，看看历史上的事情对我们是否有用，是否有警戒作用。忘记历史很可怕，清代著名学者龚自珍讲过："欲要亡其国，必先灭其史，欲灭其族，必先灭其文化。"我们的周恩来总理也说过："历史对于一个国家、一个民族，就像记忆对于一个人一样，一个人丧失了记忆就会成为白痴，一个民族如果忘记了历史，就会成为一个愚昧的民族。而一个愚昧的民族是不可能建设社会主义的。"所以，我们不可忘记历史。

兴 亡 周 期 律

治乱是非，就是一个王朝的兴与亡、成与败，一个个人的成功与失败，这里面什么最重要呢？兴亡周期律。

兴亡周期律是我们现在认识历史、关照现实最重要的话题。这个话题既是历史的，也是现实的，但是并不复杂。《左传》记载："其兴也勃焉，其亡也忽焉。"兴亡周期律亦称"王朝循环"，在我们中国的历史上，自从进入了王朝时期，任何一个王朝都没有跳出这个周期律的支配。

中国的王朝有两个时间，头一个属于"家天下"，是夏、商、西周这三个时期，国家从夏朝开始形成，王朝也是从夏朝开始出现，一家一姓管理天下；第二个时期叫做"帝制时期"，在"家天下"的基础上上升为一个人——高高在上的皇帝来管理天下，这个时期是从秦朝开始的。可以称为皇帝的有三百多人，但每一个王朝都没有摆脱"其兴也勃，其亡也忽"的教训。王朝有长有短、有大有小，大的长的我们叫"大循环"，短的小的我们叫"小循环"。

"其兴也勃"就是王朝的建立生机勃勃，充满朝气，很有信心。但哪个王朝不是如此呢？20世纪80年代《人民日报》有一篇文章《中国历史很长，其实并不长》，这题目告诉我们，中国历史从秦朝到清朝历时两千多年何其长，但是又不长，为什么呢？因为各个王朝基本都是一个模式，都是秦王朝的翻版。读历史时读一个王朝，将其研究透，中国历史就都明白了。中国历史其实就是秦朝不断繁衍、不断发展的历史。秦朝虽然很短暂，但其制度对中国有很大的影响。不过我们又会疑惑，既然秦朝如此重要，为什么会16年就灭亡呢？这就是"其亡也忽"，灭亡的时候是突然的，是突如其来的。看王朝兴替，可知"其兴也勃，其亡也忽"在中国是一个多么不可抗拒的规律。

　　有一个有意思的现象:短命王朝和长命王朝往往是一前一后的,为什么呢?短命的速亡深刻地教育了后来者,这就是以史为鉴。这样的例子比比皆是,最经典的是隋朝和唐朝。隋文帝581年建立隋朝,两代亡国,618年唐朝建立,隋炀帝被推翻,唐朝就不断以短命的38年隋朝为戒。正是这样不断地以史为鉴,唐朝才走得既稳健又长远,成为中国历史上自秦朝以后最长的王朝,从618年到907年,走过了将近290年。一个王朝能走这么长久,必然有其奥秘,大唐的神韵、霸气,我们今天仍能感受到。

　　在古代,哪个国家也逃不出周期律。我认为有两个现象值得注意,一个是所谓的60年现象,一个是300年怪圈。

　　什么是60年现象呢?就是说在中国历史上,短命王朝很难超过60年,那为什么是60年,而不是50年、70年呢? 60在中国是一个神秘数字,在中国古代,商朝就已经有了一个60年的计算方法,在甲骨文里面赫然出现了计算60年为一周期的天干地支,天干十个,地支十二个,天干地支相配,五个轮回一甲子。3 300多年以前,中国已经有了用这个计算各种时间概念的方法。那到底为什么是60年呢?我想有两个原因,一是在古代60往往涵盖一个人完整的一生;二是古人观察一个社会、政权,发现能持续60年之久不容易,闯入60年便进入了一个新时期。这告诉我们一个王朝最难走的路是前60年,而一旦闯过去,这个王朝、这个政权往往是非常稳健的。

　　闯过去不容易,可是走多远是上限呢?历史没有告诉我们一个王朝必须在什么时候灭亡,可是有一个事实我们不得不承认,中国历史上最长的王朝持续时间不超过300年。唐朝这么兢兢业业,走过了290年,还有明朝、清朝,都差几年到300年,就是过不去这个坎。古人的解释很简单,“天亡我,气数将尽”,可是我们不能按这个解释,不能思想僵化,我们应该还原历史,然后升华到科学的解读上去。

　　为什么过不了300年?我认为这是由社会矛盾决定的,历史上王朝灭亡的最终原因都是社会矛盾的累积爆发。那么是什么样的社会矛盾最后连当政者都没有能力解决了,统治者自己也没有能力统治下去了,让一个政权无可奈何地走向必然灭亡的道路呢?这就是我们要解决的问题。

　　中国任何社会都有两种社会现象,这两种社会现象发展运动,最后碰撞,成为社会不可调和的矛盾。第一,自春秋战国以后,中国在经济上就有农民以自己的土地来耕种、买卖的现象，特别是春秋战国时期，小农经济的确立是一个最大的问题，这实际上是国退民进。过去西周管辖着土地和人口，"普天之下，莫非王土；率土之滨，莫非王臣"，国家有效地控制经济，土地是国家的，叫"王田""井田"，不能买卖。春秋战国之后，这个闸门开放了，这时候土地叫"授田"，可以买卖。第二，合法买卖有没有上限呢？古代没有硬性的规定来限制买卖的数量。买卖土地合法，拥有土地的数量没有限制，所以就出现了极化的问题，有钱有势的人土地越来越多，而一旦失去土地就寸土不存，"富者田野阡陌，贫者无立锥之地"，形成了典型的两极分化。有的皇帝借助国家的行政力量来调解这个矛盾，使社会的两极分化有所缓解。两极分化到后期还会带来政治腐败、民族问题等，交织在一起，导致国家灭亡。

这个问题在中国历史上是周期性运转的，每个王朝到后期几乎都会爆发，那么皇帝就看着问题爆发吗？实际上统治者知道社会矛盾的存在，却不能从根本上解决问题，一旦涉及当政者的根本利益，只能大题小做，蜻蜓点水，最终不了了之。我们举个例子，东汉政府于建武十五年下诏州郡，清查核实天下的田地以及户口、年纪，即所谓"度田令"。在实行度田过程中，豪强大姓反对清查，隐瞒不报。而刺史、太守惧怕他们的势力，不敢按章如实查核。刘秀以"度田不实"罪处死河南尹张伋等郡守十余人。在都城洛阳地区和光武帝家乡南阳地区，问题尤为严重，"河南帝城多近臣，南阳帝乡多近亲，田宅逾制，不可为准"，最后不了了之。所以，以刘秀为首的利益集团，不可能真正解决土地问题。历朝历代都如此，一旦触及到集团的根本利益，只能做个表面文章，所以社会矛盾也就解决不了。

到1949年以前，我们的历史一再证明，兴亡周期律确实是一个铁门槛儿，能过去不容易。1945年7月，民主人士黄炎培访问延安时尖锐地向毛泽东提出了一个问题："你们怎么解决兴亡周期律？"黄炎培见了毛泽东说的第一段话就是："我生六十多年，耳闻的不说，所亲眼看到的，真所谓'其兴也勃焉，其亡也忽焉'。一人、一家、一团体、一地方乃至一国，不少单位都没能跳出这个周期律的支配力。中共诸君从过去到现在，我略略了解的，就是希望找出一条新路，来跳出这个周期律的支配。"毛泽东回答："我们已经找到了新路，我们能跳出这个周期律。这条新路，就是民主，只有让人民来监督政府，政府才不敢松懈；只有人人起来负责，才不会人亡政息。"这就是"窑洞对"，一段经典的名言。这是自共产党建立以来，第一次正面回答这个问题。黄炎培一听非常激动，十分赞同毛泽东的答话，事后还写下了自己对毛泽东的感想："我想这话是对的。只有大政方针决之于公众，个人功业欲才不会发生。只有把每一地方的事，公之于每一地方的人，才能使地地得人，人人得事，用民主来打破这个周期律，怕是有效的。"我们至今走过了70年，走得怎么样，是我们大家共同经历的。

我们近些年第一次正面提出这个问题见于2010年3月9日我国香港《大公报》披露的一则消息。温家宝两会期间，提到了延安的"窑洞对"，提到了"其兴也勃焉，其亡也忽焉"的古训，当时我们的媒体对这则消息不以为然，《大公报》却发现了领导层的远见，说兴亡周期律的问题体现了中国领导居安思危的明智与远见。

我们当时对这些话不太当回事儿，十八大以后才开始正视了起来。2012年12月27日的《人民日报》报道："近日，习近平走访8个民主党派中央和全国工商联，并同各个领导人分别座谈。习近平称毛泽东和黄炎培在延安窑洞关于历史周期律的一段对话，至今对中国共产党都是很好的鞭策和警示。"这是习近平担任中共中央总书记以来第一次提到周期律，具有深刻的意义：第一，共产党人必须高度警惕历史跳不出兴亡周期律；第二，共产党人必须高度自信能够跳出兴亡周期律。

在2013年12月26日中共中央召开的纪念毛泽东诞辰120周年的座谈会上，习近平的讲话提到了过去无数次提到的三个牢记，他讲到："实现中华民族伟大复兴，关键在党，今天，我们正在进行具有许多新的历史特点的伟大斗争，全党要牢记毛泽东同志提出的'我们决不当李自成'的深刻警示，牢记'两个务必'，牢记'生于忧患而死于安乐'的古训，着力解决好'其兴也勃焉，其亡也忽焉'的历史性课题，增强党要管党、从严治党的自觉，提高党的执政能力和领导水平，增强党自我净化、自我完善、自我革新、自我提高能力。"

我们要想长治久安，就必须解决"兴亡周期律"的问题。布什也说过："人类千万年的历史，最为珍惜的不是令人炫目的科技，不是浩瀚的大师们的经典著作，不是政客们天花乱坠的演讲，而是实现了对统治者的驯服，实现了把他们关在笼子里的梦想。因为只有驯服了他们，把他们关起来，才不会害人。我现在就是站在笼子里向你们讲话。"虽然这是西方政客哗众取宠的语势，但是说明他对"权力要关进笼子里"这个问题的态度是认真的。习近平2013年也说过这样的话:"要加强对权力运行的制度和监督,把权力关进制度的笼子里,形成不敢腐的惩戒机制、不能腐的防范机制、不易腐的保障机制。"这番话比布什说得更具体。

历史有惊人的相似之处,古今中外的历史都是如此。中国历史上一朝一代的经验教训反复告诫着我们,政权来之不易,但丢失却转瞬即逝。因此,解决好问题,首先就要把历史弄清楚。习近平总书记十分重视历史,他提出两点:一是以史为鉴,二是弘扬优秀传统文化。看起来像是老生常谈,但是在不同时期、不同场合讲这话的力度不同,特别是以史为鉴这一点。

司马氏与西晋兴亡

我在《百家讲坛》里讲到了一个完整的西晋王朝的兴亡。西晋王朝是我国历史上的重要王朝,它建立于265年,280年灭东吴,统一中国,结束了东汉以来百余年的分裂局面,是魏晋南北朝时期唯一的统一时期。但十年之后,291年,"八王之乱"爆发,从此社会动荡不已。316年,西晋灭亡。西晋共经历52年,是一个短命的王朝。对于这段历史,我出了一本书《从司马到司马》,讲了王朝的坍塌过程,上山难,下山快,西晋王朝便丢了。从这个王朝可以清楚地看到"其亡也忽焉"的问题。

那么是什么导致这么一个统治中国的大王朝走向灭亡的呢?我说是社会腐败。西晋这个王朝有三大腐败。第一是"局治忘危",高枕无忧,从上到下腐化,大行奢靡之风,大选宫女,"并宠者甚众,帝莫知所适,常乘羊车,恣其所之,至使宴寝"。并且上行下效,奢侈挥霍,比富斗宝,更有甚者杀人为乐,这样的社会绝对要出事儿。第二是金钱崇拜之风,这是历史上最为严重的一切向"钱"看的时期,皇帝带头卖官捞私财。一个社会如果形成了追逐金钱的风气,那么传统的伦理道德、爱国爱民的情操都会丧失,从而导致社会风气败坏,整个民族精神支柱崩塌,西晋就是一个典型例子。第三是清谈虚浮之风,"居官无官官之事,处事无事事之心",清谈误国,从这里开始。再加上司马炎的两大失误:第一,立了白痴皇帝司马衷;第二,选贾南风为太子妃。风波一场接一场,内忧外患,最后农民大起义把西晋推翻了。

我们今天总结西晋灭亡,有这几方面的原因:一是缺少一个较为稳定、连续的统治群体。汉初、唐初皆具备。在中国古代，一个政权能平稳度过建国之初的五六十年至关重要，这是国家发展的恢复期和奠基期。二是统治者骄傲自满，陶醉于胜利之中，不思进取，导致政治腐败。三是社会风气败坏。四是权与钱、权与人、权与色、权与所有有用的东西都可以交换，道德无底线，游戏无规则。

所以，西晋灭亡给我们两个深刻的教训。一是民生最重要。其实在内乱当中，深受其害的是老百姓，到一个王朝后期，最深重的受难者是人民。老百姓在动乱时期往往是小灾变大灾，轻灾变重祸。二是生命最可贵。士人自以为参与政治，治国平天下，到头来却陷入了权力之争的残酷游戏。人世间最珍贵的是生命，最惬意的生活是"贵适宜"。比如魏晋人士逐渐认识到"自我"，产生了与政治的疏离感，追求属于自己的生活，张扬个性，珍爱自我，行为举止标新立异，形成了内涵丰富的"魏晋风度"。

因此，我们今天应该不断汲取历史的教训，同心同德，把国家建设得更好，不让历史的灾难重现。

赵 林

【学者简介】

生于1954年11月8日,北京市人,武汉大学哲学学院教授,拥有史学学士、硕士学位和哲学博士学位。曾是《百家讲坛》的主讲人。现任全国外国哲学史学会理事、全国宗教学学会理事、清华大学道德与宗教研究中心研究员。向全校学生开设了"西方哲学史""西方文化概论"等公选课,深受学生欢迎,也曾受邀前往浙江大学、中山大学、山东大学、台湾东海大学、佛光大学和澳门大学等各高校开展专题讲座。

最新出版作品:《赵林谈文明冲突与文化演进》《西方文化概论》《文明冲突与文化融合》。

代表性著作:已在中国大陆和中国台湾出版《协调与超越——中国思维方式探讨》《神旨的感召——西方文化的传统与演进》《文明形态论》《黑格尔的宗教哲学》《西方宗教文化》《告别洪荒——人类文明的演进》《浪漫之魂——让-雅克·卢梭》《中西文化分时的历史反思》共8部个人学术专著。

代表性论文:在国内外学术期刊上发表论文100余篇,承担各级科研课题6项,其中国家社科课题1项,省部级课题3项。

第 *12* 讲

希腊神话,悲剧与哲学*

整个西方文化很复杂,如果我们把它看成一个生命体,就像植物一样有萌芽,那么整个西方文化的萌芽最早可以追溯到希腊文化,所以我们今天要讲的课题是一个非常古老的课题。

多民族的希腊

首先给大家看一张地图,是距今大约 1 800 年、罗马帝国达到鼎盛时期的地图,我们就从这张地图开始讲起。

虽然现在我们通过媒体网络对西方有了一定的了解,但了解得并不全面。西方文化有一点与我们不同。东方文化是一种整体的文化,是一种主流文化,从古代秦汉之时就开始形成大一统的文化体系和"普天之下,莫非王土;率土之滨,莫非王臣"的管理意识形态,思想上以儒家为主,一脉相承。当然其中也有波折,但总的来说,我们认为东方文化是相对集中的。西方文化则是一个较为含混的概念,这里的"西方"主要是指发达的资本主义国家,比如西欧、北美这些地区。俄罗斯也是西方,从社会体系上来说,俄罗斯现在已经不是资本主义了,但俄罗斯的文化还是以西方的基督教为根基的。东欧和西欧的文化

* 2014年11月20日上海财经大学"科学·人文大讲堂"第46期。

也是不一样的,西南欧和西北欧也是不一样的。从罗马帝国达到鼎盛时期的地图我们可以看到,线条以内的都是罗马帝国,线条以外的主要是沙漠、大洋和蛮荒之地。所以当初西方只有一个国家——罗马帝国,就像同时期的东方的秦汉帝国,无怪乎当时罗马人非常豪迈地宣称"条条大路通罗马"。在这张图里我们可以看到,德国、英国、美国、加拿大等国家在当时还没有进入文明,而当年罗马帝国最繁华的地区如今是意大利、西班牙、葡萄牙、希腊等地。

这张图主要是想告诉大家,西方文化有很多分支和民族,并不是由一个民族组成的。西方主要有四大民族:东南希腊民族、东北斯拉夫民族、西南部的拉丁民族、西北部的日耳曼民族。现在日耳曼民族发展较为繁荣。整个西方文化在宗教上有很大的差异,西北欧和西南欧、基督教和天主教,不同地区和民族所信奉的宗教是不一样的。

我们的文化主要以儒为主,这种文化没有断线。但希腊文化之于西方文化并不像儒家文化之于中国文化,因为希腊文化主要是在基督教产生之前有所推崇,但随着基督教的兴起,在西方文化中占了很大比重之后,希腊宗教神话已经成为了过去式,只能在博物馆、纪念馆来追忆。当然,它对后世仍然有很大的影响,就是我们所说的希腊哲学。

希腊的宗教和神话

接下来我们进一步了解希腊的宗教和神话。虽然它看起来已经成为化石,但是在西方的博物馆,比如法国的卢浮宫、英国的大英博物馆,都有希腊宗教和神话的影子。它作为西方文化的源头、一个古老而美好的梦幻,值得我们去探讨研究。

我们来看另一张东地中海地图。罗马帝国最强大的时候并不是在一个洲,而是跨越三大洲——北非、西亚、南欧。那么希腊文化最初是怎么产生的?有研究表明,希腊最早的文化是从克里特岛产生的,克里特的文化则有很大可能来自于埃及。埃及是我们人类最古老的文明之一,历史比希腊还要久远。埃及文化影响到了克里特,进而影响了环爱琴海周边地区,再进而影响了整个地中海周边,形成了一个地区辐射。所以,我们认为克里特及地中海周边的文化很大可能是受埃及的影响,有很多图像和文物可作参考。

　　埃及属于南方，文化更偏重工艺性、技巧性，克里特属北方，文化更具有力量性。克里特出土的一些建筑、壁画都展现了非常娴熟的技艺，非常精美，体现了典型的埃及特点。

　　克里特岛上最早居住的并不是真正的希腊人，而是一些土著，很可能是从埃及漂流过来的。希腊文化除克里特岛及其辐射地区之外，还有另外一支。真正的希腊人是从北方来的，有自己的文字和技艺。黑海和里海附近生活着很多彪悍的游牧民族，这些游牧民族经常南下，来到希腊半岛定居，建立了自己的居住点，带来了他们的文明。此文明不同于南方，更多的是强调力量、拳头、武力，比如有战争、狮子等图案的陶器金杯，狮子拱门等宏伟的建筑，迈锡尼国王的战士壶和金面具等，这些在《荷马史诗》中都有所体现。

　　西方在公元前八九世纪的时候出了一位著名的游吟盲诗人荷马，我们很多关于希腊的文化传说都来自于荷马，相信大家都有所耳闻。当然是否真有荷马这个人仍有许多争议，但是一般还是认为存在这么一个人，通过游吟传说把希腊文化中的神话故事系统化地一代一代传承下来。希腊人也深受此影响。到了公元前五世纪时，希腊出现了一位"历史之父"，开创了一门学问叫"History"，这个人就是希罗多德，他写了本书就叫《历史》，历史学就是由此得来的。希罗多德说，我们希腊文化就是在听着荷马等游吟诗人一边游走，一边讲诉的故事中萌生发展的，从蛮荒走向了文明。荷马讲了两本书，之后被后人以文字的形式记录了下来，一部叫《伊利亚特》，另一部叫《奥德修斯》，这两本书被称为西方文学的开山之作。《伊利亚特》里面的一个国王迈锡尼的头像是如今希腊考古博物馆的镇馆之宝，价值连城。

　　这些东西与克里特文化的精美和技巧性不同，更多的是表现一种力量，是北方人进入克里特的表现之一。更重要的是，他们带来了自己的神，叫"奥林匹斯神"，比如宙斯、断臂维纳斯、美神、波塞冬等。这些神有什么特点呢？埃及宗教里的神，大多是半人半兽的，有人的身体、动物的头，或者有动物的身体、人的头。比如狮身人面像，埃及法老死后做成木乃伊往往会做成动物的身体等等。这是在南方的宗教特别是埃及宗教里的一个很明显的特点。但是北方人带来的神则不同，他们人模人样，顶天立地，战无不胜，具有力量，看上去就具备美感。这点与基督教不同，基督教信奉的耶稣是一个钉在十字架上的人，他们信奉的是貌似弱者实际很坚强的东西。希腊的审美观和我们现在不一样,他们喜欢丰满的、肌肉发达的、能够战斗·的形象,这也就成为北方人带来的这些神的特点。

以前北方有座很高的山叫"奥林匹斯山",所以北方人就把这些神统称为"奥林匹斯神族",在希腊后来的神话中占据统治地位,希腊人都是听着这些神话故事长大的,对这些神都耳熟能详。除了原本的神族以外,还有很多宙斯和女神结合产生的神。那个时候基督教还没产生,所以没有一夫一妻的说法。基督教之后,一夫一妻开始获得普遍认可,因为亚当和夏娃是一夫一妻,谁都不可以逾越,可以有情人但不能有两个妻子,这是严格规定的。宙斯当时和很多女神生的孩子构成了"奥林匹斯神族"的重要部分,包括太阳神阿波罗、美神阿芙洛狄忒、智慧女神雅典娜、神的使者赫尔墨斯(赫尔墨斯也叫爱马仕、酒神、月亮之神)等,一共有十多个神,加之宙斯等前一代,构成了整个希腊的"奥林匹斯神族"。后来北方人南迁,建立了斯巴达等城邦国家,把这些神的形象也带了过来。所以后来希腊文化逐渐兴盛,到了希腊城邦时代,可以看到崇拜的都是这些神,而那些半人半兽的神则沦为了反面教材,沦为了配角。

希腊神话传说除了讲神,还讲英雄。英雄是什么呢?就是人和神的结合,"HERO"这个词最早有遗传学的意义,本来是半神的意思。人和人相结合生下来的就是人,神和神相结合生下来的就是神,但是只要神和人结合生下来的便是英雄。英雄个个都身材高大,顶天立地,比如神的儿子赫拉克罗斯以及阿克琉斯等形象。英雄和神共同构成了以"奥林匹斯神族"为主的一系列神话传说,希腊人就是在这样的文化中成长的。

北方民族来到南方以后,为了纪念奥林匹斯山上的神,便建了个小镇叫"奥林匹亚",每隔四年便会举行一次纪念活动。怎么纪念?就是要表现人们的力量、肉体和强大,即我们现在的奥林匹克运动会的前身。最初的奥运会五项,全都是战争的缩影:比赛跑、跳、投掷、摔跤、搏击等。如果一个人在运动会中夺得冠军,回去就会被城邦人看得像神一样伟大。

这些神的故事主要得益于荷马以及一些无名人士的游吟传唱,他们就是用这种易于流传的方式把这些故事和文化传承了下来。《伊利亚特》《奥德修斯》两本书中的故事影响特别深远,基本构成了西方人的文化基础。正是这种游吟传唱使得希腊一步一步走向了文明,所以我们说荷马对西方文化的影响非常大,《伊利亚特》和《奥德修斯》也具有重要意义,就像我们中国的《诗经》一样。

这就是我们说的希腊文化的第一阶段,这个阶段就是以各种各样的史诗为形式来讲述希腊神话故事。从文化学的研究角度来说,这些神话故事实际上是希腊人对古代发生过的事情的一种夸张记忆。

除了荷马以外,还有特洛伊战争、阿克琉斯、木马计等许多作品都跟荷马史诗有关。《伊利亚特》和《奥德修斯》最主要的内容不在于各个单独的故事,而是在讲这些故事的过程中,把各路英雄、各个神之间的关系展现得非常清楚,构成了希腊神话的百科传说。

希腊文化中除了荷马以外,还有一个重要人物叫赫西俄德。"历史之父"希罗多德说:"我们从小就生活在荷马和赫西俄德的影响之中,听这两个人的故事长大。"赫西俄德有本作品叫《神谱》,系统地介绍了神族之间的错综复杂的关系。我们东方神话就缺少一种普适性,关系比较杂乱,一直到司马迁的《史记》才逐渐形成了一种体系。赫西俄德在公元前八九世纪就把希腊的各种神的关系梳理得非常清楚,唱出了一曲《神谱》,清楚明了地、系统地阐述了希腊神族的关系及其间的故事。这些实际表现了希腊人的一种世界观,各司其职的神都有不同的象征意义。比如先有混沌,然后有了"大地之神"盖亚,之后有了海和天,后来天和地结合生了天地之间的神。宙斯和他的兄弟姐妹是属于后面的神了,再下面就是宙斯和很多女神生下的很多孩子,构成了奥林匹斯神族的重要部分和希腊人最崇拜的对象。这本《神谱》看起来是在讲神话故事,实际上是一种世界观、宇宙观,是希腊人在没有接触科学之前对世界是怎么诞生的一种理解,是他们的神话世界观,希腊人就生活在这样一种世界观里面。对于今天的我们来说,神话就是神话,因为我们有科学技术,但是对于古希腊人来说,神话就是现实,就是科学,就是他们生活的世界。他们的生活无处不打上神话的印记,比如为了纪念奥林匹斯诸神而举办的四年一次的"奥林匹亚"活动等。这些神话构成了希腊人的基本教养,这是它的文化意义。

神话宗教向哲学的过渡

后来,希腊文化逐渐发展,从神话慢慢过渡到哲学。每个民族有每个民族的特点,比如讲文明、讲道德的中国民族;印度是一个宗教民族;希腊民族有独树一帜的民族特点，一个是神话，一个是哲学。希腊神话本质上也是一种宗教，但是更具备童趣。希腊神话里的神大多只做两件事情：一是打仗，一是吃喝玩乐。这也是我们喜欢看希腊神话的原因，因为这些神话超越道德，超越功利，没有道德的束缚，所以我们觉得它很美。比起印度、中国的神话，希腊神话更好玩、更带有童年的趣味。

在我们行内人看来，希腊除了神话，哲学也是其文化中的重要特点。"哲学"这个词最早就是来源于希腊语，谈哲学肯定得谈希腊，因为只有希腊人独立创立了哲学这样一门学问。当然我们中国古代也有哲学，那是我们根据西方哲学的内涵，从中国的很多思想里分离出来的，并不是我们古代本来就有这样一门学问。只有在希腊，人们开始思考一些各个民族都未曾思考的东西，并把它变成了一门学科。正是这样，我们才要探究，希腊文化是怎样从一个感性的充满童趣色彩的神话逐渐上升到理性抽象的哲学层面的这样一个过程。

希腊神话最早通过讲故事的史诗形式在民间流传，到公元前六世纪以后，希腊又出现了另外一种影响重大的形式——戏剧。当时希腊城邦发达，主要集中在爱琴海周边，但希腊子民一直远播到意大利、西班牙、法国的南部等地区，希腊人在海上到处建立殖民地。古代的殖民和近代的殖民是不一样的，古代一旦殖民出去，和旧城邦就没有政治经济往来了。那么是什么把这些殖民地城邦凝聚在一块儿的呢？是文化，共同的文化、神话。比如四年一次的奥林匹亚运动会，这个盛会对那时候的社会生活的影响恐怕比今天的奥运会对全人类的社会影响更重要。表现之一是，古希腊人纪年也是以奥林匹亚运动会纪年的。还有一个重要的原因是，古代奥林匹亚竞技会持续的时间长，持续了1 000多年，我们现代的奥运会自1896年恢复，到现在也不过才100多年。长时间的积累构成了希腊人基本的纪年单位，整个历史都是通过这个方式来记录的。所以这个盛会把希腊各个城邦都凝聚在一起。一旦举行奥林匹亚竞技会，希腊人会从四面八方的各个城邦来赴盛会。当然，希腊并不是只有奥林匹亚竞技会，还有很多这种活动，正因如此，所有希腊人都把神放在第一位。现在希腊最多的建筑主要有两类：一类是废弃的运动场，可见希腊人非常喜爱运动，展示自己的风采；一类是剧场，希腊人很喜欢看戏，很高雅，由此可以看出希腊的民族特点。不同民族有不同的文化，比如希腊的邻居罗马，其文化就和希腊有很大差异。罗马也有两类建筑：一类是斗兽场，一类是浴场。由此可见，罗马是一个比较功利、粗狂的民族，喜欢看斗野兽、泡浴场等活动。所以希腊和罗马这两个民族的品位差别非常大。尽管后来罗马人制服了希腊人，但在希腊人眼里，罗马人是一个野蛮的民族，一个凶悍的乡巴佬。这种分歧导致后来基督教在两个土地上开出两支花：在希腊土地上开出了后来的东正教，在罗马土地上开出了后来的天主教。这两者渐行渐远，最后分道扬镳，有了不同的群体：后来俄罗斯信奉东正教，西欧则信奉天主教，二者始终格格不入。

戏剧——最高雅的艺术形式

希腊的两类活动非常高雅，无论是竞技还是戏剧，都跟希腊神话传说联系在一起。希腊很多雕塑和艺术品都是反映运动的艺术品，比如希腊式自由搏击、掷饼者等作品，其造型大多裸体，因为希腊以力量为美。中国也有很多艺术性很高的作品，但表现运动的少之又少，大多是宫廷饮酒或者闲情逸致的山水画。希腊的奥林匹亚竞技会也会有裸体，推崇像神一样强大。除此之外，它是希腊的阳春白雪，因为奥林匹亚竞技会是社会推崇的活动，能够在竞技会上一展身手的大多是有钱有势的贵族子弟，代表了社会的主流阶层。普通的老百姓，特别是一些在现实中受到压抑的妇女们是没有机会参与这项活动的，所以另一种带有民间性质的泛希腊宗教活动即酒神节的狂欢秘祭开始兴起。酒神狄奥尼索斯的祭奠活动几乎流行于希腊的所有城邦，人们通宵达旦，手舞足蹈，头戴面具。希腊人从脱离现实束缚的、回归原始的放纵狂欢中获得情感的宣泄，从这种情感宣泄的净化和升华中，产生了古希腊最美丽的艺术形式——戏剧。

"戏剧"这个词最早就是一种表演，和狂欢联系在一起。戏剧后来分为两支：一支是悲剧，一支是喜剧。悲剧走威严肃穆的道路，喜剧走滑稽搞笑的道路，二者亦庄亦谐，后来分道扬镳。由于当时的价值取向比较偏好于励志崇高的悲剧，所以悲剧在最初受到推崇。正是由于悲剧的需要，希腊许多城邦都会有剧场，比如著名的雅典剧场、德尔菲剧场、以弗所剧场、狄奥尼索斯剧场等。这些剧场使得戏剧这种艺术形式在百姓中喜闻乐见。如果说奥林匹亚竞技会只是贵族们参加的活动，那么戏剧则是一个更大众化、更普及的艺术形式。

形式的变化是非常重要的，最早的时候古希腊人是听荷马这种游吟诗人以口述的形式讲故事来接受教育的，只能用耳朵听，眼睛见不到，只能想像。有了戏剧之后，除了合唱队唱出来的可以听到之外，还有人带着面具上去演绎，这种受教育的方式更加立体化。就好比看足球比赛时，用收音机听和看画面是两种截然不同的体验。这种形式的变化，不仅使得当时受教育的方式立体化，而且使人更易从集体活动氛围中产生一种情绪共鸣，使得大家对城邦有认同感。

希腊悲剧与近代悲剧一个根本性的区别在于：在希腊悲剧中淡化善与恶的对立，每个悲剧人物的行为都很难用通常的善恶标准来加以评判。在剧中激烈冲突的也不是善与恶这两种对立的自由意志，而是自由意志与潜藏在它背后的决定论。

近代悲剧中，如莎士比亚的《奥赛罗》《哈姆雷特》等作品，其中的好人坏人是非常明确的，善恶分明。希腊悲剧则不同，反映的不是善恶之间的问题，而是一个更深奥的主题，是悲剧中的主人公和背后看不见的那只命运的手之间的主题。

希腊人的这种深奥是一种朦胧的认识，带有童年时期的真趣味，很多人在成长的过程中，把童年许多宝贵的东西慢慢遗忘了。到了我这个年纪的时候，我恰恰觉得，童年是有很多真知灼见的，童年是一种朦胧的真理，长大之后，我们可能会变得精致地愚蠢起来。

希腊悲剧已经感觉到人背后的力量，但并不能详细表述这种力量是什么，所以希腊人把这种力量称为"命运"。希腊的"悲剧之父"——埃斯库罗斯有一部著名的作品《普罗米修斯》三部曲。第一部讲的是先知普罗米修斯盗天火给人们，第三部叫《自由的普罗米修斯》，这两部由于时间久远，已经失传。第二部叫《被缚的普罗米修斯》，讲普罗米修斯盗天火后触犯了天条，得罪了宙斯，宙斯把普罗米修斯绑在山崖上，让一只老鹰来啄普罗米修斯的肝脏。宙斯这样做的目的除了惩罚普罗米修斯盗天火之外，还希望借此让先知普罗米修斯说出预言中宙斯的哪个儿子将会取代宙斯统治。宙斯派赫尔罗斯神与普罗米修斯谈判，只要普罗米修斯说出谁将取代宙斯，便将他从山崖上放下来。普罗米修斯说了这样一段话：

　　　让他投掷风卷烈火的闪电,

　　　用白色的翅膀,飘飞的雪片,

　　　用地震的响声,轰轰隆隆,

　　　把整个世界搅翻;

　　　他无法酥软我的意志,

　　　讲出谁受命运的支配

　　　将他踢开,终止他的暴虐。

　　这段话意思就是说,哪怕宙斯法力多么无边,终究会有人把你推翻,你最终还是要被命运所取代,哪怕是高高在上的神也无法主宰自己的命运。

　　希腊最具有代表性的悲剧是索福克雷斯的《俄狄浦斯王》,讲述的是希腊北方一个国家的国王,老来无子,盼子心切,便去享有盛誉的德尔菲神庙祭奠阿波罗求子。阿波罗通过女祭司告诉国王,你将得到一个儿子,但是你的儿子将会杀父娶母。国王得到这个启示后回到了自己的国家,不久之后果然得一子。对神谕深信不疑的国王将这个孩子丢到山上喂狼,仆人动了恻隐之心,把这个孩子送给了一个路人,路人辗转将孩子送给了另外一个国家的国王,取名俄狄浦斯。俄狄浦斯长大以后,善良勇敢,偶尔听到自己不是国王的亲生儿子,心有不甘,离开王国,在路上与亲生父亲偶然狭路相逢,产生冲突,把自己的父亲杀死。俄狄浦斯继续前行,在亲生父亲的国家里用智慧解答了狮身人面兽的问题,成为了新的国王,娶了自己的母亲。起初事情一切顺利,他治理国家有方,和母亲生了几个孩子。20年后,庄稼歉收,牛羊瘟死,妇女无孕。俄狄浦斯很恐慌,到德尔菲神庙求神,询问其中缘故,阿波罗说,除非你能找到杀死老国王的凶手,否则这场灾难永远不会完结。于是俄狄浦斯带领大臣寻找凶手,最后仆人说了实话,告诉了俄狄浦斯真相。俄狄浦斯难以接受自己杀父娶母的行为,其母亲羞愧难当,自己"为丈夫生丈夫,为儿子生儿子",于是上吊自杀。俄狄浦斯刺瞎了自己的双眼,离开自己的王国,开始了流浪悲惨的一生。

　　这个悲剧是一场彻底的悲剧,里面没有明显的好坏与善恶,悲剧的矛盾主要是任务和命运之间的斗争,人物可能是善良和智慧的,但那时他却摆脱不了命运的主宰。

117

戏 剧 与 哲 学

在这种悲剧的后面有哲学的影子,充满了智慧。悲剧里面有一种力量,突破于表面的东西。在希腊,少部分人已经开始不再看这些表面的在场的纷纷扰扰,而是着重于其背后肉眼看不见的理性的东西。这样的东西在希腊哲学里面有丰富的内容。希腊哲学分为两条路线:一条叫自然哲学,探讨万物根源,企图用一种自然性和物理性的东西来解释万事万物,这是近代自然科学的起源;另一条是形而上学的意义哲学,这是希腊哲学的主流,这里的形而上学区别于现在课本里的形而上学,这个词出自《周易》:"形而上者谓之道,形而下者谓之器",何为道? 道可道非常道,道是一种恍兮惚兮、玄之又玄的学问,关于道的涵义便是形而上学。形而上学很深奥,是肉眼看不到的东西。

这条路引出了后来跟希腊文化完全背道而驰的基督教。基督教是从以色列传到希腊的,希腊接受基督教实际上是接受了已经希腊化改造的基督教,已经把哲学的思想嵌入进去了。其中的标志性人物有苏格拉底、柏拉图等,他们为后来的基督教奠定了基础。他们提出了一种大众不认同的观点,即一个有教养的人不应该让肉体行动,不应在奥林匹亚竞技会上暴露肉体,而应该以思想去行动。所以在柏拉图的《理想国》里,艺术家的地位是最低的,他认为艺术即沉迷于形体之中,哲学家则是更高的、用思想理解世界的人。

这样一种思想使得苏格拉底被雅典人处以死刑,柏拉图被赶出城。然而他们这一批希腊文化的"叛徒",最后却无意中成为基督教思想的先驱。这样两个完全相反的文化就联系在了一起,这个中介是非常重要的。希腊哲学就是这样告别了希腊,开创了基督教,使得西方哲学走向了一个形而上的道路,最后导致西方曾经出现了一千多年之久的绝对的形而上学的基督教信仰,走上了一条和中国完全不同的道路。中国文化一定要落实在现实之中,"子不语怪力乱神",古代的思想家们把一切落实到人际、学问、伦理,从来不注重人与神的关系。西方则不同,关注形而上,看重背后的力量。

东西方的文化是不一样的,经过这么多年的研究,我发现很多东西都是殊途同归的,东西方文化各有自己的特点,没有高低优劣之分,只有姹紫嫣红之别,都值得我们去探究、学习、借鉴。

陈 阳

【学者简介】

1975年生，东南大学教授、博士生导师、IEEE会员、IEICE海外会员。2001年4月毕业于东南大学信号与信息处理专业，获博士学位。2001年6月起在东南大学电子科学与技术学科从事博士后研究工作。2003年6月博士后出站，被评为副教授，留校工作。2003年10月至2005年9月，受教育部派遣，在日本东京大学进行第二站博士后研究。2010年4月被评为教授。曾先后主持2项国家自然科学基金项目，1项教育部留学回国人员科研启动基金项目，1项江苏省博士后基金项目。在国内外核心期刊作为第一作者发表论文30余篇，拥有2项发明专利。2002年获中国电子学会第八届青年学术年会优秀论文奖。2006年入选东南大学优秀青年教师教学科研资助计划。2007年获第三届中国（南京）国际软件产品博览会原创动漫作品大赛作品辅导奖、首届江苏动漫游戏节原创动漫作品征集大赛作品辅导奖。2008年度"中国科技论文在线"优秀评审专家。任2009、2010、2011国际智能计算学术会议程序委员。被选载入美国马奎斯《世界名人录》(27版、28版)、马奎斯《科学与工程名人录》(11版)、英国剑桥国际传记中心《21世纪2000位杰出知识分子2010》等多部名人传记。目前在东南大学本科生中开设"音乐与科技"通识选修课，以丰富的内容展现了音乐与人文艺术、社会科学、自然科学、工程技术等众多领域的关联。用诗歌讲述音乐的起源和发展，讲解音乐与书法、绘画、建筑、雕塑在艺术上的相通之处；对比中西艺术并探讨音乐、艺术、文化、科技中所蕴含的共同规律；介绍与音乐相关的物理、数学知识及其在乐器和音乐作品中的应用；讲述建筑声学的基础知识及其在音乐场馆中的应用。

第 *13* 讲

当音乐遇见科技[*]

今天报告的题目是《当音乐遇见科技》。这个"科学·人文大讲堂"是2013年由上海财经大学樊丽明校长亲自推动、创立的,它主要是引导学生掌握不同学科领域的知识和方法,促进通识教育、专业教育和社会实践紧密衔接,培养具有严谨的科学精神、深厚的人文素养、强烈的社会责任感、扎实的专业知识、文理交融的卓越人才。我觉得这个讲堂是影响深远、意义非凡的。提到通识教育,我觉得在人才培养方面,通识教育是和专业教育同样重要的。现在学科之间的交叉和融合的趋势非常明显,许多学者都非常提倡艺术和科学之间的融合。我们生活在一个有音乐的世界,大家对音乐都不陌生,因此音乐就成了通识教育的一个绝好的素材。

我在东南大学教的这门课叫做"音乐与科技",大家往往会疑惑音乐是怎样与科技联系到一起的。我可以举这么一个例子,在2013年的青年歌手电视大赛上用到了一个高科技的系统,用于测试节奏的准确度,而青歌赛本身就是通过电视进行的与音乐有关的大型活动,电视本身也是一种科技的手段。我们想一想,现在欣赏音乐的时候,需要扬声器、耳机、音乐播放器或者手机;传播音乐可以通过收音机、电视机、互联网;即使在现场演出,也需要扩音设备。也就是说,现在大部分与音乐相关的活动都离不开科技。因此,音乐与科技是

---

* 2014年11月27日上海财经大学"科学·人文大讲堂"第50期。

紧密关联的。

音乐是一门艺术，而科技是科学技术的简称，狭义上来说就是指自然科学和技术科学。但是在东南大学我教这门课的时候，我把这两个领域进一步扩大，把一门艺术扩展到各门艺术，包括舞蹈、绘画、书法、戏曲、诗歌、建筑等艺术门类，把科技从一些学科扩展到各门学科，包括人文科学、社会科学、经济、管理、政治、法学等学科。我在东南大学主要讲述音乐和人文艺术、社会科学、自然科学、工程技术这四类学科之间的关联。具体到人文艺术和社会科学方面，讲述了音乐与诗歌、书法、绘画、建筑、雕塑的关系，对比中西艺术并探讨音乐、艺术、文化、科技中所蕴含的共同规律；而在自然科学方面主要探讨了与音乐相关的物理、数学知识在乐器和音乐作品中的应用，建筑声学的基础知识在音乐场馆中的应用；在工程技术方面主要涉及了音乐的存储与播放设备，对音乐进行加工处理的技术，与音乐相关的人类经典科技成就，包括广播、电影、电视等及其对音乐的推动作用，与音乐相关的科技新进展等内容。

这门课在东南大学受到了学生欢迎，同时也作为中国大学视频公开课，大家可以在"爱课程"网和网易公开课搜索到这门课。在2014年5月和8月，网易公开课分别推荐了课程中的"谁搞垮了唱片业"和"把'音乐厅'搬回家"这两讲。在2014年7月9日，教育部新闻办公室还发了微博推荐这门课程。

这门课得到了很多音乐、美术界朋友的认可。我作为一个科技方面的教授为什么会对艺术感兴趣呢？这可能跟我小时候受到过一些艺术上的熏陶有关系。这是我9岁时候写的一幅字："则其愿得学而后成"，嵇康的一句名言，大概是在1985年刊登在一本书法方面的期刊上。当然我主要还是搞科技的教授，所以大家下面来听一听一个搞科技的教授来讲音乐会给你一种怎样的感受。

音 乐 与 诗 歌

下面我准备讲一下音乐与诗歌。为什么我要讲音乐与诗歌呢？因为我觉得音乐与诗歌是相伴相生的姐妹艺术，从诗歌的发展可以一探音乐的发展。有一句话叫"纸上得来终觉浅，绝知此事要躬行"，所以我就想大体按历史时间顺序，考察一些可以演唱的诗。比如这首《诗经》中的《蒹葭》。看到这首诗，我们自然就能想到邓丽君演唱的《在水一方》，《在水一方》的歌词多像一个白话文版的《蒹葭》。事实上最早是琼瑶写的小说《在水一方》，歌曲《在水一方》是为了配合1975年的电影《在水一方》。这部电影是由林青霞和秦汉主演的，在电影当中《在水一方》的原唱是江蕾和高凌风，后来邓丽君翻唱了这首歌，发行了专辑《在水一方》，大获成功。后来，江苏电视台先拍了电视剧版的《在水一方》，全剧4集，这是当时中国大陆拍摄的第一部根据中国台湾小说改编的电视剧，当时的主演王诗槐和马晓伟都是上海电影制片厂的当家小生，再后来中国台湾也翻拍了《在水一方》的电视剧，大陆这部电视剧把《在水一方》作为主题曲，而中国台湾把它作为插曲。我们看到"在水一方"是《诗经》里的一句话，后来经过2 600年的积淀又有了歌曲，又有了电影，又有了电视剧，还有唱片，电影、电视剧、唱片都是与科技有关的，所以说《诗经》里的"在水一方"现在已经有了很高的科技含量。提到《诗经》，就让我想起有一种关于《诗经》由来的说法叫做孔子删诗说。在《史记·孔子世家》中记载"古诗者三千余篇，及至孔子，去其重，取可施于礼义三百五篇"。相传孔子精通古琴，创作了一曲古琴曲《幽兰操》。据东汉书法家蔡邕记载，孔子曾经边弹奏古琴边吟唱此诗，感叹自己生不逢时，自比为兰花。到了唐代，韩愈见到此诗颇有感慨，也用诗经体写了一首《幽兰操》。也有人说韩愈的《幽兰操》是补录孔子《幽兰操》的轶文，所以将两首《幽兰操》连接起来过渡也非常的自然，先感慨了一番，然后又鼓起勇气，继续为自己的理想而奋斗。孔子的这首名曲，曾经沉寂，历经蔡邕的记载、韩愈的补录、当代音乐家的创作，才有了我们听到的这首电影《孔子》的主题曲《幽兰操》。歌曲的配乐中既有古琴，又有现代电声乐，可以说是音乐与科技跨越了2 500年的握手。音乐与科技的结合，造就了许多优秀的影视歌曲，成为历久弥新的记忆。

　　刚才讲了《诗经》，我国的诗歌艺术的高峰出现在唐宋，有一句话叫做"凡有井水饮处，即能歌柳词"，就是说很多唐诗宋词都是能演唱的。唐诗中有一部分是可以入乐的，比如说王维的《送元二使安西》，就被编入乐府，在当时被传唱流行。《阳关三叠》是一首琴歌，它的曲谱记载于清代张鹤的《琴学入门》，著名歌唱家殷秀梅就曾演唱过这首歌。我们看到王维的这首《送元二使安西》，又被称为《渭城曲》，在这首歌中出现了3次。而这首歌在这首诗的基础上又添了许多新的词，使这首歌的感觉像一首近现代歌曲，有点像民国时期的一些校歌的感觉。潘安邦演唱的《清平·调》是李白的《清平调词三首》,这三首七言绝句连在一起唱。李白这三首诗的来历据说是有一天唐玄宗和杨贵妃在花园里面观赏牡丹,然后就请李白来写了这三首诗。李白的诗《宣州谢朓楼饯别校书叔云》和黄安的歌《新鸳鸯蝴蝶梦》,诗词和歌词也有大量重合的部分,而这首歌中的"由来只有新人笑,有谁听到旧人哭"一句出自杜甫的《佳人》中"但见新人笑,那闻旧人哭"。这首歌是黄安的代表作之一,曲调明朗,易于演唱,是1993年的专辑《新鸳鸯蝴蝶梦》的主打歌。它的这种风格当时被称为"新古典主义中国风",而且它也被作为电视剧《包青天》的片尾主题曲。毛宁的《涛声依旧》的歌词就像是唐代张继的千古名篇《枫桥夜泊》的现代诗,歌曲《涛声依旧》是陈小奇词曲、毛宁首唱的,它被称为"南国婉约派"的代表作。这首歌的特点是从一开始的主歌部分旋律就很动听。一般歌开头的主歌部分的旋律比较平淡,所以我们常常只能记住高潮部分,也就是副歌部分。张继的《枫桥夜泊》将夜半钟声写入诗里,后来写夜半钟声的诗再也没有超过张继的水平,而在融有《枫桥夜泊》诗意的音乐作品中,迄今为止,似乎也尚无其他歌曲能在流行程度上与《涛声依旧》比肩。以李商隐的《无题》作为歌词的一首歌叫《别亦难》,实际上歌词只取了这首诗的前四句,也是这首诗里流传较广的一部分。

刚刚讲了唐诗,下面我们来讲唐宋词的部分。在唐宋词中要提到的第一个词人应该就是李煜了。邓丽君曾演唱过以李煜的《虞美人》作为歌词的歌曲《几多愁》。李煜是南唐的后主,词中所提到的南唐的国都就是今天的南京。邓丽君演唱的《独上西楼》也是以李煜的《相见欢》作为歌词的。我们刚刚提到了南唐的国都是南京,南京是一个古都,我们经常听到的六朝古都是指东吴、东晋、宋、齐、梁、陈,这里并没有南唐。南京还有另外一个称谓叫十朝都会,这十朝都会中就要再添上南唐、明、太平天国、中华民国。六朝古都的称谓会更响亮,我觉得主要是因为东吴、东晋、宋、齐、梁、陈基本上是连续的六朝,而后来定都南京的朝代之间相隔时间较长。东晋是南京城市发展史上第一个高峰时期,其后,南朝宋、齐、梁、陈相继定都南京,史称"六代豪华",南京由此有"六朝古都"之美称。另一个原因我想是隋唐以前,南京已经有"六朝",而唐诗的影响很大,其中的金陵怀古诗篇中时有出现"六朝""六代"。可能是由于"惯性",宋、元、明、清的诗人作品中也一直在沿用"六朝"的称谓。比如刘禹锡(唐)、韦庄(唐)、王安石(宋)、萨都剌(元)、王冕(元)等等。最有名的关于六朝的诗句应该是"江雨霏霏江草齐,六朝如梦鸟空啼"了,这是韦庄《台城》中的诗句。"六朝旧事随流水,但寒烟衰草凝绿",这是王安石《桂枝香》中的两句。与上海相比,南京这座城市就像睡着了一样,不过,这是形容二十年前的情况。随着经济的发展以及城市建设的推进,梧桐树、民国建筑、老电影院、老饭馆、老字号等历史的印迹正在慢慢地越变越少,也是非常让人怀念的。邓丽君演唱的《但愿人长久》改编自苏轼的千古名篇《水调歌头》。苏轼的另一首作品《卜算子·黄州定惠院寓居作》也被改编进了周传雄《寂寞沙洲冷》的歌词中。在词人当中,"男有李后主,女有李易安",李易安指的就是李清照,她应该算是中国历史上最著名的女词人了。她的《一剪梅》讲的是她对丈夫的思念之情,以这首词为歌词的一首歌叫《月满西楼》。还有岳飞的《满江红》也被当做张明敏演唱的歌曲《满江红》的歌词。毛宗岗父子在评刻《三国演义》时把明代文学家杨慎的一首《临江仙》放在了《三国演义》的开篇,所以《滚滚长江东逝水》也被作为电视连续剧《三国演义》的片头主题曲。

到现在为止,我已经介绍了十四首有诗词渊源的歌曲。因为有人说我是一个做科技的教授,那我们就来做一点与科技有关的事情。我们来做一个分类,诗词与歌词的关系可以分为化用和直接用两种。所谓化用,就是说歌词和原诗文不同,它要么是用白话文来诠释原诗,要么是添了很多新词,直接用就是说歌词和原诗词基本上是相同的。像《阳关三叠》,原诗词也嵌入了歌词中,但是添了很多新词,就要归为化用,而《幽兰操》主要就是韩愈的《幽兰操》,基本上差不多,只有小小的改变,所以就归为直接用。我们可以明显发现,有诗的渊源的歌曲歌词多化用,有词的渊源的歌曲歌词多直接用。这其中的原因我们要从诗歌的发展来看。诗从最初的四言、五言到七言,节奏越来越丰富,再到词,节奏更丰富了,三、四、五、六、七言在一首词中出现,而到了现代诗则没有字数规定,创作的自由度就更大了。因此,诗词风格随时代不断发展变化,各领风骚数百年。

对歌曲来说词风会影响曲风。那我们现在再做一个分类,按照歌词的风格分类。我们之前提过《阳关三叠》有点像民国时代的校歌那种感觉,所以把它归为近现代歌曲。我们会发现年代越早的越少,离我们年代越近的越多一些,宋明、近现代占大部分。这主要是因为我们身处现代,听到的多是现代风格歌曲,因此有诗的渊源的歌曲多化用,主要是为了适应现代的歌词和音乐风格。假如我们身处唐代会怎样呢? 盛唐诗人很讲究诗句的声调和谐,他们的绝句往往能被诉诸管弦。所以说唐诗,特别是唐诗中的绝句,实际上就是那个时候的流行歌曲。所以如果我们身处唐代,就会听到很多以绝句为歌词的唐代流行歌曲。而词有一部分是可以直接拿来做歌词的,因为词跟现代音乐风格比较契合,我们的现代音乐,音乐要有变化,而词句恰恰也是有长有短的,比如说辛弃疾的《稼轩长短句》。音乐要有重复,所谓"一回生,二回熟",所以歌曲一般有两段或者多段,而词刚好分为上下阕,恰如一首歌的两段。同时词的语言也比格律诗更易懂。格律诗一般要经历先将其翻为白话文再创作成歌曲的阶段,而词有一部分是可以直接拿来作为歌词的。为什么说歌词的长短变化很重要? 因为长短变化是情绪变化的信号,可以在变化处安排旋律的高潮或开始副歌部分。比如说从短变长的有《在水一方》和《涛声依旧》。《涛声依旧》的高潮部分就是从"月落乌啼霜满天"这一句长句开始的。也有从长变短的例子,比如说《葬花吟》,一开始都是长句,从"天尽头! 何处有香丘?"这两句掀起了音乐的高潮。而字数整齐的格律诗对作曲就是一个挑战,因为难以分辨从哪里开始一个高潮。邓丽君热爱传统诗词,《但愿人长久》《独上西楼》是经典之作,但为何邓丽君没有唱红一首以唐诗为歌词的歌? 其实邓丽君并非没有尝试,为了把《清平调》工整的七言绝句拉出不一样的高潮,作曲家曹俊鸿思考良久,终于在一个午夜将谱曲一气呵成交给宝丽金,没想到从此以后这首作品便石沉大海,直到最近才重见天日。确实有一部分歌曲是以整齐的格律诗作为歌词的,比如《东方红·钟山风雨起苍黄》就是以毛主席的《七律·人民解放军占领南京》作为歌词的。在这首歌的创作中,采用重复诗句片段、领唱、伴唱、轮唱、齐唱、合唱等形式,起到了丰富变化的效果。刚刚是与南京有关的歌曲,下面我们看看现代京剧《智取威虎山》中的片段《甘洒热血写春秋》,这个虽不是格律诗,但字数也是整齐的,这部分的特点就是它拉长了某些字的时值来达到变化的目的。

唐诗宋词古代的唱法早已失传,那我们可以从现代作曲家为古典诗词作的曲中探究古典音乐的风貌吗? 我认为是可以的,失传的是旋律,但诗词为我们保留了节奏和韵律,我称之为音乐考古。正所谓人同此心,心同此理,而今人古人也可以是心心相印的。而且不但能把节奏和韵律保留下来,我甚至认为可以从诗词推断出旋律的高低。怎么去推断呢？中文有四声，其中阴平、阳平属于平声，而仄声有上声和去声。在普通话中只有这四声，而在地方方言中还有入声。除了平仄之外，在汉语发音中还有开口音和闭口音。这在一些相声和诗朗诵中有很明显的体现。在汉语当中，a、o、e就是开口音，i、u、ü就是闭口音，在谱曲时，往往开口音的音调较高，而闭口音的音调较低。在前面列举的有诗词渊源的歌曲中，风格最为独特的应该是《幽兰操》了，因为它是四言诗，由于句式简单，曲调自然就是简单的。说到这里，我想起了上海外滩海关的钟声，现在这个钟声是《东方红》，但之前很长一段时间这个钟声都是叫《威斯敏斯特钟声》，它就有明显的四言诗的特点。

刚刚讲的都是诗歌和音乐，那在日常语言中我们能不能找出音乐美呢？林语堂先生在《中国人》中写道："在语言上，我们听到的是北京话宏亮、清晰的节奏，轻重交替，非常悦耳；而苏州妇女则轻柔、甜蜜地唠唠叨叨，用一种圆唇元音，婉转的声调，其强调的力量并不在很大的爆破音，而在句尾拖长了的，有些细微差别的音节。"事实上有很多地方的方言是很有音乐旋律的，大家可以去看郝爱民、李文华的相声《宁波话》。

音 乐 与 建 筑

下面我们来转换一下话题，讲讲音乐与建筑。有这样两句话，音乐是流动的建筑，建筑是凝固的音乐。西方有多种多样的建筑风格，比如罗马式建筑、哥特式建筑、古典主义建筑、古希腊建筑、巴洛克建筑、洛可可建筑、浪漫主义建筑、现代主义建筑等，而我们会发现在西方音乐中也有巴洛克音乐、古典主义音乐、浪漫主义音乐、现代音乐与之一一对应。

我们再来看俄罗斯建筑，用洋葱头来形容俄罗斯建筑是非常恰当的，徐志摩看到圣瓦西里大教堂就说："这教堂的花顶是'从未见过的一堆光怪陆离的颜色和一堆离奇的样式'，看着就'像是做了最奇怪的梦'。"但也许就是俄罗斯五彩斑斓、风格独特的建筑激发了柴可夫斯基色彩斑斓、奇谲瑰丽的想象，从而创作出音色丰富的音乐作品。

下面我们来把中西音乐做一个对比，中国的主奏乐器是二胡。观察《二泉映月》中二胡的运弓和按弦，可以发现运弓和颤音线条清晰、顿挫有致。而

《良宵》中我们可以观察到揉弦和快速按弦--弓多音。在《赛马》中我们也可以观察到揉弦、一弓多音和内外弦的切换，这些技巧使得在演奏这样一个快速的乐曲时，运弓速度却不快。下面我们来观察一下西方主奏乐器小提琴的运弓和按弦。莫扎特的《G大调弦乐小夜曲》中，小提琴运弓快速、急促、时间短、幅度小、行程短，一弓一音多见，且其颤音多靠改变弦的长短达到。中国音乐旋律悠长连绵，音符时值长，高低起伏缓，乐句长而匀，歌唱性或声乐旋律听上去富有线条感，而西方音乐旋律短促跳跃，音符时值短，忽高忽低，乐句忽短忽长，对比强烈，一般采用器乐旋律，听上去有一种点状感，就像钢琴那样的键盘乐器。

我们再来看看中国书法能不能找到与音乐相通的特点，这是唐代怀素的《自叙帖》。我们再来看中国绘画，这是唐代画圣吴道子的《八十七神仙卷》。吴道子的这幅画我们可以用"吴带当风，仙乐飘飘"来形容。中国书法、绘画最大的特点就是两者都是线条的艺术，正所谓书画同源。元代大书法家兼画家赵孟頫有一首题画诗："石如飞白木如籀，写竹还于八法通，若也有人能会此，须知书画本来同。"讲的就是画如字，而清代词曲家郑士铨这样形容郑板桥的书法："板桥写兰如作字，波磔奇石形翩翩。"这两句讲的就是字如画。为什么会这样呢？我觉得一个原因是，中国的书法绘画用的是同一样工具——毛笔。而西方绘画有什么特点呢？油画中线条是消隐的，重点表现面、光线和阴影。相比较而言，西方绘画更为接近真实，而中国画重在表现线条，更为写意，描绘的是人的印象。西画的"笔"在英文中叫"brush"，直接翻译应该叫刷。其实，西画工具中确实没有与中国毛笔完全一样的"笔"。诚如其名，西画运笔也有一些"brush"的特征，用油画笔是无法写出小篆一样的中国书法的。可以说毛笔是一种纵横捭阖、八面玲珑的工具。二胡的一次运弓恰如中国书画的一道笔画，线条感是中国音乐和书画的共同特征。同样，小提琴运弓也与油画运笔有相近之处。

下面我们回到中国建筑，粉墙、黛瓦、朱漆柱栏、雕花窗棂、格子细工、飞檐翼角、勾勒轮廓，强调线条，富贵人家的中式建筑的特点恰恰也是线条感。我们再看中式建筑的屋檐上面还有小兽雕塑和铃铛，进一步地将目光吸引到屋檐上，所以我们说中式建筑的第一个特点是强调线条、彰显轮廓。同时，中国建筑的飞檐像伸出的树枝，大屋顶像树冠，亭塔像雪松水杉，柱子像树的主干，梁像树枝，故而中式建筑的另一个特点是师法自然、形似树木。在《康熙字典》中，以木为偏旁部首的字有1 413个，其中与建筑有关的有400个。中国古典建筑多为木结构，在西方石构建筑之外形成了独立的"土木营造"体系，延续到现代亦有"土木工程"之术语。中国人喜欢用木头造房子，而西方人喜欢用石质材料造房子。中国的二胡我们也可以说它是偏向木质的声音，偏暖色调，而小提琴则是偏向石质的冷色调。彩电还原的颜色，中西消费者的偏好也不尽相同，中国消费者喜欢暖色调，西方消费者喜欢冷色调。中式建筑形似树木，故而画屋如画树，画树如画屋。中式建筑的第三个特点叫组合搭配，重视群体。中式建筑单个看不复杂，组合成群落方体现出特点，紫禁城、四合院、园林、山庄……中国的寺庙都由多个单体建筑组成，西方一座单体建筑的教堂结构就很复杂了。中国音乐听上去就像浏览一个建筑群：依山傍水的山庄，九曲回廊的园林，不走回头路，这扇门进，那扇门出。而西方音乐听上去就像描述一个单体建筑：建筑内部有螺旋状的楼梯、比例精准的雕像、繁复的装饰。中国音乐旋律婉转自然，结构松散自由，如中国画的散点透视，绵延不绝，重复部分少，作品篇幅短，但信息量大。而西方音乐主题突出，中心明确，由若干旋律片段，以类似数学、几何的作曲手法展开，具有集中描绘性，如西画的焦点透视，结构严谨，篇幅长，但重复部分多。比如在莫扎特的《G大调弦乐小夜曲》开头的短短3分40秒中出现了四次招牌式的旋律。中国和西方审美艺术的取向可以用自然和人造来分别加以形容。比如说园林艺术，中国的园林要讲究假山不假、盆景似真。中国的假山大多是用真的太湖石构建的，而且要保持石头原来的形状，盆景也要做得像真的一样。而西方呢，你看凡尔赛宫里面，是将灌木修剪成整齐的几何造型。又比如风筝，中国的风筝多用蜻蜓、燕子、动物、人物造型图案，而西方的风筝多用几何造型图案。张爱玲也注意到了中西方音乐的不同，她在《谈音乐》中写道："然而交响乐，因为编起来太复杂，作曲者必须经过艰苦的训练，以后往往就沉溺于训练之中，不能自拔。所以交响乐常有这个毛病：格律的成分过多。"她这个"格律的成分过多"指的就是西方音乐中偏人造的部分比较多。她又曾写道："我是中国人，喜欢喧哗吵闹，中国的锣鼓是不问情由，劈头劈脑打下来的，再吵些我也能够忍受，但是交响乐的攻势是慢慢来的，需要不少的时间把大喇叭钢琴凡阿林——安排布置，四下里埋伏起来，此起彼应，这样有计划的阴谋我害怕。"我们把中国的锣鼓和西方的鼓做一个对比。中国的锣鼓非常热闹，但又可以预判，不显得紧张，而西方的鼓很有力量，却会制造一种紧张的气氛。当然中西方的音乐形式也不是完全不能共存的。比如冼星海《黄河大合唱》中的《保卫黄河》就用了卡农（轮流重复）的西方作曲形式，形成了排山倒海的气势。

前面说了很多中西方的差异，让我们从文化上来找找原因。中国文化我们从筷子讲起，筷子有两根，拿掉前一根就成了书法的执笔，拿掉后一根就成了二胡的执弓，所以我们可以认为筷子、毛笔、二胡这三样工具是出自同一个文化母体。筷子可以不依赖器皿的帮助自行夹取食物，也可以搅、拨、翻、扒、挑、架，偶尔还可以分。筷子在音乐上也有功能，起到击节而歌、与碗碟组成打击乐器的功能，大家可以去看看电视剧《红楼梦》中的插曲《红豆词》和电影《洪湖赤卫队》中的插曲《手拿碟儿敲起来》。而在西方，刀叉是专物专用，各司其职的，其特点是高度分化、专门化。"在声学中，正如在科学的其他许多分支中一样，中国人的方法和欧洲人的方法颇为不同。古代希腊重分析，古代中国则重关联。"这是李约瑟博士说的。中国人觉得都是食物，在厨房加工成小块，餐桌上统一用筷子夹着吃，而西方人觉得每种食物各有特点，根据不同食物的特点设计一种吃这种食物的工具。正如我们刚刚所说的，筷子、二胡琴弓、毛笔这三者的握持与运用的姿势很像，而西餐的餐刀、小提琴琴弓、油画笔的握持和运用姿势也有几分相似。所以我们来总结一下，中国人重关联、联合，西方人重分析、分解，中国人的筷子什么食物都可以夹，而西方人吃什么用什么餐具，中国人拉二胡每一次运弓都有旋律，而西方人的小提琴每一次运弓有音符无旋律，中国的作画每一道笔画都有意义，而西方人的每一笔都无法看出画的是什么，是一种解构。当然有的时候审美观也会发生逆转和倒错，比如说汉服是符合我们中国审美的，但如今中国人更习惯穿着一些西式服装。

从语言文字上也能看出这样的区别，中文最小单位是汉字，每个汉字都表意，而英文的最小单位字母不表意，只是构词元素，中文依靠几千个汉字，两两组合，可表达几万个意思，举一反三，触类旁通，而英文则依靠26个字母组合成几万个单词，规律不明显。学中文是先难后易，而学英文则是先易后难，中文多用长句，而英文多用短句。在科技方面，古代中国重关联、综合，而西方科技重分析、分解。《庄子》当中说："一尺之棰，日取其半，万世不竭。"这是一种朴素的物质可无限分割的思想，但是中国仅仅停留在思想阶段，而西方发展出高能物理,把物质分解为原子、原子核、基本粒子。我们再看,二胡运弓就有点像汉字和长句,相当于中国的古代科技达到了物质层次。而西方的小提琴运弓就像字母和短句,相当于西方的科技达到了元素的层次,我们可以做这么一个类比。从文化理念上说,中国强调的是天人合一、和谐共生;而西方强调改造自然、征服自然。中医里有一种说法是"神农尝百草",天然药物为主,而西药主要为人工合成。中国的传统农业以农家肥、散养为主,而西方的现代农业是以化肥和工厂化养殖为标志。

中西音乐、建筑艺术的风格不尽相同,文化也有各自的特点,对音乐有不同的喜好和欣赏习惯。作为音乐家自然希望自己的音乐和演出能够得到世界各地听众的喜爱。我们来看看雅尼是怎么做的。雅尼的一些户外大型演奏可以说是建筑与音乐的融和,比如说雅典卫城音乐会和北京紫禁城音乐会就体现了完全不同的音乐风格,前者硬朗刚劲,后者柔和婉转。雅尼理解并贴近演出地的音乐风格,因此在西方和东方各国都能找到知音和"粉丝"。

刚刚我们讲到了许多文化理念、艺术风格这样阳春白雪的话题。阳春白雪固然好,但是曲高和寡。建筑的基本功用是居住,方便人们的生活。那现在就让我们回归生活,看看建筑中司空见惯的楼梯如果结合了音乐,会产生什么样的效果?这是南京地铁的音乐阶梯,可以说是音乐、建筑、科技三者结合创造出的有趣的生活场景。

音 乐 的 存 储

下面我们再讲一个话题,是关于音乐存储的。这是一个留声机,与电唱机不同,它有一个手摇发条,上一次发条大概可以播放4分多钟。我们再来看胶木唱片,也叫黑胶唱片,是用印度的虫胶制成的,每分钟转78转,单面可以播放4分多钟。上海百代唱片公司出品的唱片《天涯歌女》,它的A面就是《天涯歌女》,B面是《四季歌》。《天涯歌女》和《四季歌》都是周旋和赵丹主演的电影《马路天使》的插曲。刚刚提到的上海百代唱片公司,这个"百代"是法语的音译,它也暗含了唱片让音乐流芳百代之意,另外百代还让我想起了李白的一句话:"天地者,万物之逆旅;光阴者,百代之过客。"因此"百代"一词可谓颇有渊源。刚刚讲到了留声机,留声机是1877年由爱迪生发明的,他将锡箔裹在刻有螺旋槽纹的金属圆筒上，摇动曲柄，短针在锡箔上记录声音的振动，将短针复位，再摇动曲柄，重放出声音，他录音并重放了自己朗读的《玛丽有只小羊羔》。很可惜，这段录音没有保存下来。好在1927年，爱迪生在留声机诞生50周年纪念典礼上重新朗读了《玛丽有只小羊羔》。1888年，埃米尔·柏林纳改进了留声机，开始使用圆盘唱片。后来33.3转的唱片成为市场上的主流转速唱片。后来曾出现过塑料唱片，成本较低，色彩也很鲜艳。在唱片之后出现的音乐存储介质是卡式磁带。在磁带之后呢，又有了CD。老唱片有78转、33转，而CD每分钟的转速是不固定的，内圈快，外圈慢。老唱片是匀角速度旋转，而CD是匀线速度旋转的。在CD之后，在音乐方面又有了新的革新——MP3。MP3充分利用了心理声学模型，将听不到的声音不进行记录，还利用了其他一些通用的数据压缩技术，最终使得MP3用约十分之一的CD数据量实现了接近CD的音质。由于MP3播放器比CD播放器更便于携带，数据的压缩使音乐的网上下载更快捷，使得MP3播放器迅速流行、普及，CD的销量大幅度下降，唱片业也就衰落了。我们可以看看播放器的发展，以前有磁带随身听，其中最出名的是索尼公司的Walkman系列，然后有一段时间出现了CD随身听，但是它的体积实在过于巨大，不方便携带，再往后是MP3，现在是手机。《现代快报》上的一篇报道，讲的是在新街口放了一辆小蒸汽机车仿真模型。我看到这篇报道就想，为什么不放一台现代的动车呢？为什么儿童喜欢玩蒸汽机车玩具？同样的道理，以前的磁带、随声听能给人带来更多的机械感和动力感，人最初感兴趣的恰恰就是这种机械感。现在随着电子化、数字化产品越来越多，这种带有机械感的东西也就越来越少了。

"腼腆"的艺术家

最后我们看看现代音乐人是如何去赚钱的。唱片业衰落之后，音乐人也开始通过各种营销手段赚钱，比如说某位歌手曾经在网上预售新专辑。在现今环境下，音乐人很难通过传统途径赚钱。这样一些"腼腆"的艺术家必须要通过经纪人进行营销才能赚到钱。

陈纪修

【学者简介】

　　陈纪修，复旦大学数学科学学院教授，博士生导师；国家级精品课程与国家级教学团队主持人。长期从事复分析理论的研究工作与担任本科生《数学分析》的教学工作，曾获国家教委"优秀科技成果奖""上海市教学成果一等奖""国家级教学成果二等奖"；主持编写的《数学分析》教材获"全国普通高等学校优秀教材一等奖"；2003年获首届"国家级教学名师奖"与"宝钢教育奖(优秀教师特等奖)"；2014年获"全国模范教师"称号。

第14讲

从数学分析看数学的奇与美*

今天讲座的主要内容将围绕数学的"奇"与"美",以及《数学分析》这门课程的要点来展开。

《数学分析》是一门怎样的课程

首先我们来了解一下,《数学分析》是一门怎样的课程? 17世纪70年代,人类完成了一项伟大的发明:微积分。牛顿(Newton)和莱布尼茨(Leibniz)在前人数学研究工作的基础上,发现了微分与积分之间的本质联系——微分与积分互为逆运算,从而创建了微积分学科。

微积分的诞生具有划时代的意义,它是人类探索大自然的一项伟大的成功,是人类科技史乃至文明史上的一个里程碑,也是人类思维上最伟大的成就之一。恩格斯曾经这样说:"在一切理论成就中,未必再有什么像17世纪下半叶微积分的发现那样被看作人类精神的最高胜利了。"

《数学分析》是一门对数学类各专业学生开设的讲授微积分的课程。现在许多非数学类专业也认识到《数学分析》的重要性,开始从学习《高等数学》改为学习《数学分析》。不管学哪样,微积分的内容与原理一定是现代大

---

* 2014年12月2日上海财经大学"科学·人文大讲堂"第52期。

学生必须掌握的最重要的知识之一。

《数学分析》课程，最开始讲授的内容就是实数理论。许多同学刚开始会觉得实数理论很枯燥，那么我想说：实数理论并不枯燥！我们先来看看数学史上的第一次危机。这要从人类对数字的认识讲起。人类对数字最早的认识是正整数，正整数对加法运算和乘法运算是封闭的，但是人类发现正整数对减法运算不封闭，需要对正整数集合进行扩充，于是正整数集扩充到了整数集。人类进一步对整数集进行除法运算，发现许多除法运算是不能整除的，整数集仍不封闭，从而继续将整数集扩充到有理数集。整个有理数集对加、减、乘、除四则运算都是封闭的。很长一段时间，人们在日常的工作实践中认为有理数集已经足够了，可以解决日常实践中的问题。

公元前5世纪，古希腊毕达哥拉斯学派对数学有深入的研究，最著名的成果是关于直角三角形的毕达哥拉斯定理，最基本的学说是"万物皆数"，即认为世界上一切事物都可归结为"数"，这里的"数"是指有理数。他们研究数学的出发点是"任何两条线段都是可公度的"。后来毕达哥拉斯学派的成员发现正方形的对角线与边不可公度，从根本上冲击了毕达哥拉斯学派的"万物皆数"的学说。"任何两条线段都是可公度的"是指：对任意两条长度为l_1与l_2的线段，一定存在长度为l的线段，使得$l_1 = ml$，$l_2 = nl$，其中m、n是正整数。这个命题等价于$l_1/l_2 = m/n$，换言之，任意两条线段长度之比是有理数。显然，这个命题是错误的，因为正方形对角线长与边长之比不是有理数，这就相当于证明$\sqrt{2}$不是有理数，我们这里就从略了。

从错误的观点"任何两条线段都是可公度的"出发，毕达哥拉斯学派的研究得到了不可靠的结论，这就是历史上的第一次数学危机。为了挽救这个危机，毕达哥拉斯学派就开始回避这个出发点进行证明，当然只能在局部上缓解这个问题，并没有从本质上解决这个问题。这个危机直到17、18世纪康托尔建立了实数理论才得以真正解决。

走进无穷的世界

我想介绍的第二点内容是走进无穷的世界。中学里大家接触的数学多是有穷的，大学里我们开始学习《数学分析》，接触无限的问题。人类往往习惯于从"有限"来考虑问题,一旦遇到"无限"的概念,按常识思考就会出错误。古希腊数学家欧几里得在《几何原本》中提出了第五公理:"整体大于部分。"但是伽利略指出:正整数与平方数一样多。这样,整体大于部分这个公理就是不可靠的了。

当然还有一个关于无穷的经典问题——"Hilbert 旅馆问题":一个旅馆已经住满(每间房一位客人),这时又来了一位客人,那么这位客人能否住进去?按照我们常规的想法,住满了的旅馆肯定是不能再住进去新的客人,但这个旅馆不是普通旅馆,而是"Hilbert 旅馆",它的房间数是可列无穷多个,那么这个"Hilbert 旅馆"就可以在即使旅馆已经住满的情况下再住进去新的客人。怎么住进去呢?就是让 1 号房间的人到 2 号房间住,2 号房间的人到 3 号房间住,以此类推,那么新来的人就可以住到 1 号房间了,而且不会存在有人没有房间住的情况。那么新来两个客人可以吗? Hilbert 说也可以,怎么住进去呢? 就是让 1 号房间的人到 3 号房间住,2 号房间的人到 4 号房间住,以此类推,那么新来的人就可以住到 1 号房间和 2 号房间了。新来的可列无穷多个客人也能住进"Hilbert 旅馆"。到了无穷的"Hilbert 旅馆",会产生许多和我们常识认识不一样的地方。

经常会有同学问: 有理数和无理数哪个多? 有理数有无穷多个,无理数也有无穷多个,无穷多与无穷多应该一样多。这个回答显然是不对的,研究这类问题的正确方法是运用集合之间的一一对应的概念。如果两个集合之间的元素可以建立一一对应的关系,则我们认为这两个集合的元素一样多,并称这两个集合的"势"相等。在无穷集合里,最基本的是可列集,所谓可列集,是指可以排成一列的无限集合,也就是与正整数集合一一对应的集合。可列集是最小的无限集。因为任何的无限集都可以找到一个子集,这个子集是可列集。从可列个可列集之并是可列集出发,我们可以证明有理数集合可列。

还有一个很有趣的问题:把所有的有理数排成一排,长度(测度)为零,这是为什么呢? 因为有理数是可列集,记 $r_1, r_2, r_3, \cdots, r_n, \cdots$ 是有理数的一个排列,对任意给定的 $\varepsilon > 0$,取一列开区间 $I_1, I_2, I_3, \cdots, I_n, \cdots$,使得 I_n 的长度为 $\varepsilon / 2^n$。注意开区间列 $I_1, I_2, I_3, \cdots, I_n, \cdots$ 盖住了全体有理数,而这列开区间的长度之和为 ε,由 ε 的任意性可知把所有的有理数排成一排,长度(测度)为零。那么实数集合是不可列集要怎么证明呢? 这里我们采用反证法。设区间 $[0, 1)$ 中的实数可排列成 $x_1, x_2, x_3, \cdots, x_n$。然后我们设法找出区间 $[0, 1)$ 中的一个实数,它不在这个序列中。假设我们把所有的数都写成无限小数 $x_1 \backslash x_2 \backslash x_3 \backslash x_k$,我们再取 $b=0.b_1b_2b_3b_4\cdots b_k\cdots$,其中 b_1 中的每一位小数和 x_1 到 x_k 中都有至少一位小数不相等,这样我们就找到实数 b 不在刚才的排列中,但又在区间 $[0,1)$ 中。上述方法称为 Cantor 对角线法。

可列集的"势"定义为"阿列夫零",实数集的势定义为"阿列夫"。这样我们可以说有理数集合的势为"阿列夫零",无理数集合的势为"阿列夫"。实数集合具有连续性,所以可以成为极限理论展开的平台;有理数集合不具有连续性,所以不能成为极限理论展开的平台。如果把实数比喻为茫茫夜空,则有理数就如同茫茫夜空中的星星!用刀去切数轴,切到有理数的概率是零!

实数系的基本定理

我们讨论的第三点是实数系的基本定理。有些人认为"实数系的基本定理"是枯燥的理论,恰恰相反,它是实数理论中最精彩的部分。如果我们从"单调有界数列收敛定理"出发,我们可以得到以下结论:斐波那契数列后项与前项之比的极限与黄金分割的关系;数列 $(1+1/n)$ 的 n 次方单调增加有上界,$(1+1/n)$ 的 $(n+1)$ 次方单调减少有下界,两者同收敛于自然对数的底数 e。另外,从闭区间套定理出发可以给出实数不可列的另一证明:从闭区域套定理出发可以证明三角形三条中线交于一点的结论。这些结果说明实数理论并非枯燥乏味。数学分析中许多重要的定理,比如连续函数的性质等,这些定理的证明都要从实数系基本定理出发。

如何学习好《数学分析》课程

我们接下来讨论如何学习好《数学分析》课程。《数学分析》课程在学习过程中必须重视基础理论、基本概念和基本训练,加强逻辑思维与论证推理能力的培养。

比如在极限论的学习中,一定要熟练掌握"$\varepsilon-N$""$\varepsilon-\delta$"语言。对于数学系的学生,这是基本功;对于非数学系的学生,也是非常重要的基础。"$\varepsilon-N$""$\varepsilon-\delta$"语言是数学家们经过几百年思维与探索的结晶,是静态语言对动态极限过程中的最准确的刻画。没有"$\varepsilon-N$""$\varepsilon-\delta$"语言,学生在《数学分析》的学习中,以及在后续课程的学习与今后的数学研究中会寸步难行。

为了增加我们对"$\varepsilon-N$""$\varepsilon-\delta$"语言的认识,我们来简要回顾一下"$\varepsilon-N$""$\varepsilon-\delta$"语言产生的历史。17世纪70年代微积分诞生后,数学引来了一次空前的繁荣时期。18世纪被称为数学史上的英雄世纪。数学家们把微积分应用于天文学、力学、光学、热学等各个领域,获得了丰硕的成果。对于数学本身,他们把微积分作为工具,又发展出微分方程、无穷级数等理论分支,大大扩展了数学研究的范围。

然而,微积分建立之后,出现了两个极不协调的情景:一方面是微积分广泛应用于各个领域,取得了辉煌的成就;另一方面是人们对于微积分的基本概念的合理性提出了强烈的质疑。1734年英国哲学家红衣主教贝克莱对微积分基础的可靠性提出强烈质疑,从而引发了第二次数学危机。例如对$y=x^3$求导数,要先假设自变量有一个无穷小增量,它不能为零,但在计算后半部时,又要把增量取为零。所以他说无论怎样看,牛顿的导数计算是不合逻辑的。

为了克服微积分运算在逻辑上的矛盾,使微积分学科建立在严格的数学基础之上,数学家们又经历了长期而艰苦的努力。法国数学家柯西从变量和函数角度出发,给出极限的明确定义,从而把微积分的基础严格地奠定在极限概念之上。但是在柯西的极限定义中仍然存在不严格的语句,最后德国数学家魏尔斯特拉斯提出用静态的"$\varepsilon-N$""$\varepsilon-\delta$"语言来刻画动态的极限概念,使极限的定义达到了最清晰、最严密的程度,直到如今人们仍然在使用他的定义。比如"数列a_n的极限为a,数列a_n的算术平均数的极限也为a",这个题目非常典型地体现了"$\varepsilon-N$""$\varepsilon-\delta$"语言的作用。

同时,同学们在《数学分析》的学习中要重视"一致连续"与"一致收敛"这两个重要的数学概念。"连续"是函数的局部形式,"一致连续"是函数在区间上的整体性质;"收敛"是函数序列(或函数项级数、含参变量、反常积分)的点态性质,"一致收敛"是函数序列上的整体性质。在学习微积分时,没有连续函数在闭区间上的一致连续性,函数的可积性就没法得到证明。一致连续性又是区域上的连续映射可以连续延拓到边界的充分必要条件。同样,开区间上的一元连续函数能够拓展到闭区间的连续函数的充要条件是开区间的一致连续,开区域的二元连续函数能够拓展到边界的连续函数的充要条件是开区域的一致连续。函数序列、函数项级数与含参变量反常积分的一致收敛性关系到两个极限运算的交换问题，是学习《数学分析》的学生必须掌握的又一个重要的基本概念。例如 Weierstrass 处处连续、处处不可导函数及 Peano 曲线两个反例，正是由于函数项级数与函数序列具有一致收敛性，才能证明所研究的函数具有连续性。比如，在点态收敛的情况下，如果没有一致收敛的条件，两个极限运算不一定能够交换次序。希望大家在《数学分析》的学习过程中重视一致连续、一致收敛。

另外，同学们在学习中必须加强逻辑推理的训练。数学分析的学习中如果只完成导数的求法、微积分的计算，恐怕只完成了数学分析中20%的内容。我们学习数学分析最主要的目的应当是锻炼自己的逻辑思维能力。这里我举个例子，数学证明中经常要用到反证法，这就需要将一个命题的否定命题的分析表述正确地写出来。如何正确地写出一个命题的否定命题的数学表述，如何证明一个否定命题（如非一致连续、非一致收敛等问题），或如何利用否定命题的数学表述来证明其他命题，这是学习中的难点。我们在学习中应该加强如何应用否定命题进行证明的训练，这对提高逻辑思维与论证推理能力能起到很好的效果。

关于"紧集"部分的内容也是《数学分析》课程中的一个难点。当老师提出紧集的定义："任何开覆盖都有有限子覆盖"时，学生对于紧集的概念，对于为什么要学习紧集、紧集有什么应用等问题，一定是一头雾水。我认为，首先要了解数学中"任意开覆盖都有有限子覆盖"的意义。有关紧集问题有如下一道比较典型的例题：函数 $f(x)$ 在点 x_0 连续，则它在 x_0 的一个领域 (x_0, δ_0) 上有界，也即存在常数 $M(x_0)$，对于任意的 x 属于 (x_0, δ_0)，都有 $|f(x)| \leqslant M(x_0)$。我们讨论区间上连续函数 $f(x)$ 是否有界的问题，就要讨论集合 $M(x)$ 是否有上界的问题。紧集的概念关系到函数的局部性质能否拓广为整体性质！同学们如果能将紧集的概念与紧集的实际应用联系起来，将非常有助于大家对于这一部分内容的学习。

在学习《数学分析》时，我们也应当充分重视反例对牢固掌握基本概念的重要性。在数学研究中，有时一个好的反例可能比一篇论文还要重要。比如，考虑比较熟悉的微积分基本定理 $F'(x) = f(x)$ 是否能够保证 $f(x)$ 在闭区间上"连续"或"可积"呢？对于这个错误的命题，比较简单的方法就是构造一个反例来证明这样的条件不能保证 $f(x)$ 在闭区间连续。比如 "$F(x)=x^2\sin(1/x)$,$x\neq 0$; $F(x)=0, x=0$" 就是一个反例。对 $F(x)$ 做一个简单的变化,我们就可以再举出一个反例: $F(x)=x_2\sin(1/x_2), x\neq 0$; $F(x)=0, x=0$。那么我们可不可以将 $f(x)$ 在闭区间连续的条件减弱到可积呢?答案是肯定的,对于这个问题的证明,我们可以使用 Lagrange 中值定理,对等式的两边求极限,就得到微积分基本定理。同样,对于数列收敛、反常积分收敛以及 Cauchy 收敛原理的判别也往往需要举出一个合适的反例。尤其是对于公理、定义,当其限定条件发生任何一点的改变时都会造成结论的完全不同。

发觉数学中的"奇"与"美

最后,我们在《数学分析》的学习中要善于发觉数学中的"奇"与"美",提高学习兴趣。"奇"是说,数学中的结论是通过严格的逻辑推导而得到的,有许多结果与人们的常识是不一致的,直观与直觉常常会出问题!数学讲究的是严密的逻辑推理。比如 Riemann 函数,直观的考虑应当是 Riemann 函数与 Dirichlet 函数一样点点不连续,但我们通过严密的证明可以发现 Riemann 函数居然在全部无理点上是连续的,我们可以说 Riemann 函数几乎是连续的。那么为什么Riemann 函数与 Dirichlet 函数有此本质差别?关键在于 Riemann 函数具有如下性质:对任意 $\varepsilon>0$,在 $[0,1]$ 中,函数值大于 ε 的点只有有限个。任何与 Riemann 函数具有这一相同性质的函数,都可以证明它们在无理点上是连续的。

再比如,大家都知道加法有交换律,但这是对有限项相加成立的,而对于级数(无限项相加),则没有加法交换律。我们只需把级数中每一项的次序加以调整,就可以改变级数的和。无限项相加加法交换律成立的条件是绝对收敛,事实上这就是条件收敛级数交换次序的 Riemann 定理。

我们再来看 Peano 曲线,从常识看,平面上一条连续曲线是一维的,面积应该为零。但事实上,一条平面曲线所绘出的图形的面积并不一定为零。意大利数学家 Peano 发现,存在将数轴上闭区间映满平面上的一个二维区域(如三角形和正方形)的连续映射。也就是说,这条连续曲线通过该二维区域的每个点,这种曲线被称为 Peano 曲线。应用同样的方法,我们可以构造三维的,甚至是更高维的连续曲线。

再比如 Weierstrass 处处连续、处处不可导的例子。连续函数的图象是一条连续曲线。数学家一直猜想连续函数的不可导点集合至多是可列集,这一猜想长期得不到证明,也举不出反例。直到 19 世纪,德国数学家 Weierstrass 构造出了处处连续但处处不可导的函数,这一函数是用函数项级数表示的。函数项级数很重要的一点在于扩充了数学家对已有的函数的认识,将数学家对函数原有的单一的初等函数的认识扩充到了函数项级数。

再从理论上回顾这一命题,所谓连续可微函数,是指光滑曲线,将连续可微函数的某一部分逐渐放大,我们可以看到,光滑函数的局部可以用直线加以近似。Weierstrass 函数的图象是一个波动比较大的曲线,我们选取其中的一部分进一步放大,发现即使区间长度很短,图象的波动仍然比较大。

Weierstrass 是 19 世纪德国的数学家,他在数学的许多领域都做了重要的工作,其中不少成果是他做中学教师时取得的。由于他对数学科学的重大贡献,他后来被聘为柏林大学教授和法国巴黎科学院院士。Weierstrass 是数学分析基础的主要奠基者之一,是把严格的数学论证引进分析学的一位大师。他提出的关于极限定义的 "$\varepsilon-\delta$ 语言",被数学界公认为是关于极限概念的最准确的描述,人们一直使用至今。

Weierstrass 的反例构造出来后,在数学界引起了极大的震动,因为对于这类函数,传统的数学方法已无能为力,这使得经典数学又一次陷入危机。但是反过来,危机的产生又促使数学家们去思考新的方法对这类函数进行研究,从而促成了一门新的学科《分形几何》的产生。

所谓 "分形",就是指几何上的一种 "形",它的局部与整体按某种方式具有相似性。"形" 的这种性质又称为 "自相似性"。我们知道,经典几何学研究的对象是规则而光滑的几何图形,但是自然界存在着许多不规则、不光滑的几何图形,它们都具有上面所说的 "自相似性",如云彩的边界、山峰的轮廓、奇形怪状的海岸线、蜿蜒曲折的河流、材料的无规则裂缝等。这些变化无穷的曲线,虽然处处连续,但可能处处不可导。因此 "分形几何" 自产生起,就得到了数学家们的普遍关注,很快就发展成为一门有着广泛应用前景的学科。

下面,我们再讲一下数学 "美" 的例子。英国哲学家罗素曾经说过:数学里不仅有许多真理,而且有着机制的美,这种美冷峻如雕塑,它极纯洁,能够向我们展示只有最伟大的艺术才具有的完美。比如欧拉公式:$e^{i\pi}+1=0$ 堪称数学美的典范,它将数学中的几个最重要的常数:0、1、e、i、π 完美地统一在一起,而这几个数可以说伴随着数学发展的整个历史。π 和 e 是《数学分析》课程中最重要的两个常数,课程中包含了关于这两个常数的丰富内容,也得到了许多漂亮的结果,比如 $\ln(1+x)$、$\arctan x$ 和 $\sin x$ 的泰勒展开都是将 π 和 e 联系到一起的漂亮的数学结果。再比如 Wallice 公式、Viete 公式可以将一个常数表示成无限个数的乘积。还有关于积分学的 Newtow-Leibniz 公式、Green 公式、Gauss 公式与 Stokes 公式,利用微分形式的外微分运算,我们可以将这四个公式得到统一形式,只不过四个公式分别对应函数的四种表达形式。

最后我想说,作为大学生,我们应该了解一些数学文化与数学发展的历史。比如学习《数学分析》就必须了解微积分的发展历史,了解第一次数学危机与第二次数学危机,了解一些伟大的数学家对微积分发展历史做出重要贡献的思维轨迹,这是学生必须具备的数学素养。从微积分发展历史可以理解,《数学分析》课程的理论体系与微积分的发展历史是相反的。微积分理论是按照"积分学—微分学—微积分基本定理—极限论—实数理论"这样的过程发展完善的,但数学分析的理论体系是按照"实数理论—极限论—微分学—积分学—微积分基本定理"的次序展开的。同时,希望同学们也要了解中国数学家在微积分方面的贡献,如刘徽割圆、祖暅原理等,提高民族自豪感,增强学好数学的信心。

李大潜院士曾经这样说:"数学是一门丰富多彩、美妙绝伦的学科。"同学们,一个充满了生机与乐趣的数学王国在等待着你们去探索!

陈 炎

〔学者简介〕

　　山东大学副校长，长江学者特聘教授，文艺学专业、美学方向博士生导师；国务院学科评议组成员，教育部社会科学委员会委员，中文教学指导委员会副主任，中国美学学会副会长，中国文艺理论学会副会长，中国墨子学会常务副会长。主要从事文艺学专业、美学方向的教学、科研工作，兼及中国传统文化的理论探讨；曾于海内外学术刊物发表论文逾百篇，出版《多维视野中的儒家文化》《反理性思潮的反思》等学术专著十余部，主编四卷本《中国审美文化史》；曾获"中国高校人文社会科学优秀成果一等奖""山东省社会科学优秀成果一等奖"等多项学术奖励和"教育部第四届全国高校青年教师奖""山东省专业技术拔尖人才""山东省有突出贡献的专家""泰山学者"等荣誉称号。曾任中国台湾东吴大学客座教授，并多次赴日本、韩国、美国、新加坡、奥地利、中国香港、中国澳门等地讲学、出席国际会议。曾主持国家社科基金重大攻关项目"文明、文化与构建和谐世界"、国家社科基金重点项目"中国儒学学科建设"、教育部人文社会科学基地重大项目"文明的结构与艺术的功能"等的研究工作。

第 *15* 讲

轴心时代的中国思想家*

轴心时代这个概念由德国学者雅斯贝尔斯提出，他指出在公元前800年至公元前200年，尤其是公元前600年至公元前300年之间，是人类文明的"轴心时代"。在这个时段里地球上北纬25°至35°之间，出现了一系列文化板块，这些板块出现了一系列文化人物，他们提出了足以影响后世的世界观和方法论，而这些就形成了我们所谓的文化圈。

因为时间关系，"轴心时代"这个概念我们不能展开细讲，我今天主要讲中国。中国没有轴心时代，但有"百家争鸣"时代。百家争鸣是指春秋战国时期知识分子中不同学派涌现及各流派争芳斗艳的局面。据《汉书》记载，数得上名字的就有189家，著作有4 324篇。当然这些流派并没有完全发扬流传，至今产生影响最大的只有八大学者、五大学派——儒、墨、道、法、阴，阴是阴阳五行，这就是对中国有塑造性贡献的学派。

我们先介绍一下八位学者：至圣先师——孔子，是儒家学派的创始人。孔子有两个后学弟子，孟子和荀子，这三人构成了主要的儒家学派。从孔子那儿又分裂出一个思想家——墨子；荀子的学生韩非子原先也是学儒，后来转投法家；老子是道家学派创始人，他的弟子庄子和他一起构成了道家学派。

---

* 2015年3月6日上海财经大学"科学·人文大讲堂"第55期。

儒　家

我们首先来谈三个人，孔子、孟子和荀子。首先是孔子，孔子名丘字仲尼。这个名字和他的出生地有关，孔子出生在山东泗水尼山，尼山是小山，视为"丘"，据说孔子是在山洞里出生的，所以名"丘"，今天在山东泗水尼山就有"夫子洞"；"仲"为伯仲，排行第二；"尼"为尼山。

中国古代是夏、商、周，然后是秦。夏朝大家对其知之甚少，因为夏朝的时候还没有文字。商朝我们有部分了解，因为商朝出现了甲骨文，但是甲骨文是在商朝后期出现的，并且甲骨文是卜辞，对整个社会的描述不充分。周代我们就了解得比较清楚了，因为那时候有了严格意义上的记载。我们知道周代分为西周和东周，东周又分为春秋与战国。而我们常说的孔子生活在公元前551年到公元前479年，也就是中国古代的春秋末年。

孔子一生中最为尊崇的就是周公，孔子做梦甚至都能梦见周公。孔子老的时候曾说过"甚矣吾衰也，久矣吾不复梦见周公"，意思是我怎么老成这个样子以至于我都不能梦见周公了，可见周公在孔子心目中地位非常高。所以在介绍孔子前，我们先介绍一下周公。周王朝是被两位君王奠定的，即周文王和周武王，周公是周文王的儿子、周武王的弟弟。他辅佐周武王打败了强大的殷商帝国，之后周武王去世，而周武王的儿子周成王过于年幼，因此周公摄政代行国事。周公在位期间做了两件大事，即"分封诸侯"与"制礼作乐"。这个时候周公是可以取而代之的，而且周公出身高贵且大权在握。但是周公选择在成王长大后还政，功成身退。因此周公在周朝人心目中被认为是有能力且品德高尚的人。

而周公做的两件大事中第一件就是"分封诸侯"。"普天之下，莫非王土；率土之滨，莫非王臣。"就是说天下的土地都是周天子的，所有的人都是周天子的臣民，但是周天子管不过来，因此将土地切割，采取分封制，史称"兼制天下，立七十一国，姬姓独居五十三人"。不难看到，国就是放大了的家。诸侯王在其领地内继续进行分封。比如山东，我们叫齐鲁之帮，因为山东境内有两个重要国家，一个是齐国，一个是鲁国。齐国分给了姜尚，就是姜子牙。鲁国就分封给了周公，因此鲁国的文化在当时是相当先进的，孔子出现在鲁国也不是没有其道理。

　　周公做的第二件事是"制礼作乐"。我们都说中国是礼仪之邦，就是从那个时候开始的。周公辅佐周武王打败殷商以后，总结强大的商朝覆灭的原因，发现商朝人酗酒，且没有严格的酒礼，国家纲纪混乱、缺乏管理。因此周公制礼作乐，规范人们的生活方式和行为方式。例如诸侯可以筑城，但城的长、宽、高都是有限制的。再比如出门乘马，乘几匹、马什么颜色也有限制，官员穿什么衣服、戴什么帽子都是有规定的；甚至死后的丧葬性质都是有规定的。今天，我们考古发掘墓葬判断墓主身份就是根据这个，比如发现九个鼎，这是天子墓葬；如果是七个，就是诸侯；如果是五个，就是卿大夫。这种规定的好处是，让不同身份的人不要想去享受超越自己地位的物质条件，安分守己，各就各位，从而使国家安定。如果说分封诸侯是种制度设计，那么制礼作乐就是意识形态，两者相得益彰。

　　也许就是因为这种设计，周朝是一个很稳定的王朝，也是历史上最长的王朝，存续了790年。然而从周公开始到孔子生活的东周这500年间，发生了很多变化。贵族逐步没落，还有之前出生低微的人则发达了，也不愿意受周礼限制。当时鲁国有个大臣季氏，在家里搞了个舞会，用了八佾。以当时宫廷的舞乐队来说，按制度是：天子八佾（八人为一行，叫一佾；八佾是八八六十四人），诸侯六佾，卿、大夫四佾，即季氏只能用四佾，鲁昭公应用六佾，只有周朝天子可用八佾。可是季氏却故意打破老规矩，偏要设置六十四人的大型舞乐队。孔子说"八佾舞于庭也，是可忍孰不可忍"，孔子敏锐地意识到，天下要大乱了，"礼崩乐坏"的时代到来了。

　　为什么孔子要去关注这个呢？因为我们知道孔子是儒。"儒"最初是个职业。近代有学者认为，"儒"的前身是古代专为贵族服务的巫、史、祝、卜。在春秋大动荡期间，"儒"失去了原有的地位，由于他们熟悉贵族的礼仪，就以"相礼"为谋生，相当于今天的司仪。由于周朝的婚丧嫁娶非常复杂，所以司仪的职业很重要。孔子做的就是这个司仪，所以他说："吾少也贱，故多能鄙事""出则事公卿，入则事父兄，事不敢不勉，不为酒困，何有于我哉？"我出生贫贱，经常做一些低贱的事。公卿大夫有什么婚丧嫁娶都来找我忙活。那时候没有报酬，就管他吃一吃饭，因此就是讨生活的一个职业。

　　因此，我们理解为什么大家不遵守周礼，孔子会很不高兴。因为如果大家都不遵守周礼,还要儒干什么? 就好比同学们如果都践踏学术,还要老师做什么? 然而孔子不仅仅是"儒",他还是一个"家"。如果孔子仅仅是"儒",他会告诉季氏这样不对,但是孔子做的是找到其背后的哲学依据与心理支持。

孔子说:"礼云礼云,钟鼓云乎哉? 乐云乐云,玉帛云乎哉?" 就是说,难道礼乐只是一种好看好听的形式吗? 不是,它的背后一定有内涵。他说:"人而不仁,如礼何? 人而不仁,如乐何?" 我们平常如果不仁,那我们平时作乐又有什么意思呢? 所以这个"仁"是孔子非常重视的一个概念。"仁"一个单人旁边加一个二,讲的就是人与人的关系,"仁者,亲也。从人,从二",说人与人之间应该相亲相爱。然而爱不能无缘无故,西方讲究博爱,因为上帝面前人人平等,彼此关爱。但是中国人不讲上帝,中国人的爱来自血缘,"孝悌也者,其为仁之本与!" 什么叫孝? 父子曰孝;什么叫悌? 兄弟曰悌。这个是仁爱,不是西方的博爱,西方的爱是平等的,而中国由血缘衍生的爱是不平等的,由此表现为不平等的礼。过年的时候,我儿子给我磕头,表达他对我的爱,我拍他肩膀叫他起来。他给我磕头是深礼,我拍肩膀是浅礼,不同的动作,表达了不同的爱。周礼的意义就在于区分人的长幼尊卑,而孔子恰恰是将其对换成另一个角度。其实分封制就是建立在血缘基础上的,孔子从礼乐背后发现它的精髓、秘密。今天我们说自由、平等、博爱是人类的普世价值,但是你真的相信你和你父亲是平等的么? 你真的相信你和你儿子是平等的么? 如果你相信,那我觉得你就不是一个文化意义上的中国人。文化意义上的中国人时时刻刻、处处都在强调这种不平等,比如今天我给大家上课,按照老礼大家要给我鞠躬,而我不用,点个头就行。因为我是老者,你是幼者,中国文化时时刻刻都在强调这种事情。这就是从孔子这里来的。孔子的儒家有两个精髓,一个"礼",一个"仁",如果说"礼"这个概念是周公给的,那"仁"就是孔子给的,通过"仁"来解释"礼"就是孔子最大的贡献。

孔子的思想主要有两个方向,"内圣"和"外王"。"内圣"是从内心的体验上找到一种超越自身的追求、一种价值归属感。西方认为人都是要有宗教的,西方信仰宗教追求的超越是找到一个彼岸世界、找到上帝的世界,中国人的超越是找到族内的归属感,就是通过父子、兄弟、夫妻乃至君臣等关系,把有限的个体与整个社会连成一体。所以中国人虽然不信宗教,但也不是野蛮人,我们仍有超越个体的追求,把我们的一生,通过太上有立德,其次有立功,再次有立言,通过立德、立功、立言,把我们个体的生命镌刻在民族的历史上,所谓"人生自古谁无死,留取丹心照汗青"。所以中国人一生的追求不是个体,而是通过发光发热,使自己在族内的历史上得到永恒的存在。所以中国的历史是崇敬历史,环顾世界有哪个民族像我们这样有皇皇二十五史?先民们通过这种方式,找到了超越自己的方式,成为文明人。所以有说法是天不生仲尼而万古长如夜,虽然有点夸张,但确实是孔子告诉我们,我们活着并不是为了我们的肉体,我们有一个无限的追求,那就是为我们的国家、我们的民族,奉献自己的力量,这就是"内圣"。

孔子的思想还有一个"外王",用礼来统治这个社会,统一人们的思想和行为。社会治理靠什么呢?中国人有法,但法不重要,我们靠礼。也就是将人们对待父母的"孝"转化为对待君王的"忠",从"父父子子"过渡到"君君臣臣",从"迩之事父"到"远之事君",将"修身、齐家"同"治国、平天下"联系起来。所以孔子的学生游子说"其为人也孝悌,而好犯上者,鲜矣;不好犯上,而好作乱者,未之有也。君子务本,本立而道生。孝悌也者,其为仁之本与!"就是说一个人在家如果是个孝子,在外就不会犯上作乱,所以要治理一个国家要从家庭开始,在家是个好儿子,出去就是一个好公民或者说好臣民。因为儒家思想就是教你,对于高于你的人怎么对付,对于低于你的人怎么打发。所以你要明白你在社会中的地位,社会就是放大了的家。就好比你把你的同学叫学长、学姐、学妹、师兄,我们就是将家庭伦理社会化后,对待他人就像自己的兄弟姐妹一样。孩子长大以后,就像对待自己的父母一样对待自己的领导、对待自己的皇帝。因此社会就不需要太多法制,更多的是伦理自身的约束。因此我们说,半部《论语》治天下。赵普是宋朝的宰相,辅佐赵匡胤打下天下,赵匡胤弟弟赵光义继位以后,有人对赵光义说赵普没什么学问,只读过一本《论语》。后来赵光义问赵普,赵普就说是的,过去我用《论语》的前半部分辅佐你哥哥打下天下,现在我用后半部分帮你治天下。可见《论语》多么重要。

孔子之后儒分为八,但我个人认为有两个人特别重要,一个是孟子,一个是荀子。

孟子也是山东人,他生活在山东邹县,也就比孔子故乡再往南一点。孟子生活在公元前372年到公元前289年,这是战国中期,如果说春秋还是"礼崩乐坏",这时候就是相互厮杀了。各个诸侯国之间彼此兼并,战事不断,不同姓氏间打,同姓诸侯也发生战争,这时候用孔子血缘论已经不够了。所以如果继续坚持儒家,就必须进行改造。孟子就对《论语》做了相应的改造,把儒学建立在更深刻的人性基础上——"人性善"。大家读《三字经》都知道,"人之初,性本善;性相近,习相远"。"人之初,性本善"不是孔子说的,孔子说的是"性相近也,习相远也","人之初,性本善"是孟子提出来的。孟子通过举例"孺子落井",说一个小孩子快要掉到井里了,大家都会揪心,上前救小孩。并不因为交情、声誉等利害关系而救人,而是因为内心"善"的本质自然流露而救人。说明恻隐之心人皆有之,这是善端,从而论证"人之初,性本善"。孟子之所以要证明人的本性是善良的,他是想把儒家的道德、律令都加在善的上面。也许有人会说,既然人性本善,为什么会有人作恶。所以孟子说出现坏人是因为他们把本性丢了。他说:"仁,人心也;义,人路也。舍其路而弗由,放其心而不知求,哀哉! 学问之道无他,求其放心而已矣。"说我这套理论没有别的,就是帮你把失去的本心找回来;家里的猪羊丢了,还知道去找,而你把本心丢了却不去找,这是多么可悲的事情,我就是要帮你找回本心。如果人们都恢复了本性,这个社会就安定祥和了,所以这套说法非常符合"内圣",对塑造我们民族的气节很重要。然而孟子的理论不适合"外王",不适用于治国平天下,尤其是在战国时代。所以孟子虽然也周游列国,但是他没有大作为,也仅仅是代表国君外出吊唁。比如孟子见梁惠王,王曰:"叟,不远千里而来,亦将有以利吾国乎?"孟子对曰:"王,何必曰利,亦有仁义而已矣。"对于国君而言这是比较迂阔的一件事情。再比如滕文公问曰:"齐人将筑薛,吾甚恐。如之何则可?"孟子对曰:"苟为善,后世子孙必有王者矣。君子创业垂统,为可继也。若夫成功,则天也。君如彼何哉? 强为善而已矣。"就是说滕文公问我们小国怎么才能保住自己啊? 结果孟子说灭了就灭了吧,只要你做好事,子孙后代一定会有出头之日,这话不是远水解不了近渴么?

孟子之后,战国后期又一著名思想家是荀子,他同样是孔子的后学弟子,与孟子不同,他用"性恶论"来改造孔子的"礼学"思想。荀子说,一个小孩有好吃的他给自己吃,有好玩的给自己玩。我们经常看到,两个小孩子抓着一个东西吵:"是我的。"这就证明人性是"恶"的。荀子为什么要证明人性是恶的呢? 因为荀子认为,正因为人性是恶的,我们才有必要建立礼。礼的本质就是限制人,如果人性真的像孟子那样是善的,我们还要礼干啥?"礼起于何也?

曰：人生而有欲，欲而不得，则不能无求。求而无度量分界，则不能不争；争则乱，乱则穷。先王恶其乱也，故制礼义以分之，以养人之欲，给人之求。使欲必不穷于物，物必不屈于欲。两者相持而长，是礼之所起也。"正因为人本性恶，有贪恋，有欲望，彼此之间发生矛盾，为了防止我们发生矛盾，我们才要建立礼，来约束人。所以礼的作用就是使一个野蛮的人变成一个文明的人，使一个性恶的人行善。孔融让梨也是如此，孔融也不是生下来就会让梨，是父母的教育使得孔融知礼，从而让梨，而这个故事又让其他父母去教育下一代。所以荀子的理论，内圣缺乏高度。比如荀子说："尧舜者，非生而具者也，夫起于变故，成乎修修之为也。人之生固小人，无师无法则唯利之见耳！"没有孟子那种凛然正气。

但是荀子的外王，很有一定的功效。比如他说："故人之命在天，国之命在礼。人君者，隆礼尊贤而王，重法爱民而霸，好利多诈而危，权谋倾覆幽险而亡。"一个人治理国家要靠礼，君王不能天天算计他的臣民，而要隆礼尊贤、重法爱民，这就能称王称霸。所以荀子的理论不怎么符合"内圣"，但对"外王"有较大的贡献。

荀子不是山东人，但主要在山东一带活动。在山东有个稷下学宫，荀子在这里"最为老师""三为祭酒"。晚年又到兰陵做兰陵令。

总结一下，儒家学派中，创始人孔子以仁释礼，内圣外王，而他的学生孟子以"性善论"解释"仁"发展了内圣，荀子用"性恶论"解释"礼"发展了外王。从孔子到孟子、荀子，儒家分化了，但是也深化了，这是片面而深刻。这三个人我们叫北方学派。

道　　家

现在我们来看看南方学派，老子、庄子都是楚国人，孙子虽然是山东广饶人，但是主要在吴国打仗，我们也将其归入南方学派。我们国家南北差异较大，我们说"铁马秋风塞北，杏花春雨江南"，这是环境差异。北方人比较粗犷豪放，南方人比较细腻，这是性格差异。不仅如此，南北方做学问也很有特点。梁启超就说："北学务实际，南学探玄理；北学切人事，南学出世界；北学贵礼文，南学厌繁文；北学畏天命，南学顺本性；北学敬老年、重经验、尊先祖、守古之念重、保守之念重、排外之力强；南学不崇先王、不拘于经验、不屑于实际、观达于世界之外，乃至轻世玩世既而厌世。"所以南北学各有各的特点，各有各的优缺点。如果说北学的始祖是孔子，南学的始祖就是老子。与孔子不同，老子我们了解得不是很清楚，老子的说法有很多版本。根据司马迁的说法，老子是楚国苦县厉乡曲仁里人，大概比孔子长20岁，他在东周洛邑做过守藏史，相当于现在国家图书馆馆长。但是那时候，学在官府，民间没有资料，仅有的书都在守藏史手里，所以守藏史很有学问。与孔子不同，老子认为这个国家没救了，人心也没有挽救的可能了。孔子讲学就是想改造人心，克己复礼，天下归仁，他们两个正好相反。司马迁说有一天老子不想做了，于是骑了一头青牛走了。老子过函谷关之前，关令尹问他是谁，他就说了"天下熙熙皆为利来，天下攘攘皆为利往"，诸侯打来打去，我老子准备出关避世了。关令尹不同意，说你是这个国家最有学问的人，你走了不就没有学问了么。老子非要走，关令尹说你要走可以，你要把书留下。我们知道按照老子的学说他是不会写书的，因为写书是为了改造人的，老子觉得人都没救了，所以不会写。因此司马迁认为老子是在关令尹的胁迫下，留下了五千言。不仅如此，司马迁还写了一段孔子拜见老子的故事。说有一天，孔子找老子请教学问，一见老子，就慷慨陈词，纵论古人；还想听听老子的学问，以俾广益。没想到老子毫不留情地否定了孔子的学问，你所说的礼，倡导它的人和骨头都已经腐烂了，只有他的言论还在。况且君子生逢其时就驾着车出去做官，生不逢时，就像蓬草一样随风飘转。我听说，善于经商的人把货物隐藏起来，好像什么东西也没有，君子具有高尚的品德，容貌看起来却像愚钝的人。去掉您的骄气和过多的欲望，还有情态神色和过分的志向，这些对于您自身都是没有好处的。我能告诉您的，就这些罢了。孔子离去以后，对弟子说："鸟，我知道它能飞；鱼，我知道它能游；兽，我知道它能跑。会跑的可以用网去捕它，会游的可以用丝线去钓它，会飞的可以用箭去射它。至于龙，就不是我所能知道的了，它是乘风驾云而飞腾升天的。我今天见到的老子，就如同龙一样吧！"

　　南方学派、北方学派在司马迁的想象下见面了，虽然想法不一样，态度不一样，但是都很了不起。一个作为长者非常坦诚地批评了年轻人，另外一个幼者也不卑不亢地对待了长者。为什么老子不同意孔子的观点呢？虽然他们活在同一个时代，但是他不认为要挽救礼，他认为礼本身不是什么好东西。老子说："失道而后德，失德而后仁，失仁而后义，失义而后礼。夫礼者忠信之薄而乱之首。"就是说失去了道才求德，失去了德才求仁，失去了仁才求义，失去了义才求礼。礼这个东西，其所缺少的就是忠信，因而是祸乱的源头。而且还认为礼限制了人们对物质的追求，这种限制导致了人的逆反。老子还说"五色令人目盲，五音令人耳聋，五味令人口爽，驰骋田猎令人心发狂，难得之货令人行妨"。老子认为人需要的大自然都给你了，人要反其道而行之，回归到自然中去，所以他说"人法地，地法天，天法道，道法自然"。孔子是回到周礼，老子是回到更老的同与野兽的那种自然状态。老子追求的不是未来的社会，而是古老的小国寡民的社会，人没有私有财产，没有军队，不争不夺不抢，他觉得文明带来的都是异化的东西。

有人认为老子的思想具有两面性。一种是避世思想，比如老子说："天之道，利而不害；圣人之道，为而不争""圣人自知不自见，自爱不自贵""我有三宝，持而保之；一曰慈；二曰俭；三曰不敢为天下先。"也有人认为老子思想中还有另外一面，就是权谋之术，以退为上的一种权术与谋略。这个老子思想中也有，"天下之至柔，驰骋天下之至坚。无有入无间。吾是以知无为之有益""夫为不争，故天下莫能与之争""是以圣人退其身而身先，外其身而身存；不以其无私欤？故能成其私"。因此有人说，老子哲学实际上是一种韬晦之计。

因此我认为，与孔子思想一样，老子的学说中也暗含着"内圣"与"外王"两个层面，只不过这两个层面不建立在人与社会的血缘纽带之上，而是建立在人与自然的朴素与和谐之中。从自然之道出发，顺应自然规律并用以修身的部分，即老子的"内圣"之学；从自然之道出发，利用自然规律并用以治人的部分，即老子的"外王"之术。前者追求一种无为的境界，后者追求一种无不为的后果；前者为庄子所继承，后者为孙子所发展。所以我们讲完老子之后还要讲庄子和孙子。

老子的后学庄子生活在战国中后期，大概与孟子是同时代的，大家都知道庄周梦蝶的故事。过去庄周梦见自己变成蝴蝶，很生动逼真的一只蝴蝶，感到多么愉快和惬意啊！不知道自己原本是庄周。突然间醒过来，惊惶不定之间方知原来是我庄周。不知是庄周梦中变成蝴蝶呢，还是蝴蝶梦中变成庄周呢？相对于人的一生而言，梦是短暂的；那么相对于亘古不变的自然而言，人是短暂的，庄子说过"人生如白驹过隙"。这个梦导致了庄周的世界观的改变。庄子的观点很多都是通过寓言故事来表达的。

比如浑沌之死，南海的帝王名叫倏，北海的帝王名叫忽，中央的帝王名叫浑沌。倏和忽常跑到浑沌住的地方去玩，浑沌待他们很好。倏和忽商量着报答浑沌的美意，说："人都有七窍，用来看、听、吃、呼吸，而浑沌偏偏没有，我们干嘛不替他凿开呢？"于是倏和忽每天替浑沌开一窍，到了第七天，浑沌就死了。就是说我们天天有作为，天天敲打自然，那我们得到什么了呢？所以，庄子说不要有作为。

还有一个故事，说庄子与弟子走到一座山脚下，见一株大树，枝繁叶茂，耸立在大溪旁，特别显眼。但见这树：其粗百尺，其高数千丈，直指云霄；其树冠宽如巨伞，能遮蔽十几亩地。庄子忍不住问伐木者："请问师傅，如此好大木材，怎一直无人砍伐？以至独独长了几千年？"伐木者似对此树不屑一顾，道："这何足为奇？此树是一种不中用的木材。用来作舟船，则沉于水；用来作棺材，则很快腐烂；用来作器具，则容易毁坏；用来作门窗，则脂液不干；用来作柱子，则易受虫蚀，此乃不成材之木。不材之木也，无所可用，故能有如此之寿。"听了此话，庄子对弟子说："此树因不材而得以终其天年，岂不是无用之用，无为而于己有为？"弟子恍然大悟，点头不已。庄子又说："树无用，不求有为而免遭斤斧；白额之牛，亢曼之猪，痔疮之人，巫师认为是不祥之物，故祭河神才不会把它们投进河里；残废之人，征兵不会征到他，故能终其天年。形体残废，尚且可以养身保命，何况德才残废者呢？树不成材，方可免祸；人不成才，亦可保身也。"所以庄子认为有用是危险的，无用是安全的。

儒家不仅认为要有用，还认为要为国家效力。但是庄子不这么认为，庄子自己一辈子也没有做过官。有一天，楚威王听说庄周很有才干，便派使者送给他很多钱，并请他做宰相。庄周笑着对楚国的使者说："千金之利太重了，宰相之位太尊贵了。你难道没看见那祭祀时的牛么？饲养它好几年，还给它穿绣了花的衣服，等到将它拿到太庙来祭神的时候，那牛即便要想做个孤独的小猪，还有可能吗？你还是赶紧回去吧，不要污辱我。我宁愿在污浊的小沟渠中游玩而自寻快乐，也不愿被拥有国家的人所束缚。我愿终身不做官，以便畅快我的志向哩！"

儒家认为不光要有国家，还要有感情。但是庄子不这么认为，他说："泉涸，鱼相与处于陆，相呴以湿，相濡以沫，不如相忘于江湖。与其誉尧而非桀也,不如两忘而化其道。"说是泉水干涸了,两条鱼为了生存,彼此用嘴里的湿气来喂对方,苟延残喘。但与其在死亡边缘才这样互相扶持,还不如大家安安定定地回到大海,互不相识来得好。

最后,儒家认为生命是可贵的,但是庄子不这么认为,惠子(惠施)听说庄子的妻子死了,心里很难过。他和庄子也算是多年的朋友了,便急急忙忙向庄子家赶去,想对庄子表示一下哀悼之情。可是当他到达庄子家的时候,眼前的情景却使他大为惊讶。只见庄子岔开两腿,像个簸箕似地坐在地上,手中拿着一根木棍,面前放着一只瓦盆。庄子就用那根木棍一边有节奏地敲着瓦盆,一边唱着歌。惠子怒气冲冲地说:"庄子!尊夫人跟你一起生活了这么多年,为你养育子女,操持家务。现在她不幸去世,你不难过、不伤心、不流泪倒也罢了,竟然还要敲着瓦盆唱歌!你不觉得这样做太过分吗!"庄子说:"妻子最初是没有生命的;不仅没有生命,而且也没有形体;不仅没有形体,而且也没有气息。在若有若无、恍恍忽忽之间,那最原始的东西经过变化而产生气息,又经过变化而产生形体,又经过变化而产生生命。如今又变化为死,即没有生命。这种变化,就像春夏秋冬四季那样运行不止。现在她静静地安息在天地之间,而我却还要哭哭啼啼,这不是太不通达了吗?所以止住了哭泣。"

庄子的理论虽然我们有点陌生,但是他有自己内在的道理。"庄子衣大布而补之,正逢系履而过魏王。魏王曰:'何先生之惫邪?'庄子曰:'贫也,非惫也。士有道德不能行,惫也;衣弊履穿,贫也,非惫也,此所谓非遭时也。'"就是说庄子一身破破烂烂见魏王,魏王问庄子,先生怎么这么狼狈啊?庄子说,是贫穷啊,不是狼狈。志士有道德不得施行,是疲困;衣服破烂,鞋子磨穿,是贫穷,不是疲困,这是所谓没遭遇好世道。所以庄子也有自己的操守,也有自己的气节,也有自己的内圣,他追求自己人性的自由。

庄子长期生活在宋国,他有个邻居叫曹商。曹商不学无术,但又喜欢和庄子辩论,每次都被奚落。结果有一次,曹商出使秦国,回来的时候,秦王赏了他一百辆车子。曹商回到宋国,见了庄子说:"身居偏僻狭窄的里巷,贫困到自己编织麻鞋,脖颈干瘪面色饥黄,这是我不如别人的地方;一旦有机会使大国的国君省悟而随从的车辆达到百乘之多,这又是我超过他人之处。"庄子就说:"秦王有病召医。破痈溃痤者得车一乘,舐痔者得车五乘,所治愈下,得车愈多。子岂治其痔邪?何得车之多也?子行矣!"听说秦王有病召请属下的医生，破出脓疮溃散疖子的人可获得车辆一乘，舔治痔疮的人可获得车辆五乘，凡是疗治的方式越是下流（舍弃尊严），所能获得的车辆就越多。你用什么下流方式治疗秦王的痔疮，怎么获得的车辆如此之多呢？所以庄子说你不要追求外在的东西。

庄子有些话说得很有意思。他说："若夫不刻意而高，无仁义而修，无功名而治，无江海而闲，不道引而寿，无不忘也，无不有也。淡然无极而众美从之。此天地之道，圣人之德也。"就是说若不需磨砺心志而自然高洁，不需倡导仁义而自然修身，不需追求功名而天下自然得到治理，不需避居江湖而心境自然闲暇，不需舒活经络气血而自然寿延长久，没有什么不忘于身外，而又没有什么不据于自身。宁寂淡然而且心智从不滞留一方，而世上一切美好的东西都汇聚在他的周围。这才是像天地一样的永恒之道，这才是圣人无为的无尚之德。

庄子还写"何谓天？何谓人？"北海若曰："牛马四足，是谓天；落马首，穿牛鼻，是谓人。故曰：'无以人灭天，无以故灭命，无以得殉名。谨守而勿失，是谓反其真。'""天地有大美而不言，四时有明法而不议，万物有成理而不说。"意思是天地有大美却不言语，四时有分明的规律却不议论，万物有生成的条理却不说话。所以如果说儒家是在族内找到安慰，而道家就是在自然中找到安慰。

兵　家

现在我们来讲孙子。孙子生活的年代较早，大约相当于老子的时代，他是春秋时代的吴国人。虽然没有证据直接说明谁影响了谁，但是我认为老子和孙子至少在逻辑上是相通的。首先作为一个军事家，他关注的不是外在的东西，而是内在的规律。

比如孙子说："兵者，国之大事，死生之地，存亡之道，不可不察也。故经之以五事，校之以计而索其情：一曰道，二曰天，三曰地，四曰将，五曰法。"不说武器，不说粮草，说道。这里我们就发现了老子与孙子的相通之处。毛泽东也说过，《老子》是一部兵书。比如老子说"善为士者，不武；善战者，不怒；善胜敌者，不与"，就是说善于打仗的士兵，谈不上有什么勇武；善于带兵杀敌的将帅，谈不上有什么气魄；善于胜敌的人，谈不上会去争斗发生冲突。

老子也许没有将其用于战争,但是孙子将其发挥到极致:"主不可以怒而兴师,将不可以愠而致战。合于利而动,不合于利而止。怒可以复喜,愠可以复悦,亡国不可以复存,死者不可以复生。故明君慎之,良将警之,此安国全军之道也。"就是说君主不可以因为一时的愤怒就轻易发动战争,为将军者也不可以因为一时的不快而出兵作战。对于国家有利益的时候才能参与战争。以感情代替理智,考虑不当,计划不周,其结果必败无疑。君主的一个错误决定会丧失江山,将帅的一个错误命令会导致全军覆没。气可以消,忿可以平,怒气过后可以转怒为喜,但国家一旦灭亡后就不复存在,那些在战争中逝去的人们也不能够重新活过来了。作为君主、将领,切不可意气用事、轻举妄动,应以国事为重、大局为重,冷静地处理国务和军机大事。

老子还说:"将欲歙之,必固张之;将欲弱之,必固强之;将欲去之,必固兴之;将欲夺之,必固予之。是谓微明:柔之胜刚,弱之胜强。"到了孙子这里,孙子就说:"利而诱之,乱而取之,实而备之,强而避之,怒而挠之,卑而骄之,佚而劳之,亲而离之,攻其无备,出其不意。此兵家之胜,不可先传也。"这种因势利导、此消彼长的思想老子有,孙子也有。

首先,孙子明确地意识到,为了正确处理好敌我之间的关系,就必须事先对矛盾双方的实际情况有所了解。因此,他从老子"知人者智,自知者明"的观点中引发出"知己知彼,百战不殆"的思想。其次,孙子认为,要取得战争的胜利,不仅我方要做出正确的判断,还必须引诱敌方做出错误的判断。因此,他从老子"鱼不可脱于渊。国之利器,不可以示人"的观点中,引发出了"兵者,诡道也。故能而示之不能,用而示之不用,近而示之远,远而示之近"的思想。最后,孙子认为,只有在我方判断正确、敌方判断错误的情况下,才可能出其不意、攻其不备,并根据敌我双方的力量对比而分化、瓦解并各个击破敌人。因此,他从老子"图难于易,为大于其细……是以圣人终不为大,故能成其大"的观点中,引发出"古之所谓善战者,胜于易胜者也……故善战者,立于不败之地,而不失敌之败也"的思想。

如果说,庄子是从"游"的人生境界入手,进一步阐发了老子之"德"的形而上追求,孙子则是从"术"的军事谋略出发,进一步利用老子之"道"的辩证法因素。因此,正像孔子的思想经孟、荀二子而实现了"内圣"(仁)、"外王"(礼)的分流一样,老子的思想经庄、孙两家也实现了"内圣"(德)、"外王"(道)

的对峙。

这样我们就把南方学派三个思想家的逻辑关系搞清楚了，老子是道家思想的创始人，他的后学弟子庄子和一个与他有关系的孙子。老子的一生用道来解释德，也就是用自然规律来解释人的品德；庄子独独追求他的智德的思想境界，也就是那种回归自然的自由；孙子独独追求他的诡道思想，也就是用辩证思想来进行军事战争。老子的思想无为无不为两者都有，庄子是追求无为的境界，孙子则选择了无不为的方法。

墨　家

墨子有一种说法是山东滕州人，也有一种说法是河南商丘人。但是不论是哪一种说法，都离孔子故乡很近。墨子一开始学的也是儒家，但是他在学习中发现"以为其礼烦扰而不说，厚葬靡财而贫民，(久)服伤身而害事，故背周道而用夏政"。说的是对逝去的人的葬礼繁琐麻烦且使活着的人不高兴，厚葬浪费钱财且使老百姓变穷，总是穿孝伤害了活着的人且妨碍了正常的事情。于是墨子创立了墨家。

儒家与墨家有一个很大的不同就是，儒家讲仁爱，墨家讲的是兼爱，就是人与人没有差等，这个思想之后就跟了墨家。还有一个思想家叫杨朱，他的观点就是"古之人，损一毫利天下，不与也；悉天下奉一身，不取也。人人不损一毫，人人不利天下，天下治矣"，也有很多人投奔他，以致儒家的人越来越少。以致孟子说："圣王不作，诸侯放恣，处士横议，杨朱、墨翟之言盈天下。天下之言不归杨则归墨。杨氏为我，是无君也；墨氏兼爱，是无父也。无君无父是禽兽也。"但是尽管孟子批判墨子，但是在逻辑环节上，孟子恰恰处在孔子与墨子之间，孔子说仁爱，孟子把爱建立在人性上，孟子说"老吾老，以及人之老；幼吾幼，以及人之幼"，这种思想已经很接近墨子了，逻辑上实际上是一步一步过渡的。孔子这里人与人是不平等的，到了墨子这里人与人是平等的，到了庄子万物是平等的，即"齐物论"。儒家讲厚葬，墨家讲简葬，到了老庄就"吾以天地为棺椁，以日月为连璧，星辰为珠玑，万物为送赍"。在对待鬼神、生死的态度上，孔子说"子不语怪力乱神""敬鬼神而远之，可谓智矣""未知生，焉知死""未能事人，焉能事鬼"，到了墨子就明确有鬼神了，"古之今之为鬼，非他也，有天鬼，亦有山水鬼神者,亦有人死而为鬼者""今若使天下之人,偕若信鬼神之能赏贤而罚暴也,则夫天下岂乱哉"。如果说孔子接近于无神论,墨子偏重于有神论,庄子则在一定程度上表现为泛神论。在《庄子》一书中,我们可以看到一个光怪陆离的世界,在这个世界里,骷髅可以说话,草木能够思考,蝴蝶也会做梦,鱼虫亦能舞蹈。所以不同的思想家在同一件事情上,会有不同的看法。

法　家

正像墨子所代表的墨家是从儒家学派分化出来的一样,韩非子所代表的法家也与儒家学派有着一定的师承关系。作为荀子的学生,韩非子在坚持"性恶论"的基础上进一步将荀子"贵贱有等"的礼,改造为"法不阿贵"的法。与荀子的"礼"相比,韩非子的"法"同样是一种外在的规范,只是这种规范已经超越了宗法血缘的等级观念,因而显得更加彻底,也更加严厉。他指出:"法不阿贵,绳不挠曲。法之所加,智者弗能辞,勇者弗敢争。刑过不避大臣,赏善不遗匹夫。故矫上之失,诘下之邪,治乱决缪,细羡齐非,一民之轨,莫如法。属官威民,退淫殆,止诈伪,莫如刑。"由荀子之"礼"到韩非子之"法"既是一种"量"的积累,又是一种"质"的飞跃。从此,一种超越宗法血缘的新的意识形态被确定下来了。就其对宗法血缘的历史性超越而言,法家的这种努力有似于墨家。然而与墨家不同的是,法家的超越不是仰仗精神的追求和神祇的力量,而是利用肉体的欲求和物质的力量。因此,尽管法家没有墨家那样高的精神境界和形而上追求,但却有其无可比拟的现实感和可操作性。唯其如此,它才能成为实现中国统一、完成秦王霸业的思想基础。

作为法家思想的集大成者,韩非子不仅通过荀子这个中介环节而与孔子所创立的儒家思想有着一种间接的联系,而且通过孙子,乃至直接与老子所创立的道家思想有着一种网络的衔接。关于韩非子直接接受老子思想的影响问题,主要可以从《韩非子》中的《解老》《喻老》两篇中看出。虽然这两篇文章主要是韩非子对于《老子》一书的部分文本所作的注解和说明,但从解释学的角度来看,这些注解和说明本身就显示了韩非子主观的接受意向和阐释动机。不难看出,这意向和动机主要不在老子所创立的"道"的本体论层面上,而在其所具有的辩证法因素上;主要不在老子所倡导的"无为"的人生境界上,而在其所具有的"无不为"的处事手段上。如此看来,韩非子对老子思想的解释与发挥,与庄子的境界相去甚远,而与孙子的路径则刚好相通。

如果说,孙子思想是老子哲学辩证法在军事领域的具体运用,那么韩非子则进一步将这种军事谋略引入到了更为广泛的社会政治生活。孙子曰:"用兵之法,无恃其不来,恃吾有以待也;无恃其不攻,恃吾有所不可攻也。"韩非子则言:"从而观之,则圣人之治国也,固有使人不得不爱我之道,而不恃人之爱为我也。恃人之爱为我者,危矣;恃吾不可不为者,安矣。"孙子曰:"故善战者,求之以势,不责于人,故能择人而任势。"韩非子则言:"人主之患在于信人。信人,则制于人。人臣之于其君,非有骨肉之亲也,缚于势而不得不事也。"孙子曰:"帅与之期,如登高而去梯。帅与之深入诸侯之地,而发其切,焚舟破釜,若驱群羊,驱而往,驱而来,莫知所之。"韩非子则言:"夫驯乌者,断其下翎焉。断其下翎,则必恃人而食,焉得不驯乎?夫明主畜臣亦然。令臣不得不利君之禄,不得无服上之名。"这样一来,战场上的利害角逐就变成了宫廷里的尔虞我诈。从而,韩非子这里得到了一个公开的、露骨的、淋漓尽致的阐释与发挥。不难看出,这种法术与权术并举、阳谋与阴谋兼施的思想,反映出封建社会现实政治中阴暗的一面,因而它既是韩非子思想中有用的因素,又是其有害的因素。事实上,韩非子本人的最终被害,也正是这种因素所产生的后果。

作为联系儒、道两家的中介环节,韩非子不仅把荀子的"性恶论"和孙子的军事谋略揉合为法、术、势三位一体的哲学,而且也在二人的影响下彻底贯彻了唯物论和无神论的思想。我们知道,在先秦诸子中,崇尚鬼神的墨子有着最为明显的唯心论和宗教神秘主义倾向。此外,在逻辑环节上与墨子思想较近的孟子和庄子则表现出了一定的准宗教和泛神论的色彩。而关系较远一些的孔子和老子虽不信鬼,但却信命;虽然具有一定的唯物主义倾向,但又不是彻底的无神论者。而关系再远一些的荀子和孙子则情况有了更大的不同。荀子批判了传统的"天命论",提出了"大天而思之,孰与物畜而制之!从天而颂之,孰与制天命而用之"这种"人定胜天"的光辉思想。孙子则从军事实践的经验出发,反对一切非理性的神秘主义:"先知者,不可取与鬼神,不可象于事,不可验于度,必取于人,知敌之情者也。"认为决定战争胜负的是知识、智慧,而不是什么鬼神、天命。在荀子和孙子的影响下,韩非子一方面强调利用法术和权谋等方式来发挥人的主观能动性,另一方面又主张人的智慧和努力必须符合客观世界和社会发展的规律性。他说:"明君之所以立功成名者四:一曰天时,二曰人心,三曰技能,四曰势位。非天时,虽十尧不能冬生一穗;逆人心,虽贲、育不能尽人力。故得天时,则不务而自生;得人心,则不趣而自劝;因技能,则不急而自疾;得势位,则不进而名成。"这种在客观经验的基础上所建立起来的唯物主义思想,已经多少带有了一些历史主义的成分了。正因如此,韩非子有关上古、中古、近古之发展变化的历史观,以及"圣人不期修(循)古,不法常可""法与时转则治,治与世宣则有功"的发展观,才可能达到先秦时代的最高水平。

总　　结

通过以上分析,我们可以将儒、墨、道、法四家,以及孔、孟、墨、庄、老、孙、韩、荀八子看作一个共时态的网络系统。在这一系统中,任何一家、一子都并不占有决定性的统治地位和解释自身的能力,其既是一种思想的发端、一种思想的终结,又是由一种思想向另一种思想过渡的逻辑中介。以图示之:

从功能上讲,这种联系与区别决定了各种思想、各种范畴之间相互补充和转化的关系。以图表的方向而论:

1. 越往上,精神追求的成分越多,物质利益的成分越少;宗教神秘主义的内容越多,政治现实主义的内容越少。

2. 越往下,"外王"的成分越多,"内圣"的成分越少;可操作的内容越多,可信仰的内容越少。

3. 越往左,社会的成分越多,自然的成分越少;群体结构的内容越多,个体自由的内容越少。

4. 越往右，自然主义的成分越多，伦理主义的成分越少；"出世"的内容越多，"入世"的内容越少。

笼统而言，以墨子为代表的上方显示了宗教哲学的倾向，以韩非子为代表的下方显示了法哲学的倾向，以孔子为代表的左方显示了伦理哲学的倾向，以老子为代表的右方显示了艺术哲学的倾向。因此可以说，这一系统基本上满足了当时的人们所需要的一切意识形态，并以其相互补充的结构功能整合并塑造着中华民族的思维方式和行为方式。需要指出的是，由于"亚细亚生产方式"的特殊性质，致使上述系统中的不同要素在我们民族的历史上所产生的作用是不同的，其中以儒、道互补的横向结构长期占据着主导地位，而以墨、法相峙的纵向结构则日渐退居次要地位，这也是我们何以成为一种伦理—艺术型的民族而非宗教—法律型的民族的原因所在。

李 山

　　李山，北京师范大学文学院教授，博士生导师。1995年在北京师范大学中文系获文学博士学位，师从著名学者启功教授、聂石樵教授。2011年首登央视《百家讲坛》，录制系列节目《春秋五霸》，受到广泛好评。主要研究方向为中国古代文学史、中国文化史。先后出版过《诗经的文化精神》《诗经析读》《诗经新注》等《诗经》研究专著及《中国文化概论》。

第 *16* 讲

漫谈春秋争霸[*]

我们今天讲的是春秋时期的历史。这段历史在中国文化当中是一段承前启后的历史，是一个非常重要的时代。这个时代是一个倾斜的时代，怎么说呢？就是旧的体制、旧的社会要倒塌，新的时代还没有到来，也可以说是倾斜倒塌，向战国倒塌，然后再向秦汉倒塌。久远以来中国文化发展到一个顶峰，然后走下坡路，汉唐时期又达到顶峰，直到今天。我们今天要谈的大倾斜时代走向位于第一个高峰即将过去、第二个高峰还未到来期间，这就要从西周开始说起。

中国历史在西周时期形成了一次"封建"。今天"封建"这个词常用于贬义，比如说某个人很"封建"。封建这个词造就了中国人的性格。过去我们对封建制的理解只认为它是一种体制，就像中央领导地方的郡县制。实际上，封建制跟郡县制不一样。我们知道，中国人建立的文明和西方人不同，我们的文明是在一个非常辽阔的地域上建立起来的。辽阔到什么程度？北起燕山，南到江汉，东到齐鲁，西到陕甘，这个地区，相当于大半个欧洲。今天的中国疆域有960万平方公里，欧洲的面积是1 000万平方公里。考古发现，在这个辽阔的地域上，自新石器时期以来，也就是距今一万年左右，人类就开始了农耕文明的创造。

---

* 2015年10月22日上海财经大学"科学·人文大讲堂"第67期。

在长江流域、黄河流域、东北的辽河流域,都有各种文明的兴起。长江流域曾经出现过两大古文明:一个是杭州湾以南的河姆渡文化,一个是良渚文化区——从杭州湾北部,以杭州西北部为中心,一直到上海、南京,再到山东南部。如果再往长江上游走,武汉地区有屈家岭文化,三峡地区有大溪文化。一个长江流域,串着三大文化区。上海有个地方叫马家浜,马家浜遗址实际上就是良渚文化的前身。黄河流域,考古发现的距今九千年左右的成规模的先民遗址,在河南裴李岗,就是河南裴李文化。黄河下游山东半岛有大汶口文化和龙山文化。往中间走,在今天河南、山西、陕西交界地带,有仰韶文化。再往西走,有马家窑文化,又是三大片文化区。辽河流域,有红山文化。华夏银行的标志是一条玉猪龙,就是红山文化的典型玉器。

在这样一个大地上建国面临的问题,不是对生存之地的掠夺,比如像巴比伦,周围是山和荒漠,人们会为少许的生存之地争夺,所以军事因素在中国的影响不是那么强烈。中国人打仗,从《诗经》时期开始就是防守,修长城,御敌于几百米之外。那么我们面临的问题是什么?是如何在这样一个广袤的地域上,把人群联合起来,形成一个伟大的民族。

从九千年前文化发祥,一直到夏商,这段历史中人们一直在走向融合,但是最终没有完成融合。尤其是到了夏商以后,一个中心的国家在今天河南省内诞生了,它对周边的人群采取什么策略呢?就是一个字——打。但是我们发现,在西南地区有很多夏商之前的文化,与中原文化保持着某种联系。比如四川的三星堆文化,我们今天说的"本月上旬、本月下旬、本月中旬",实际是与三星堆有关。传说中有两米高的神树,上面落着九只鸟,九只鸟就是九只太阳,还有一只在天上巡视天空,十只鸟巡一周就叫一旬。三星堆文化在夏商文化中找不到(踪迹),因为它是更早的中原文化,很有可能当时的人打不过当时的夏商就离开了,把文化带到了西南地区。所以靠武力是"打"不出一个和谐相处的群体的。西周建国以后,采取了一种更聪明的办法,那就是封建制。

封 建 制

封建制是什么?封建制就是周王朝战胜了商王朝,把自己的人群分到70多个国家去,到全国各地去建立军事据点。在山东,泰山以南,建立了一个鲁国，泰山以北，建立了一个齐国，做什么？监视其他诸侯。在北京，建立了燕国。建立了这些要地以后，就形成了封建制。

当然封建制建立以后，除了外在的制度，还建立了礼乐文明，礼乐文明强调人与人之间要彬彬有礼，族群之间要和谐，也就是说要建立一种软性的、高雅的文化。比如我今天来拜访，若是在西周时期，首先要吃饭——中国礼乐中吃饭是非常核心的文化。按照礼乐，要吃饭，要典礼，中国的房屋一般都坐北朝南，宾客来了要从西边的台阶上去，这就是宾位，主人则是从东边的位置上去。古代的厅是对着院子的，有一个棚子式的，后面才是室，所以叫"登堂入室"。然后开始饮酒，主人要唱诗。

春秋公子重耳，从晋国到秦国去，他们吃饭，要典礼，寒暄后，秦穆公派他的乐队唱《采菽篇》，"马蹄响亮，旗帜招展，我的客人来了，我要赠与他什么呢，我要给他四匹马"，这表示"你来了，我高兴"。诗唱完了，重耳不知道什么意思。他手下有个人，就是赵氏孤儿的老祖赵衰，对重耳说："你应该唱《河水》篇来对答。"就是诗经中的《沔水篇》，讲的是万条河流终归大海，表示"我们来朝拜你，像朝拜大海一样"。秦穆公一听，就赋了一首《小雅》的《六月篇》，这首诗讲的是周宣王率众北伐，主持典礼，派遣大将军建功立业，把闲人驱逐出去。当唱到建功立业的时候，赵衰赶紧跟他的主子说："公子快磕头。"为什么呢？唱到这儿，秦穆公的意思就是"我下定决心了，要帮你建功立业"。这个时候若不知道拜，没领会其中的意思，那么这个机会就错过了。这就是那个时代的文雅，用很美妙的东西表达很多重要的含义，建立了一个礼乐制度。

现在兴起了国学热，大家常常回忆传统，传统确实有值得我们回忆的东西，特别是过去的文雅。大封建时期曾经建立的这种文明，其魅力传到四方。现今，美国、欧洲、日本、韩国的文化对学生们很有影响。我们文化自身要发扬魅力，还需要在座各位的努力。

封建经过一段时间后倒塌了，之后有一个"二次封建"的过程。西周到鲁国建立一个国家，然而鲁国有贵族，鲁国对自己的贵族也要封建，贵族对自己的大夫也要封建，这样不断分割，王家的所制之地越来越小，最终导致西周崩溃。但是制度崩溃了，它的文明是不是就不受敬重了？这是另外一个问题。

孔子看到了西周文明中人道的、高雅的因素，就提倡它。在《论语》中有这样一段话："天下有道，则礼乐征伐自天子出；天下无道，则礼乐征伐自诸侯出。自诸侯出，盖十世希不失矣；自大夫出，五世希不失矣；陪臣执国命，三世希不失矣。"什么叫天下有道？就是天下太平，天下政治公平，礼乐征伐大权由周天子来处理，是公正的。今天我们追求社会公正，古代也是如此。在一个社会里面，最高权力公布的命令，往往能够被全天下人所享。诸侯都起来了，那么天下无道。如果礼乐征伐这种权力都掌握在不应该掌握这种权力的人手里，即"自诸侯出"，那么十辈就要失去权力；诸侯掌握大权了，变成"自大夫出"，那么五辈就要失去权力。孔子生活的时代，是陪臣执国命，是给大夫做家臣的这些人执了国命，三辈都传不下去。这是一个权力由顶层向下坠落的过程，而且是"加速度运动"。这段话对历史的概括是非常精细的，也是非常精准的。

管仲这个人善管经济。当年齐桓公让他做宰相，一年到头，他算了算账说，国家如果收入为十的话，有七分的财物用于联络诸侯了，也就是用于搞外交了。所以他就假装发愁，说"今年不好，今年如果我们收入十块钱的话，有七块钱用于给诸侯，诸侯到齐国来，空着口袋来，满着口袋走。"但是齐桓公是公子出身，不在乎，他哈哈一笑说："仲父，你也在乎这个吗？有七分用于诸侯，我们明年再挣。"齐桓公争霸，在财政方面，实际上是有管仲在帮他精打细算。

所以中国有一部关于财政的书《管子》，提出了"商战"等一些当时很先进的理念。《管子》里面说，"我们打仗，让诸侯跟从我们，不用军事，用经济"。比如今年齐国人用高价收购丝棉，那么鲁国和宋国为了卖钱就会种丝绵。到第二年我们一两丝棉都不收，反而收粮食，这样丝棉整个儿就砸在他们手里面。第三年他们再种别的，我们就卖粮食，这样他们就会闹饥荒。用这个手段可以使他们完全臣服。过去人们不认可《管子》，在今天这些"商战"经常上演。到晚清的时候，人们注《管子》时就看明白了，因为在王韬、郑观应改革的时候，有些思想家就提出来我们要和英国商战。英国侵略我们，所谓侵略，不是说要夺走土地，而是要把我们当市场，怎么办？中国人应该采取商战的方法应对。

《管子》里面还记载，在家里养一只鸡，下了鸡蛋以后热乎着拿到市场去卖，卖不了几个钱，怎么办？把它雕成"文化蛋"，这样既增加了就业，又提高了价格。同理，柴火从山上打下来后直接去卖也挣不了几个钱，那么就把它包装一下再去卖。这说明古人是懂得经济的，所以某位著名的经济学家说，齐国有一个国民经济体系。这样说不无科学道理，齐国当年的经济发展是超过我们今天想象的。中国历史上两千多年奉行的是"重农"，就是强调农业，多产粮食，认为商人是无商不奸，倒买倒卖，从来没有认识过市场才是一只真正的"无形的手"。我们的治国策就是国家治国理念，不论是王安石变法还是张居正变法，从来没有认识到真正的生产是由商业来组织的。

管仲和召忽两个人给公子纠做下人。两人谈志向，召忽说："我生是公子纠的人，死是公子纠的鬼，公子纠死我就死，我吃着公子纠的，就要替他消灾免难，如果他死了，我也不活。"但是管仲说："我这么看，如果我死对齐国有利我就死，对齐国无利我就不死。"注意，召忽拿命做抵押，遵循的是老道。在文献中记载，如果给某家人做家臣做了三辈，那么主人家死也得跟着死，甚至诸侯都承认这一点，这是老道。但是管仲也是公子纠的人，他遵循着一种新道，虽然做别人家臣，但是把自己的命放到更大的"好"中去，这一点得到了孔子的赞赏。子路、子贡都说管仲不是个仁者，他伺候公子纠，结果公子纠死后，一转脸就伺候了公子纠的敌人齐桓公。然而孔子就说，齐桓公这个人，尊王攘夷，若没有他，我们这些人就披发左衽变蛮夷了。他能做到抗击夷狄是谁起的作用呢？是管仲起的作用。因为管仲这个人，齐桓公九合诸侯，一匡天下，不以兵车，是因为谁的力量？管仲的力量。这就是他的仁道。

春秋时期老道德没落，新道德开始出现。荀息的故事也是这样。他辅佐晋国的老君主晋献公。晋献公这个人可以说早年英雄、晚年"狗熊"。打仗的时候有一个巫师说这场仗胜了不吉利。结果打胜了，他为了处置这个人，在庆祝胜利时只让吃酒，不让吃肉。那个人就说，我这话是有根据的，历史上有男戎必有女戎，当一个国家男的被人打败了以后，就派一个女的去收拾。像吴王夫差和越王勾践的故事，越王就派西施去收拾吴王，这叫女戎。果不其然，晋献公打这个郦国，人家败了后献上一位美女，晋献公就在这个小老婆的撺掇下开始干坏事，把大儿子杀死，把其他儿子赶跑，留下他跟小老婆生的两个儿子，奚齐和卓子。他死的时候知道民愤太大，托荀息保护他们。荀息跟晋献公保证，假如以后你活了，我不脸红。言外之意就是负责到底。晋献公一死，就出来另外一人，叫里克。里克在晋献公在世时不吱声，等到老君主一死，马上动手，不到一年就杀掉了立为君主的奚齐。荀息又立了卓子为君主，结果里克又杀掉了卓子。荀息一看，没办法了，老君主托付给我的两个儿子我都没保住,怎么办?"死之。"这也和管仲、召忽很像,坚守老道的,就是做到死人若活了,我不惭愧。里克采取的就是一种更加变通的方式,这种事情在春秋时期并不少见。

战争与争霸

我们知道,争霸过程中有武打还有文打,是这个时代的魅力。战争是什么?争霸是什么?这里举一个例子。

《左传》里面记载了一场战争——鞌之战,是怎么起源的呢?晋国有一个瘸子,他到齐国访问。齐国的君主叫齐顷公,某天来了几个使者,一个是晋国的使者,瘸一条腿,一个是鲁国的使者,没头发,还有另一国的使者,瞎一只眼。来的这三位外国使者都有点儿生理缺陷,据说齐顷公就派秃子(当然这不可信)去接待这个鲁国的秃子,找了个缺一只眼的去接待这位独眼的使者,又找了个瘸子接待这个晋国的瘸子。齐顷公母亲说过去没有见过列国使者,非要看一看。齐国的国君没办法,就设了个大帐,挂个帘子,让母亲在帘子后面偷着瞧。结果她一看招待这些个瞎子、瘸子、秃子的热闹场景,嘎嘎嘎地笑了。晋国大臣知道是笑他,火冒三丈,还没等外交活动结束,留下副手,自己回了国,走到黄河边就对着黄河水发毒誓说要报复,回国以后就和他的君主要了八百辆战车去打齐国,最后战胜了齐国。当然,一个国家跟另一个国家的战争绝不是某一个人的脾气所左右的。不过后来齐国跟晋国的矛盾冲突越来越大,瘸一条腿的这个人在晋国执政,就拼命地主张打齐国,最后这场战争爆发了,就叫鞌之战。

有一句话叫"灭此朝食",让我先把敌人消灭掉再吃早饭,就是当时齐顷公说的,是怎么回事呢?当时,晋国人远袭,战争从山东的千佛山开始。齐国的部队往回跑,晋国人就追这个齐国的部队,最后战争到了济南的北边儿一片平原中间的一个小山头,在那里打仗。仗打完后,《左传》里面有记载:"师陈于鞌。邴夏御齐侯,逢丑父为右。"邴夏给齐侯驾车,注意,古代的战车很有意思,前面四匹马拉着,中间是驾车的,左边是战斗小组的指挥员,是贵族,右边是大力士。孔子的爸爸叫叔梁纥,也是个大力士。叔梁纥参加过一次战争,叫偪阳之战,就在今天徐州北边有个小国叫偪阳。打偪阳时这个国家采取的是

"关门打狗"的政策，就是把这个诸侯的军队弄到城里边去，城门一开，军队走进去一部分以后就把这个闸门放下来。千钧一发的时候，叔梁纥上去单膀就把门扣起来了。那么，"丑父为右"，是做什么？一是拖车，另外还手拿长戟，两辆车一错车，便互相攻击。只有左转的时候那长枪才显出来刺对方，所以古代战车都是左转。最右侧这匹骖马是最重要的，是要面对敌人的一匹马，一定戴着哗啦哗啦的缨子。马是中间两匹，两边两匹，两边两匹比较重要，其中最重要的是外手的马。"晋解张御郤克，郑丘缓为右。"于是齐侯曰："'余姑翦灭此而朝食！'"——我要灭了这伙敌人以后再去吃早饭。"不介马而驰之"——他的马连铠甲都没穿就冲向敌阵。"郤克伤于矢"——一支飞箭射到他手上，"流血及屦"——血哗啦啦往下流，流到了鞋上，"未绝鼓音，曰：'余病矣！'"——我病得受不了了。"张侯曰：'自始合，而矢贯余手及肘，余折以御，左轮朱殷，岂敢言病？吾子忍之！'"张侯说，战争一开始就有一支箭从我的手面扎过去，一直扎到肘子那儿，我把留出来的箭咔嚓一折，仍然再打，我左边的车轮子已经流满了鲜血，我没有说我病了，所以您还是忍一忍吧。"缓曰：'自始合，苟有险，余必下推车。'张侯曰：'师之耳目，在吾旗鼓，进退从之。'"张侯说，我们是军队的眼目，整个晋国的军队都在看呢。结果他不顾伤，"擐甲执兵，固即死也；病未及死，吾子勉之"。"左并辔，右援枹而鼓"——他把缰绳并到手里面，右手拿起鼓槌替郤克来敲。"马逸不能止，师从之。"最后齐师败绩，逐之，三周华不注。什么叫三周华不注？刚才说的在济南北边的那座小山头，就是华不注山，晋国的车绕华不注山三圈。但是《左传》记载，捉住齐侯的不是他们，而是韩厥。

《左传》写完这段故事以后紧接着应该写战争，然而并没有，写的是什么呢？写韩厥在打仗前一天晚上，梦见父亲子瑜给自己托了个梦，说明天"且避左右"，就是说明天打仗在战车上，千万别往左边和右边站，而要"中御"，冒充驾车的。韩厥是个贵族，怎么也得站到左边这个位置。他假扮成御者追赶齐侯。这个时候，给齐侯赶车的邴夏对射手说："射其御者，君子也。"韩厥冒充驾车的，但是齐侯的人一看就知道他是君子。汉武帝时期也有一个典故，匈奴人来了，汉武帝派韩燕冒充自己，他扮成使者站着，结果匈奴人说，那汉武帝看着其貌不扬，倒是站在旁边那个人很有气派。这就是平时的修养，遮盖不了。结果之后齐侯说什么呢？"谓之君子而射之，非礼也。"当知道对方是一个尊贵的人物以后，一箭射过去，古人认为这是大不吉利，因为春秋时期对战争的理解跟后来不一样。列国战争，不是军事，而是刑法，就是你的国家做错事了，我要纠正你。在这样的前提下，见了对方的君主应该怎么做、见了对方的贵族应该怎么做，都有规矩。过去有一本兵法书《司马法》，强调打仗到了对方国家，不破坏人家水井，不拆人家墙，不毁坏人家树。在《左传》中就有此事：子产打仗，陈国人打郑国时，没有遵循这个规则，填了他们的井，拆了他们的墙，刨了他们的树，结果子产没办法，就打回去，照样填了他们的井，拆了他们的墙，刨了他们的树，因为之前他们破坏了战争的规矩。这也是古代令人觉得奇怪的一点。接着，因为齐侯"谓之君子而射之，非礼也"。然后，"射其左，越于车下；射其右，毙于车中"。韩厥他参昨天晚上给他托的梦应验了。

结果晋国有个叫綦毋张的人，丢了车，看到韩厥一个人驾着车，左右都射死了，想借车，"从左右"。这里有个细节，车右被射死在车中，韩厥把车右从车上拖出去，让綦毋张站到自己背后，这时他低了下头，结果前边齐顷公跟他的大力士换了位置。后来骖马挂到树上了，文字到这里又开始回顾，逢丑父这个人是大力士，应该有本事把这个车弄下来，但是前一天晚上出事了，逢丑父晚上在輇中（有棚的车）睡觉，结果"蛇出于其下，以肱击之"，有蛇来了他就拿肘子去撞蛇，伤了，胳膊没劲儿，"伤而匿之，故不能推车而及"。车被挂住动不了，结果齐侯就被韩厥抓住了。

然后韩厥怎么做呢？"执絷马前"，韩厥从车上卸下一匹马，然后拉着来了，因为见君主，得送礼；"再拜稽首"，两拜，先拜下去，然后把头磕到手上，这是最隆重的礼节；"奉觞加璧"，觞，盛酒的，在觞上边还放一块玉璧。虽然是战争，但见了君主以后，一定要有大臣见君主的礼节，然后就说了一套客气话："寡君使群臣为鲁、卫请，曰：'无令舆师陷入君地。'下臣不幸，属当戎行，无所逃隐。且惧奔辟而忝两君，臣辱戎士，敢告不敏，摄官承乏。"国君派我们这些臣下为鲁、卫两国求情，他说，不要让军队深入齐国的土地。臣下不幸，正好在军队任职，没有地方逃避隐藏。而且怕由于我的逃避会给两国的国君带来耻辱。臣下不称职地处在战士的地位，冒昧地向您报告，臣下不才，代理这个官职是由于人才缺乏充数而已。说得非常客气。后来晋国和齐国的关系好了，齐顷公到晋国访问，韩厥出面迎接，齐顷公见了韩厥以后两眼不离韩厥，韩厥一看，认出我来了，怎么办？上前施礼。然后齐顷公说："只是戎装换了。"这就是后话了。

接着说丑父。丑父误事，但是丑父坐的是君主的位置。《左传》记载，刚才韩厥说这套话的时候，他看的是逢丑父，不是齐顷公，原来韩厥不认识齐国的君主。逢丑父当时急中生智，对真正的君主齐顷公说，去，给我打点儿水喝，结果齐顷公就去打水。在此《左传》没有细说，另外一部儒家经典里面描述说齐顷公人慌失智，结果他把水端回来了。逢丑父就翻了脸说，谁让你给我倒这么混的水？再去找清的。齐顷公这才恍然大悟，这是让他跑。所以晋国抓住了逢丑父以后，一看是假的，郤子说："人不难以死免其君，我戮之不祥。赦之，以劝事君者。"乃免之。就是说，一个人不畏惧用死来使他的国君免于祸患，我杀了他不吉利。赦免他，用来鼓励侍奉国君的人，于是就赦免了逢丑父。后来齐顷公一看逢丑父没出来，又只身杀回阵营，结果许多晋国士卒不但不杀他，反而拿起戈、拿起盾来保护他。这也使我们看到春秋时代的可爱之处。

到了战国就不一样了。秦国人打仗是数人头的，有记载说，杀两个人就可得几百亩土地。所以秦国的将士特别残暴，残暴到一晚上可以把45万人坑杀。这也是中国历史上最野蛮的时期。战争其实不是这么回事，"苟能制侵陵，岂在多杀伤？"所以到了秦汉以后为什么诛暴秦、反秦国？这就是一个重要原因。今天人们说秦始皇好，要看站在什么立场。在任何时代，不论有多么崇高的理由，如果不尊重人的性命，所有崇高的理由都是假话。

鄢 陵 之 战

我们再看鄢陵之战，晋国和楚国打仗，也有类似事件。这涉及郤克（"郤"通"郄"）的儿子郤至，"郤至三遇楚子之卒，见楚子，必下，免胄而趋风"。古代学生见到老师，趋，手张起来，小步，趋风。作为晋国的大臣，郤至在战场上再三地遇到楚国君主，每次见到楚子，必从战车上跳下来，头盔一摘，走几步，表示恭敬。现在很多人拍戏不懂这些。网上反映《琅琊榜》中有一个细节，就是人人佩玉。在过去演春秋时期的戏都不佩玉，其实古代人佩玉特别讲究，什么等级佩什么玉。还有走路的方式，与现代不同，君主走路怎么走、步子怎么迈、大夫在君主面前怎么迈，都不一样。比如大夫在君主面前一只脚不能掩过另一只脚。如果拍春秋的戏，加几个趋步，大家一看就知道是讲春秋时期的事。看老舍先生写的《茶馆》，一开始，两个江湖人一见面，小步踉跄着踩着点儿，拿着膀子，你碰我一下，我碰你一下，这是江湖规矩，老舍先生懂得。

郤至"免胄而趋风"，这是一国大臣见了对方君主以后行的礼仪。君主一看，对方大臣见了我这么恭敬，拿出一支弓箭来，叫人赠与他，然后说："方事之殷也，有韎韦之跗注，君子也。识见不谷而趋，无乃伤乎？"韎韦就是皮袍。古代人穿衣服，凡是贵族，造一个小皮裙。人类最早的衣服并没有退出历史舞台，而是变成了一个装饰，成了牛皮做的一个皮裙，用茜草染成赤红色，时间稍微一长变成黄赤色。小皮裙一直压到脚面，这是军服。楚共王是说，刚才战事激烈的时候，有一位身穿浅红色牛皮军服的人，每次见了不谷都望风而拜，真是君子啊！不要伤了他。这就是当时社会对值得尊重的人，哪怕在战场上，也会保护这种尊贵，维护这种风尚。我们说《左传》是经典，虽然那个时代已经过去，但书里所提倡的东西深入脑髓。什么是君子？一挨了饿、一有急事就变了小人，那不叫真君子。

尔后，"郤至见客，免胄承命，曰：'君之外臣至，从寡君之戎事，以君之灵，间蒙甲胄，不敢拜命，敢告不宁君命之辱，为事之故，敢肃使者。'三肃使者而退。"这段话翻译过来就是，郤至见到客人，脱下头盔接受命令，说，贵国君王的外臣郤至跟随寡君作战，托君王的福，参与了披甲的行列，不敢拜谢命令。谨向君王报告没有受伤，感谢君王惠赐给我的命令。由于战事的缘故，谨向使者敬礼。于是三次向使者肃拜以后才退走。

接着，在这场战争中发生了一场"文打"。晋军将领栾鍼见到楚国大臣子重的旌旗，想起当初作为晋国的使者去访问楚国。当时子重问，你们晋国军队有什么特点？栾鍼说，我们做事整齐，从来都是有组织、有纪律的。子重问，仅此而已吗？栾鍼回答，我们神闲气定，无论多匆忙的局势，我们整齐又不慌。"今两国治戎，行人不使，不可谓整。临事而食言，不可谓暇。请摄饮焉。"栾鍼认为，现在两国对阵了，我见了子重老朋友，连个使者都不派，叫什么整？打仗我食言了，说到做不到，叫什么暇？因为栾鍼正在给君主驾车，就说，请君王派人替我给子重进酒。晋国君主听了答应了，让人舀了点儿酒，拿着给子重，并说，寡君缺乏使者，让栾鍼执矛侍立在他左右，因此不能犒赏您的从者，派我前来代他送酒。子重说，栾鍼他老人家曾经跟我在楚国说过一番话，送酒来一定是这个原因，原来他还记得嘛！把酒拿过来，也不怕敌人会给自己毒药喝，咚咚咚饮下去,不为难使者,然后接着敲鼓,打击晋国。

这是后来战争中很难见到的一些风尚。在战场上,我要表现出良好的君子风度,武力不输,文的也不输,这个意义上称之为"文打"。武打要取胜,文打也要取胜。我们得了诺贝尔奖为什么高兴?因为这说明我们在文化上不次于其他民族了。这种"文打"现象在春秋时期集中出现,这里只是举了几个例子。再比如打仗的时候对方追自己,回首一射,不射对方,射一只鹿,下车以后把这个鹿送给使者,对方接到鹿以后,便说"这是个君子",等等。这种情形在战争中屡屡出现。阅读这些经典时,我们可以看到,受礼乐文明熏陶的人,在战争中,在你死我活之间,也神闲气定地遵守规则。所以孔子说过:"君子不固穷,小人穷思滥矣。"什么叫君子?越是困难的时候,越应该遵守礼法,这是一种操守。小人挨点儿饿、受点儿冻,立刻就无所不为。经典在永恒的传承当中,不断地出现这种教训和启示。

齐桓公与管仲

这个时代讲完,来看看齐桓公与管仲。史书上说齐桓公"无小智惕而有大虑"。齐桓公是老贵族出身,大大咧咧,不算小账。贵族这个阶层衰落的时候容易出现两种人:一种是特别没出息的人,贪财好色;还有一种人是大家出身,见过世面。齐桓公不算小账,这使得他在为人上就有了一个长处,能容人。齐桓公在齐国争君主之位的时候,母亲去世早,没有舅舅家的支撑。而其兄弟公子纠的舅舅是鲁庄公,号称小霸,齐国衰败的时候,鲁国非常强。但就是因为公子纠有这么强的舅舅,才丢了权,因为他自恃甚高,认为自己不简单、自己有势力,眼里容不得别人。而齐桓公从小没了妈,是个落魄公子,不过在花钱待人接物上很大方,财散了,但人聚了。

此外,这个人还有个特点,"中人之姿",就是跟好人学好、跟坏人学坏。管仲侍奉他41年,管仲一死,就被小人包围了,这就是中人之姿。所以孔子讲交朋友,损者三友,益者三友。什么叫领导?老子说过:"江海王。"什么叫江海王?容纳百川。独坐峰顶的领导没有几个有好下场。最典型的例子就是刘邦和项羽的对比。

刘邦最大的特点是"不要脸"。他当年吃了一顿饭就娶了吕后。怎么回事呢？他老丈人是个势利眼，想接见达官贵人，就设饭局，张出告示说拿钱多的坐上席，拿钱少的坐下席。当时刘邦是个亭长，官很小，没有什么钱，但刘邦想吃这个饭。于是大摇大摆地走到门口，高喊："我值万钱！"门卫一听，赶紧请上座。老丈人一看，刘邦长得高鼻子，自古帝王高笼嘴、大鼻子，贵不可言，就把吕后许给了他。如果我们遇到这种局面，也会心动，但是没这个钱就不敢去吃，为什么？因为怕承担后果、怕丢人。刘邦"脸皮厚"，不怕丢人，他敢做，就做成了。后来他当了首领之后，"脸皮厚"也起了积极作用。刘邦带兵打仗不及韩信，搞阴谋不及陈平，搞后勤不及萧何，运筹帷幄不及张良。若是脸皮薄的人，谁也容不下，但是刘邦不在乎。《史记》记载，刘邦问韩信："你看我能带多少兵啊？"韩信回答："陛下，十万兵。""你呢？""我，多多益善。"刘邦说："那你今天怎么被我领导？"韩信说："这就对了，陛下不善将兵，善将将。"什么叫"善将将"？就是包容。反观项羽，老贵族出身，手下猛将如云，但是一个都带不住。陈平跟随他混不出结果，后来跟了刘邦；张良早就看透了项羽，认定这人就是"骄"；韩信跟着他差点儿把命丢了。

齐桓公就是这样一个老贵族，大大咧咧，生活腐败。管仲死的时候说："陛下，你要远离四个人：一是要远离大夫常之巫，你有什么病他都给你治好，所以你就不在乎，远离他；二要远离易牙，易牙听说你没有吃过人肉，就把自己的儿子蒸了给你吃，多可怕！连儿子都不爱的人能爱谁？三要远离竖刁，竖刁更可怕，为了接近齐桓公，把自己割了，他连自己的身体都不爱惜，还能爱你吗？四要远离公子开方，他是卫国人，在齐国当宰相15年都没去看过爹妈，这种人能爱谁？因此要远离他们。"管仲死了，齐桓公照做。结果易牙走了，饭菜不可口了；公子开方走了，外朝乱了；竖刁走了，家里邋遢了；常之巫走了，有病看不好了。然后齐桓公就说："圣人也有说错的话啊。我四十一年来都尊重管仲，他最后给我出的主意不高明啊，我家都乱成这样了。"于是又把这四人请回来了，麻烦就来了。几个儿子、妻子争权，本无大病的齐桓公大概因为一场小感冒，被竖刁、易牙控制起来了，囚禁在宫中，封闭了外界的信息，病越治越严重。齐桓公是饿死的。据说最后有人偷偷进来，他问："外边怎么啦？不给我吃饭。"才知道外边易牙、竖刁和开方互相勾结作乱，七个儿子在夺权。所以齐桓公死时捂着脸，说死了以后没法见管仲。桓公死后，遗体整整停放了67天无人收殓，蛆虫乱爬。这就是典型的跟好人学好，跟坏人学坏。

人们评价管仲说："其为政也，善因祸而为福，转败而为功，为轻重慎权衡。"为轻重是什么？就是善做买卖。若某年稻米丰收，稻米就便宜，钱就贵，这就是轻重变化。管仲善于掌握轻重变化，因祸而为福。齐桓公有个小老婆蔡姬，是蔡国人，生活在多水的南方，而齐桓公生活在北方，不善水。有一次在后花园荡舟，齐桓公怕水，蔡姬一看，就开玩笑，越荡越厉害，结果齐桓公被惹恼，把蔡姬打发回家了。而这个时期南方楚国正在崛起，拉拢蔡国，所以蔡国拿齐国不当回事，把蔡姬转嫁了。齐桓公一看，醋坛子就打翻了，便要打仗。但如果这时候打一仗，就是祸，而管仲把它转化了。当时楚国正在打齐国同盟郑国的心思。管仲说，咱不打楚国，打楚国的走狗蔡国，把齐桓公的愤怒转化为了争霸战，这叫因祸而为福，转败而为功。

中国古代好的君臣际遇特别稀有。若要君和臣常年不出问题，难。"一把手"和"二把手"要配合得好，难。汉武帝到晚年整天换宰相，当时做宰相甚至令人畏惧。有一天，汉武帝对他的亲戚公孙贺说："公孙大人，我想任您做宰相。"当时公孙贺就跪下哭着说："陛下饶命啊！我家里有老母啊！"齐桓公和管仲、刘备和诸葛亮都是历史上比较让人羡慕的君臣组合。此外，还有一个人不简单，就是商鞅的君主秦孝公。秦孝公重用了商鞅18年，直到他死都没有怀疑过商鞅。尽管商鞅曾收拾过他的儿子，但秦孝公仍然对商鞅信任不疑，这是很多领导者难以做到的。

如果从中华民族精神史来看，管仲是第一个打出"诸夏"这个旗帜的人，就是说，我们是一个民族。语言成立意味着民族成立。比如欧洲的历史可以说就是方言的历史，马丁·路德为了反罗马教会，开始用德文写作，成为最早的德文作家之一。古时楚国人在江上遇到一些越国人，也就是在今天湖北、江苏一带遇到了浙江人，结果越国人唱歌楚国人听不懂，翻译过来以后，原来是划船的人在唱"哎呀，很高兴啊，今天见到君子了"。也就是说，当时的两个人群还不能说是一个民族。一个民族要想存在，一定要有共同的语言。这个民族是由西周人缔造的，礼乐文明传播到全国各地，大家都遵循这个文明，都觉得这个文明是有价值的，是值得遵循的生活方式，于是形成了一个民族的雏形。另外，雅言开始出现了，相当于今天的普通话。孔子读书的时候使用了雅言，说明当时维系大体人群交流的普通话已经存在。普通话的出现意味着华夏民族初现。在中国，雅言和礼乐文明维系了国家。我们今天的普通话形成于康熙年间,英语叫"mandarin",就是"满大人嘴里的话"。虽然我们有方言,但是我们更多的还是使用普通话,大家要自觉维护普通话。

什么叫"诸夏亲昵"?邢国,今河北省邢台,文化上属于华夏,也就是中原文明,被太行山上下来的戎狄灭了。这件事传到山东,齐桓公问管仲:"我们管不管?"管仲说:"戎狄豺狼,不可厌也。诸夏亲昵,不可弃也。""厌"意为满足,就是说不要满足戎狄的欲望,我们这些中原国家是一家人,不能放弃别国。这是管仲第一次以华夏为号,张出民族这面大旗。诸夏亲昵,是一家人。另外在邢国濒临灭国要迁都的时候,齐国的将士帮忙搬运宫殿里的宝贝,一件都没有拿。管仲用民族主义大旗做旗帜,可以看到人性的光辉。因此孔子也赞美管仲。

管仲也很有智慧,正直的智慧。他说到了当宰相管理一个国家必须具备什么样的修养。传说管仲要死了,齐桓公问他:"你死了,谁做宰相?鲍叔牙合不合适?"我们知道,管仲做宰相是鲍叔牙推荐的,齐桓公以为这一定行,结果管仲说不行。齐桓公着急:"你曾说过,生我者父母,知我者鲍叔。"管仲却说:"鲍叔牙这个人是好,但是好人的特点也是好人在政治上的缺陷,是非太分明。"我们现在有句话叫"宰相肚里能撑船",政治场合什么人都有,做宰相要有心胸把这些人都笼起来,发挥各自的优点。所以中国古代的宰相、一把手都是调和、打理的人,要想调出鲜美的汤来,必须善于使料,善于把所有的佐料中和起来。是非太分明的人往往喜甜就坚决排斥苦,喜麻就坚决排斥辣。在古代有许多这样的历史教训,比如王安石变法改革财政,是非太分明,赞同我的就容纳,不赞同我的就排斥。另外,儿子一死,精神就垮了。所以王安石骨子里是个文人,做政治能这样吗?北宋人喜欢是非分明,整天问君子还是小人。苏轼在这点上却很明白:"论君子,谁是绝对的?论小人,谁又是彻头彻尾的?"能不能调和混乱的局面是政治家的本事。管仲说鲍叔牙不能当宰相,因为鲍叔牙是一个道德家,是非太分明。

另外,管仲赏罚分明。《论语》里有一段话,孔子评价子产说:"子产是个惠人。"惠人就是给人民带来好处的人。评价子西,说:"他呀!他呀!"就是不值得一提。评价管仲,说:"人也。"说管仲是个人物。管仲曾夺走伯氏骈邑三百家,以至于伯氏吃粗粮,但是他直到临死都对管仲没有怨言。为什么?因为管仲赏罚分明。历史上能做到这一点的还有一个人,那就是诸葛亮。诸葛亮死了以后,廖立和李平两人嚎啕大哭几声,哐当死了。廖立曾说过:"我犯了错误,诸葛丞相惩罚我。但是他知道我犯了什么错误,惩罚到哪一步。"惩罚够了,还有希望,他一死,就没希望了。这就是诸葛亮的人格。政治家需要塑造这种人格。

齐桓公有个会议叫葵丘之会,管仲的大志向由此显露出来。葵丘之会制定了几条规则:"一命,诛不孝,无易树子,无以妾为妻。"这是当时贵族家庭里面特别容易犯的不孝和废嫡长子问题,甚至连周王都如此。管仲在葵丘之会把这一条提出来了,不要轻易地换掉嫡长子,不要把小老婆提拔成妻。"再命,尊贤育才,以彰有德。"一个国家要培养人才,要尊重贤人,要把这些有德的彰显出来。三是"敬老慈幼,无忘宾旅"。要敬老人,善待幼年人,另外不要忘了宾客、旅行者。宾客、旅行者到每个国家要好好招待,这就是贵族。"四命曰:士无世官,官事无摄,取士必得,无专杀大夫。"就是说,不要搞世袭制,官员不要兼职太多,不要以一个诸侯国国君的身份轻易杀大臣。第五,"无曲防,无遏籴,无有封而不告"。什么叫曲防?比如说上海闹洪水就修一沟往江苏流,不要这么做。什么叫遏籴?当这个国家闹灾荒时,就囤积粮食不给诸侯,这样做也不对。另外,自己若封建一些诸侯、大夫,要向列国通报。最后说,"凡我同盟之人,结盟之后,言归于好"。通过这几条规则,可以看出,齐桓公是要匡正天下,这体现了管仲的大志向。但是周王和他作对,无法成事,这是历史的无奈。他最大的敌人不是来自外边的戎狄,而是来自中华,具有强烈的悲剧色彩。

晋文公、楚庄王、秦穆公

接下来讲春秋五霸的晋文公、楚庄王、秦穆公。

晋文公重耳这个人,生活坎坷,母亲早死,大了以后没当上太子,被后母算计,在晋国待不住,跑到了北狄,在那里他娶了一个女子叫季隗,待了十几年。重耳到齐国去投奔齐桓公,齐桓公给他娶了一房太太,赐给他一些桑田。后来又跑到曹国去。曹国君主低级趣味,想看重耳的骈肋,据说重耳的肋骨长的是一块儿板。传说曹共公让重耳脱光上身去捞鱼、扒开帐子看他洗澡。结果这个磨难对重耳冲击很大,他就练就了一身老谋深算的功夫,为晋国的霸业奠定了基础。

城濮之战时，每次晋文公都一言不发，但有一件事他发问了："我们在这儿打仗，齐国和秦国都没有表态，这怎么办？"这是个国际问题，是领导者应该提的问题。当晋国和楚国打得不可开交时，齐国和秦国在谁的背后下手，谁就危险了。晋文公非常忧虑，晚上做梦梦见楚国君主骑在他身上，吸他大脑。他十分害怕，结果谋臣子范却说这是吉兆："他趴在你身上，伏地了，你被人压住，得天，得天就能得地。另外，他吸你大脑，脑子可以柔化他，所以是胜的预兆。"他这是临事而惧。办大事要知道恐惧，知道把耳朵张开听取谋臣意见，最后拍板子。

楚庄王也有类似的故事。有天他上朝说得头头是道，大臣们却鸦雀无声，他有个贤德的老婆，一听说这个情形，说："这样做下去没好处，应该大臣发言，君主不是提办法的，是拍板子的。"

楚庄王这个人，"不鸣则已，一鸣惊人"。他上台以后有十年被既得利益者控制着，怎么办？一个字，忍，等机会。既得利益者提出的主意对，就遵从；不对，用别人的。就这样慢慢地磨，甚至被人绑架，忍到最后，成功了。

楚庄王很有悲剧情怀。城濮之战打了胜仗以后，有人建议修座丰碑，楚庄王看到尸横遍野的景象，说："凡是出来为国家打仗的这些男人，有几个不是忠臣孝子？一个国家打仗死一个人，社会上就缺了个丈夫、缺了个儿子、缺了个兄弟、缺了个朋友，社会在流血。我们打胜仗，没有抓住罪大恶极的人，都是些好战士，所以不能把丰碑压在他们身上，不如弄一个坑埋了。"中国"悲天悯人"的人道精神在他的这次谈话中极好地体现了出来。后来孔子也作《春秋》赞美他。打仗时晋国人被打败，渡黄河，楚国人不予追击，因为楚庄王下了一道命令，说战争是由于君主之间意见不合，与百姓无关。可以看出，人道精神在春秋时期上升到了一个高度。

秦穆公的特点是疑人不用、用人不疑。因为自己打仗的方式错误，只有三个将军回来，其他人都战死了，那么把责任推卸给大臣吗？不，秦穆公作文章《秦誓》以担责。接着依旧用孟明视等三员秦将，结果第二次、第三次打仗还是失败了，秦穆公却信人不疑，最终三个将军赢得了胜利，率领秦军打败了晋国，威震西戎。

春秋时代是一个充满魅力的时代。《左传》这部书里还记录了许多逸闻趣事。比如有一个故事讲丈夫谋杀老丈人，媳妇儿没办法，问母亲自己应该向着哪一边,母亲回复:"人尽可夫,但父亲只有一个。"可以看出,人伦、血缘关系在那个时代被视为天伦,不可或缺。还有一个编草绳的人,国君把她丈夫杀死了,每当编草绳剩下来的余料,她就编成大绳,等到诸侯国君攻打这个国家的时候,此女为了报仇,把这个绳子从城上扔到城下,敌方就顺着绳子爬进来把这个国家给灭了。看起来好像很不爱国,但是正如孟子描述的,当老百姓不支持鲁国国君打仗时,鲁国君主问:"怎么这么不爱国呀?"孟子却反问:"那你是怎么对待你的百姓的呢?"

杨如增

【学者简介】

杨如增，同济大学宝石学教授，英国皇家宝石协会（FGA）、比利时钻石高阶层协会（HRD）等国际珠宝学会会员，上海市地质学会宝玉石专业委员会常务副主任，中国工艺美术学会金属艺术专业委员会、全国岩石矿物学会环境矿物专业委员会、上海市珠宝首饰行业协会等国内行业学会理事、常务理事。

杨如增教授长期从事宝玉石鉴定研究与教学工作，是上海市公共"珠宝鉴定与营销管理"本科专业学科创建和教学负责人。教学与科研成果获教育部教学成果二等奖、上海市教学成果一等奖、国家星火杯创造发明金奖。曾为上海市教委、中国民主建国会、上海市妇联、中国电信、工商银行、招商银行、海富通基金等数十家单位讲授《珠宝市场与营销管理》《珠宝创业模式与风险控制》《珠宝鉴赏与投资收藏》《中国玉文化》《首饰佩带与文化》《翡翠鉴赏与收藏》等报告50余场次。

第 *17* 讲

中国珠宝玉文化[*]

大家好,非常高兴有机会到财大跟老师和同学们一起探讨有着八千多年历史的中华玉文化。除了玉文化以外,今天我们还会介绍一些相关的较为时尚的钻石和琥珀。

中国的玉文化

中国的玉文化和玉器有着近万年的悠久历史,从史前到今天,玉文化绵延不断,保持着旺盛的生命力。今天和田玉的市场也非常旺盛。这是世界上罕见的文化现象。玉在中国人的心目中具有很崇高的地位,被人们视为珍宝。《管子·国蓄》中记载:"珠玉为上币,黄金为中币,刀布为下币。"

人们对玉有很高的敬仰,主要体现在人们赋予了玉丰富的想象空间和多层面的文化内涵,是古人审美观念的一种表现,是远古新民顶礼膜拜的一种神物,是等级制度的象征。自古以来,玉对中国的政治、礼仪、宗教和审美情趣等方面都有较大的影响,它构成了中华民族文化独特的表现形式——玉文化,这是世界上其他文明、其他文化所没有的。

社会学家费孝通先生就对玉有一些描述:"玉器可谓中国传统文化的瑰

---

* 2015年12月2日上海财经大学"科学·人文大讲堂"第80期。

宝,对于古老的中华民族来说,它不仅是社会地位的象征,还是道德标准和价值观念的载体。"玉器作为一种高层次的文化载体,是其他物器所不能比拟的,可以说是中华文明的一个缩影,是中华文明的奠基石。今天有幸与大家一起共同对中国玉器的起源与发展、地域及其所反映的传统文化等方面进行讨论。让我们进一步了解中国的玉文化,进而更加了解和尊重中华文明,增强民族自豪感。

和 田 玉

下面我想谈一谈软玉——和田玉。和田玉矿物学里面叫"软玉",中国称之为"和田玉"。软玉英文名称为"Nephrite",源于希腊语,有"肾脏"之意。在古代欧洲,传说人们将玉石佩挂在腰间,认为具有疗肾保健功能。中国古人认为佩带和田玉可以养身辟邪。

不论是喜欢玉器的欧洲人、墨西哥人还是新西兰人,都没有中国人使用软玉的历史悠久。中国在世界上有"玉石之国"的美誉。国际上玉的产地有加拿大、俄罗斯、美国、中国和澳大利亚,最近在韩国也发现了软玉。世界各地都有软玉产出,其中以中国新疆和田地区产的软玉(和田玉)质量最佳,历史最悠久。在我们国家,和田玉的分布除新疆以外,还有青海。20世纪80年代我国发现了众多和田玉产地,比如辽宁鞍山的岫岩县、江苏的六合等。前几年,在贵州、云南、广西交界的地方——贵州的罗店县也发现了和田玉,我国台湾地区的花莲县也有和田玉。这都是我们国家产和田玉的地方。苏联地球化学家费尔斯曼把软玉称为"中国玉"。

软玉制品

软玉的基本性质从矿物学角度来说叫软玉,其化学成分是钙、镁、铁、硅酸盐等,有油脂光泽,手摸上去比较温软,半透明或者不透明。

市场上若有人说这个软玉的透明度很好,其实从品质角度来说并不太好。软玉追求的是油性,一种凝重感,它的硬度在6.5～7左右,比水晶硬度要低一点,但是抗压强度很大,胜过钢球,其密度在2.9～3.1 g/cm³之间。若玉石里面铁元素增多其密度会增加,如果铁元素太多,其颜色会变暗,像碧玉、青玉,它们的密度比白玉要大一些。人们比较喜欢白玉,所以一般来说密度最好控制在2.85以上、3.0以下。

山料

我们再来看看软玉的品种。软玉的品种根据产出地的情况来划分,如果在山坡上或者矿山里面开采出来的玉,我们叫做山料。山料又名山玉,指产于山上的原生矿。开采下来的山料,有棱角,块度大小也不一,而且质地良莠混杂。

如果是在山坡上沉积下来的,我们叫做山流水。山流水是原生矿石经风化剥落,并经冰川和洪水搬运过的玉石,其特点是距原生矿较近,被搬运时间不长,块度较大,棱角仅有部分磨圆,表面较光滑。形态上介于山料与籽料之间。

山流水

那么什么叫籽料? 河流上游矿山被洪水冲刷,风化风裂以后被洪水冲刷到河流里面,

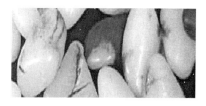

籽料

在河流里面滚磨,多少万年以后保留下来的,我们叫做籽料。籽料呈鹅卵石状,大小不一,多产于河床。籽料质地好,色泽洁净。上好的羊脂白玉就产于其中。

通过上面可以看出,籽料的质地往往比较好,是经过大自然的筛选以后,质地比较精炼的、内部密度比较高的、致密度比较好的才能够保存下来,所以在市场上人们比较喜欢籽料。大家可以看到,籽料往往带有皮,山料往往没有皮。只有新疆和田才出籽料,青海一般不产籽料,只有山料。新疆的喀拉喀什河和玉龙喀什河产的籽料是最好的。籽料又叫鹅卵石,颜色有白色、黑色、黄色、青色,也有绿色。

根据产地来划分,新疆软玉主要分布于塔里木盆地之南的昆仑山深处,在海拔3 500～5 000米的高山上,有众多软玉原生矿,即“山料”。而在其下游的河流中产出软玉"籽料"，主要河流有喀拉喀什河、玉龙喀什河。玉龙喀什河发源于昆仑山脉，流经新疆和田市。昆仑山上的山料经长期风化裂解为大小不等的碎块崩落在山坡上，每到夏季冰雪融化，随着洪水冲向下游的玉龙喀什河。经过反复磨滚、撞击，剥去外表的杂质，剩下圆润光滑如凝脂般的软玉，即籽料。

在改革开放之前，新疆的玉龙喀什河非常宁静，旅行者可以在河里面找找看看有没有和田玉，有时候能找到洪水冲下来的一两个。改革开放以后，河床被挖掘过度，最多的时候有将近20万人在这条河里面挖玉，到处都是挖掘机，整个河床就像一个大工地，河床厚度3～10米范围内被翻了好几遍。第一遍大概能找到一些大颗粒的，我去的时候就开始找一些指甲盖大小的。这些很小的籽料，曾经的价格也就几百到千把块，不到几年，增值了大约二三十倍。整个河床开挖使河床堵塞，洪水泛滥。再看看和田玉的市场，新疆乌鲁木齐一带的和田玉市场曾经非常繁荣，人山人海，我们看到的柜台里面的和田玉，不到几年，就很少看到了。

河边找玉

新疆的籽料是和田玉当中的佼佼者，玉的韧性和油性都非常好。新疆和田玉不但历史悠久，也是最早将新疆和内地之间联系起来的桥梁和纽带。最早奔波于"丝绸之路"上的驼队，驮着的不是丝绸，而是和田玉，因此，"丝绸之路"的前身是"玉石之路"。

第二种是来自于青海的软玉。20世纪90年代初，在青海格尔木市南73千米的昆仑山三岔口附近，发现了软玉矿床，软玉矿虽然地处海拔4 250米的高寒偏远山区，但开采条件还算较为容易，年开采量约为百吨。玉料主要为"山料"。青海软玉色彩丰富,除白色系列外,还有青、绿、黄、紫色等,主要特征有:颜色普遍带有浅灰色调;油脂光泽较弱;未见籽料产出。玉石结晶度略高,缺乏温润凝重感;矿物颗粒较粗,玉石结构略显疏松。

青海软玉制品

第三种是俄罗斯软玉。主要产于俄罗斯、布里亚特自治共和国、达克西姆和巴格达林地区,邻近贝加尔湖。俄罗斯玉颜色丰富,有白、黄、褐、红、青、青白等色。

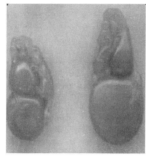

俄罗斯软玉制品

第四种是辽宁鞍山的岫岩满族自治县产出的和田玉。主要产于辽宁岫岩县细玉沟山上(山料);细玉沟东侧白沙河谷底产出河磨玉(籽料);细玉沟两侧山坡上产出"山流水"玉料。岫岩软玉颜色多样,主要有白色、黄白色、绿色和黑色等。辽宁岫岩满族自治县除了产软玉以外,还产出一种玉,叫做蛇纹石玉,我们平时简称为岫玉。岫岩软玉有时称为黄白老玉。

黄白老玉　　　　　　　　岫玉

此外,还有台湾软玉。台湾软玉分布于我国台湾花莲县丰田地区,台湾软玉的颜色以黄绿色为主,一般分为普通软玉、猫眼玉、腊光玉3种。其中猫眼玉又有蜜黄、淡绿、黑色和黑绿等品种。我国台湾花莲县产出的最典型的就是软玉猫眼,又称为中华猫眼,玉具有猫眼效应,不是猫眼石。在软玉中仅我国台湾花莲县产出的软玉具有猫眼效应。

台湾软玉猫眼玉

白玉制品

除上述产地的软玉品种外,还有:产于江苏溧阳市平桥乡小梅岭的梅岭软玉,产于四川省汶川县龙溪乡的龙溪玉;国外的有:韩国软玉、澳大利亚软玉、加拿大软玉、美国软玉、新西兰软玉。

软玉按照颜色分类,可以分为白玉、青玉、碧玉、黄玉和墨玉等。白玉又可分为羊脂白、象牙白、鱼肚白、鱼骨白、鸡骨白等多个品种。这些品种以往都是利用动物、植物的颜色来进行借喻,所以行业当中的很多名词,比如丝瓜绿、秧苗绿、黄杨绿等等,都是同样的道理。白色里面最好的是羊脂白玉,其质地细腻,"白如截脂",特别滋蕴光润,给人以刚中见柔的感觉。这种玉料全世界仅产于新疆。中国古代很多玉器珍品,均为羊脂玉所制。

第二种是青玉。青玉的范围很广,从深青色到淡青色。青色在软玉中是一种介于灰绿之间而偏灰的一种不鲜明的颜色。青玉的质地与白玉相近,但颜色不如白玉,故其价值较白玉要低。

介于青玉和白玉之间的叫青白玉,呈灰白色,或者带有淡淡的灰绿色,似白非白,似青非青,主体通常仍呈白色。这种命名方法,在行业中也有争议,人们对青玉和白玉之间的界限看法不一。

青玉佛　　　　　　　青玉鹤　　　　　　　　青白玉

第四种是黄玉,料中较名贵的一种,基质为白玉,因长期受地表水中氧化铁渗滤而形成黄色调。由淡黄至黄,色泽不尽相同,有蜜腊黄、栗色黄、秋葵黄、鸡蛋黄、米色黄、黄花黄等。色度浓重的蜜蜡黄、栗色黄极为罕见,其经济价值可抵羊脂白玉。

在清代,由于黄玉为"皇"谐音,又极稀少,一度经济价值超过羊脂白玉。

第五种是墨玉,因玉料中夹有石墨、磁铁矿成分即呈黑色。墨玉多为灰墨色玉中夹黑色斑纹,墨玉呈蜡状光泽,因颜色不均不宜雕琢纹饰,现代工艺采用抛光与磨砂处理,体现不同层次。

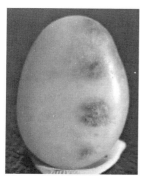

黄玉　　　　　　　　墨玉　　　　　　　　墨玉制品

翡翠中也有一种颜色比较暗的叫墨翠,墨翠与和田玉的墨玉如何区别呢? 在透色光的照射下,墨翠会发出暗暗的绿色,但是和田玉的墨玉是不透明的,是漆黑的,这样就可以区分了。从工艺角度来讲,以往墨翠的价格不是很高。由于人们在加工的过程中通过抛光、哑光等方式，使得墨玉呈现不同的层次，市场上曾经有段时间对墨玉的需求量非常大。

第六种是糖玉，它不是一个单独的名称，它的基底是白色的，由于在地底下受到氧化铁的侵染，但是侵染程度又没有黄玉那么严重，就形成了像红糖一样的颜色，所以就叫糖玉。深红色称"糖玉""虎皮玉"，白色略带粉红的称"粉玉"。糖玉常与白玉构成双色玉料，可制作"俏色玉器"。以糖玉皮壳籽料掏腔制成内白外黄的鼻烟壶，称"金裹银"，更能增值。

第七种是碧玉，和翡翠是不同的，呈灰绿、深绿、墨绿色，以颜色纯正的墨绿色为上品。夹有黑斑、黑点或玉筋的碧玉质量差一档。碧玉质地细腻，半透明，呈油脂光泽，为中档玉石。

糖玉制品　　　　　　　　　　碧玉制品

还有花玉，指在一块玉石上具有多种颜色，且分布得当，构成有一定形态的"花纹"的玉石。

花玉制品

下面我们来看看和田玉文化。玉这种石头为什么在中国能够连绵八千多年，就是因为有玉文化的支撑。刚才谈到，玉文化是中华文明有别于世界其他文明的一个显著特点。中国人认为玉石是天地精气的结晶，是人和神心灵沟通的媒介，所以具有不同寻常的宗教和人性的特点。和田玉取之于自然，琢磨于帝王的宫苑，被看作显示等级身份地位的象征，成为维系社会统治秩序的所谓礼制的重要组成部分。

中国的儒家等文化使得玉具有了丰富的文化内涵。玉产于昆仑山脉，昆仑山本身的神秘性，加之优质玉石本身的质地和产量稀有，二者和中国政治文化相结合的密切性，以及儒学形成的一些关于玉的学说，产生了中国特有的一种玉文化。比如孔子比德如玉，诗经中也念君子温情如玉，所以君子必须佩玉，玉不去身。当年的一些研究认为佩玉不仅是身份的象征，更重要的是一种规范要求。比如你身上佩玉后，你走路会自然地放慢脚步，一般腰上会佩两到三件玉佩，相互之间碰撞会发出清脆的声音，使人远远就能觉察君子过来了。

历史上人们认为玉是石之美者，东汉许慎在《说文解字》中解释："玉，石之美兼五德者。润泽以温，谓之仁。鳃里自外，可以知中，谓之义。其声舒扬，专以远闻，谓之智。不挠而折，谓之勇。锐廉而不忮，谓之洁。"玉的五德包括仁、义、智、勇、洁。玉温和滋润、具有光泽，即润泽有温，仁之方也，表明玉善施恩泽，富有仁爱之心；玉内表如一，具表可知其里也，表明玉竭尽诚信，具有忠义之心；玉石敲击声音悠扬、清脆、悦耳，可传播远方，表明玉具有智慧，远达四方；玉有韧性，硬度极高，宁折不挠，表明玉具有超人的勇气；玉有棱角但却不伤人。这五德就是讲玉的自然属性与社会属性的相统一。故宫博物院的前副院长杨博达先生认为，玉是远古人们在选用石料制作工具的长达万年的过程中，经筛选确认的，具有社会性、珍宝性的一种特殊的矿物。中国产生的玉文化对世界文明史的发展具有非常重要的意义，是东方精神生动的一种物化体现，是中国传统文化精髓的一种物质根基。延续七八千年的中国玉文化，其时间之长、内容之丰富、范围之广、影响之深远，是其他文化难以比拟的。同时，中国的文化也有很多词汇跟玉有关，比如"宁为玉碎""化为玉帛""润泽以温"等等。中国玉文化的辉煌不亚于伟大的长城和秦代的兵马俑，远远超过了丝绸文化、茶文化、瓷文化和酒文化，可以说玉文化中包含了中国的民族精神。

据考古发现,我国先民最早使用玉石材料的时间不会晚于新石器时代的早期,不过当时的原始先民只是将其与普通石料一样,通过打击制成人类早期赖以生存的生产工具和武器等。祖先们在经历了数十万年的玉石并存、玉石不分的历史时期之后,大约在距今七八千年的新石器时代晚期,对两者的认识逐渐有所区别,意识到了玉、石之美感上的差异,进而在使用功能上将两者加以区别。

中华民族的远古先民,在史前时期的文化中以玉为器、以玉为饰、以玉为礼成为国之风尚。特别是在新石器时代中晚期,玉器已超脱出原始的美感和装饰意义,逐步走上了与原始宗教、图腾崇拜相结合的道路,开始成为信仰、权力、地位的象征。

新石器时代晚期,发祥于北方辽河流域的红山文化和发祥于南方太湖流域的良渚文化等,共同构成了原始社会晚期中国玉器制造的高潮。

兴隆洼文化玉器

兴隆洼文化玉器因发现于内蒙古敖汉旗宝国吐乡兴隆洼村而得名,是我国目前所知的年代最早的玉器。由此将我国琢玉和使用玉器的历史推进到了距今8 000年左右的新石器时期。兴隆洼文化的玉玦,是现今世界范围内最古老的玉耳饰。而此时期出土的玉器尤以装饰品为主,常见器型主要为玉玦(耳环)、长条形玉坠,充分体现出远古人们对人体外在装饰美的追求。

兴隆洼文化时期的人们已开始掌握打制和加工细石器的技术,为琢玉技术的出现奠定了良好的基础,他们对美的追求和对玉器赋予的人文情怀,是本地区玉文化发展的核心动力。

兴隆洼文化时期的玉器为红山文化玉器群找到了直接源头。红山文化玉器以"C"字形玉龙、玦形猪龙、马蹄形箍、勾云形佩为典型器种,青白玉雕太阳神和各式玉器讲究神似和对称,大多通体光素无纹、简洁,十分注重玉自然特性的发挥,透露出一种威严和神圣。红山文化玉器除装饰功能外,还具有表示社会地位尊卑的等级标志功能,而且出现了普遍的玉殓葬。其所独有的玉龙和兽形玦（猪龙），使人感到神秘莫测，当时红山文化先民摹拟幻想的、被神化了的神灵崇拜物，也是他们心中崇拜的偶像，此时玉器发展进入了神灵崇拜期。

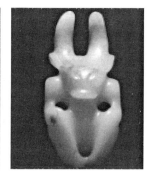

玉龙　　　　　　　　　　猪龙　　　　　　　　　太阳神

到了长江流域的良渚文化，出土了一些玉琮、玉璧、玉符等。良渚文化中的青玉琮、玉璧为典型器种，玉器气势雄伟，讲究对称均衡，给人庄严肃穆的感觉，反映了"天圆地方"的宇宙观，表现了先民们对神灵和祖先的敬仰。

普遍存在于良渚文化玉器中的神人兽面纹，繁密细致而又严谨规范，应是良渚人的崇拜神，亦即良渚部落的"神徽"，神灵崇拜期由此进入了神人崇拜期。

良渚文化玉器　　　　　　　　　　神人兽面纹

从神灵崇拜转变到神人崇拜，琮中可以看到一些精美的画像，但当时没有那么先进的工具，这些是如何刻制出来的，非常值得研究。良渚文化中也有一些玉葬品。良渚文化时期已形成了明显的用玉等级差别，玉器主要出土于大型墓葬中，中小型墓葬中随葬玉器量少甚至没有，体现了墓葬规格上的等级差别,反映出人们之间的财富差异、地位差别,进而反映出原始的社会关系正濒临崩溃,一个崭新的时代即将到来。

从红山文化和良渚文化,还有辽河流域的一些文化中,大家可以发现红山没有琮,良渚没有玉猪龙。但在汶河流域却同时存在这两种器物的合体玉雕。难道是红山文化与良渚文化的交融?

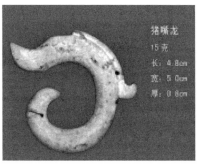

汶河流域玉器

到了奴隶制社会初期及鼎盛期的夏及商朝,由于社会的发展,特别是青铜工具的使用,形成了中国文明史上玉器制造的又一高潮。

夏商时期玉器所反映出的玉文化主要表现为:二里头文化,夏代玉器在玉器史上具有承上启下的作用,将我国古老的玉器文化连成一个整体,使我们得以更清楚地认识先秦玉器文化具体的发展脉络。殷商时期玉器的功能与此前相比,先前的神秘主义色彩开始逐渐减退,玉器工艺、技巧的重心已往生活类转移。从人神崇拜、神灵崇拜慢慢转到一些实用的器具,以及一些工具、

妇好墓出土玉器

武器等。比如从妇好墓中出土的两面轮、跪坐人、璧、符等,可以看出相比以往的玉器发生了一些变化。妇好墓中出土的最令人瞩目和叹为观止的,

莫过于发现了一大批人神器、象生器等精美艺术品。它们既有圆雕器、片雕器，亦有镂雕器。其中有人面或人头形、两面不同性别的直立人、侧身蹲踞式人和抚膝跪坐式人等。

此外，由于夏商是历史上的奴隶制王朝，所以玉器自然而然就成为维护社会等级制度的工具，其制度化、人格化的礼器功能明显增强。当时祭祀朝聘礼仪大典，都莫不以玉为必需品。西周时，用玉献祭，把玉作为沟通人世间生灵与阴间神灵的法物。"以玉作六瑞，以礼天地四方"。古人认为，"天、地、东、南、西、北"六方，都有一位神灵，需定期献祭。以苍璧礼天，以黄琮礼地，以青圭礼东方，以赤璋礼南方，以白琥礼西方，以玄璜礼北方，称之为六器。

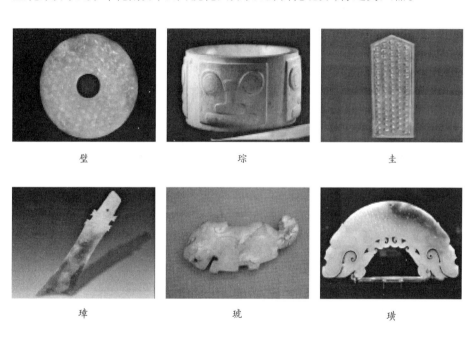

璧　　　　　琮　　　　　圭

璋　　　　　琥　　　　　璜

东周时期玉器盛行，上起帝王将相，下至庶民百姓，无不以玉为贵，视玉为宝，玉器被广泛应用于祭祀、婚聘、丧葬等。东周最为显著的特色就是玉佩饰的盛行，这标志着古代玉器由神到人的转变，儒家用玉思想的形成标志着玉器人格化的正式确立。

玉佩

　　玉被当作人际间情感交流的一种信物，在周朝更是如此，有《诗经》为证："投我以木瓜，报之以琼琚。"你赠给我果子，我回赠你美玉，体现了一种人类的高尚情感，滴水之恩，当涌泉相报。"知子之来之，杂佩以赠之；知子之顺之，杂佩以问之；知子之好之，杂佩以报之。"知道你慕名前来，以玉佩件相赠；知道你脾性相投，以玉佩件结交；知道你抬爱赏识，以玉佩件报答。汉文化中，有不少诗文词汇，从表现玉的自然美引申为人的容貌美和气质美，如"白茅纯束，有女如玉"，还有如玉女、玉人、玉貌、玉色、玉体、玉立等都形容人的俏美。另一个原因是美玉经得起时间的考验，天生丽质恒久不变。她不像飘浮的白云、四季的鲜花，时来时去，忽有忽无，交替变化。

　　到了春秋战国时期，以孔子为代表的儒家学说，遵从君子比德于玉的思想，以玉比德。玉的温润、致密、柔和、坚韧、正义、光洁、谦和、清越绵长、表里一致、瑕不掩瑜、气如白虹等一系列特征代表了君子的仁、知、义、礼、乐、忠、信、德、道等完美品行，概括了"君子比德于玉"的思想，把德和玉结为一体，将玉与君子结缘。孔子将玉人格化、神圣化，强调佩玉的本质不只是表现外在美，而是要表现人的自我修养和精神世界，用玉来表现君子的才识渊博、洁身自好、温文尔雅、谦恭有礼。以玉修身示德，要求君子无故，玉不去身。孔子的"物质、精神、社会"三者合一的独特的玉意识，成为中国玉文化的丰富思想和精神内涵。

　　汉代崇尚玄学、道教，皇权贵族祈求长生不老，渴望得道成仙。汉代玉器采用写实与夸张的创作方法，将人们想象中富有浪漫色彩的仙人生活与现实中有生活气息的人间世界有机地结合在一起，创造了一批精美绝伦、气势非凡、神气瑰丽、富有梦幻色彩的艺术佳品。西汉时期玉器的礼仪性质已经大大弱化，出现了一类极富特色的玉葬品，比如金缕玉衣、玉塞、玉琀、玉握，是希望尸体在玉的保护下不朽，灵魂不灭。

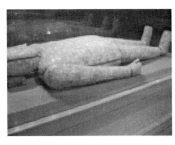  

金缕玉衣　　　　　　　　玉琀　　　　　　　　汉八刀　玉握猪

　　唐代是中国玉文化、玉器极为重要的转折时期,摆脱了上古玉器以"礼"和以丧葬玉为主的传统,开创了以实用玉器为中心的新时代,为其后1 000多年玉器的发展奠定了良好的基础。唐代玉器玉料精美,数量丰富,种类多样,工艺细腻、精湛,内涵丰富。玉带是最具代表性的玉器,使用者受身份等级的制约。《唐实录》有"天子以玉,诸侯、王公、卿、将相之带,二品以上许用玉带。天子二十四銙,龙文、万寿、洪福等雕文之带,唯天子方得使用"的记录。唐代玉器以其卓越超凡的品质在中国悠久的玉文化历史画卷中占有光辉灿烂的一页。

玉带

　　宋代玉器纹饰综合发展,各种深浅浮雕、圆雕、镂雕均有特色,其中平浅刻和镂空技艺空前高超,具有鲜明的特点。玉带板的正面、背面纹饰以多层次、复杂又工整的镂空纹饰表现出来。

镂雕技艺　玉牌饰

渎山大玉海

到了元朝，除陈设用品愈见功夫外，当时的玉雕艺人已经在雄浑天然的山子玉上动脑筋。《渎山大玉海》是中国玉文化中第一个山子玉佳作，采用深浅浮雕技法，黑绿白变织纹路，怪兽和海水的完整画面，气势磅礴，风格浑厚，显示出较高的工艺水平。

明朝玉器内容繁多，寓意丰富，构思巧妙，技艺精湛，与木器的雕琢很相似了。长命玉锁、压胜玉佩、连生贵子等小件玉雕比比皆是，童子佩压胜玉，成为一种文化习俗。

玉锁

明代玉佩

白玉竹节奔马

清代的康乾盛世是中国传统玉文化、玉器制作发展的巅峰，其玉器具有淳朴、简古、精工、细致的典雅风格，尤以山子玉器为世人瞩目。

清代　白玉饕餮纹觚形瓶

清代　痕都斯坦白玉单耳叶式杯

最典型的是《大禹治水》的大玉雕山子，气势恢弘。重达5吨的和田青玉雕《大禹治水》是清代玉器的杰作，是中国玉雕的稀世珍宝，也是我国玉器业发展的丰碑。它是中国玉器宝库中用料最宏、运路最长、花时最久、费用最昂、雕琢最精、器形最巨、气魄最大的玉雕工艺品，也是世界上最大的玉雕之一。大禹治水是数千年来人们一直传颂的伟大功绩，大禹不畏艰难，改造山河的博大胸怀，一直是中国人民征服自然的巨大精神力量。《大禹治水》玉山，是在乾隆帝亲自筹划下雕琢而成的，乾隆为显示治国圣绩，将大禹治水这一不朽题材雕刻在价值连城的巨玉上，以博千古之名。正如他题诗所云："功垂万古德万古，为鱼谁弗钦仰视。画图岁久或湮灭，重器千秋难败毁。"

大禹治水玉山

到新中国成立后，玉雕有段时间比较萧条。改革开放后，中国玉雕蓬勃发展。产业上形成了以北京为中心的北派艺术和以上海、扬州为中心的南派艺术。北派玉器善用俏色，技艺精湛，有宫廷玉器华贵、简古、细致的特点。

北派玉器

南派玉器典雅、圆润、秀丽、精工，尤以大型玉器山子雕为特征。

扬州玉器厂　玉器

　　改革开放后，玉器出现了空前的繁荣，近几年来相继诞生了"金玉九龙壁""岱岳奇观""武当朝圣""四大灵山""盛唐风韵""九七香港回归"等一批工艺卓越、价值连城的旷世珍品。

清凉世界(五台山)

普贤境界(峨眉山)

海天佛国(普陀山)

九莲圣境(九华山)

岱岳奇观　　　　　　　　玉雕山子　四大灵山

　　2008年奥运会的时候，在8月8日之前，所有的电视、报纸、广播都说中国的奥运奖牌是采用和田白玉，即所谓的"金镶玉"，金牌采用的是和田白玉，银牌是和田青白玉，铜牌是和田青玉。到了8月8日后，真正发出的奖牌是昆仑白玉、昆仑青白玉、昆仑青玉。和田玉和昆仑玉还是有区别的。1983年左右在青海格尔木发现软玉后，当时叫做"青海玉"，主要是山料。人们认为青海玉的质量不如和田玉，所以一直都希望奖牌采用和田玉。新疆软玉和青海软玉的差价有10倍左右，但是后来发现很难找到那么多和田软玉，所以就改用青海的玉，跟原来说的不一致。就说是昆仑玉，来自一个山脉。青海是山料，和田有山料也有籽料，但籽料难以满足那么大量的需求，所以奥运会奖牌采用的玉是青海昆仑玉。

纵观我国一万多年开发、利用玉石的历史，可以认为，我国的玉文化是建立在儒家思想基础上、以玉为中心的道德文化。以孔子为代表的儒家思想在中国长期的统治地位，使中国的玉文化一直带有浓厚的道德色彩。玉成为温厚、谦和、诚实、正直、坚韧、珍贵、高尚、美丽等精神美和崇高境界的象征。中华民族自古以来重德、重义，不论贫富、贵贱，皆把玉视为中国文化的代表、民族文化的基石、情操和道德的化身。

人们爱玉、敬玉，认为宝玉通灵，人养玉，玉更养人。戴一件玉观音或玉佛，可祈求佛界庇佑，把多少祝福、多少心愿、多少期待都寄托在这精美的玉佩之中。佩玉、玩玉、藏玉、赏玉，在中国和海外的华人中久盛不衰。英国著名学者李约瑟曾说："对于玉的爱好，可以说是中国文化特色之一。"

曹雪芹在名著《红楼梦》中就有"玉是精神难比洁"之句，已将玉由饰品升华为一种中国特有的文化。玉美则神洁，玉文明史已有近八千年，玉文化是中国传统文化的重要组成部分，是已经深入中国人血脉里的文化，是中华民族留给当今世界的极为宝贵的文化资源。

中国的玉文化有"宁为玉碎"的爱国民族气节；"润泽以温"的无私奉献精神；"瑕不掩瑜"的清正廉洁气魄；"化干戈为玉帛"的团结友爱风尚；"锐廉不挠"的开拓进取精神。这些伟大的民族精神是构成中华玉文化的风骨，是我们取之不尽、用之不竭的宝库，是中华民族立足于世界之林的制胜法宝。

钻　石

下面介绍一下钻石，经常有人问："现在1克拉钻什么价？"答案在于我们如何评价钻石的价值。这里有两颗钻石，A钻石里面有红橙黄绿的色彩效应。钻石本身是没有颜色的，由于切磨得比较好，就像三棱镜分解可见光的色散效

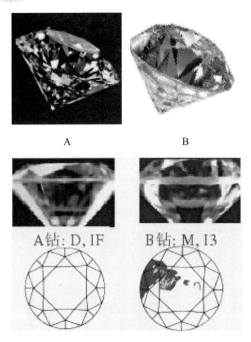

A   B

A钻：D，IF   B钻：M，I3

应，如果钻石不是磨成三角形，或者切磨角度比例不对称，就很难看到这个颜色。B钻石有点黄色，看不到色散效应。A钻石切磨得比较规整，里面很干净，几乎看不到杂质，而B钻石里面有很多裂隙。

就价值来说，A是B的5、10、20、30倍，价格差距很大。A钻石是D色（颜色从D开始排，D最白），是最高级别的，最白的，内部最干净，在10倍放大镜下看不到瑕疵。B钻石是M色，钻石内部的杂质，在10倍放大镜下，很容易看见，用I3来表示。

我们先简单介绍一下基本概念。钻石的矿物学名叫"金刚石"，只有颗粒比较大的达到宝石级的才叫钻石，达不到的就叫金刚石，可以做工具，比如钻头，用于工业。钻石本身由碳原子组成，来自于地球的上地幔，离地表大概厚度是130千米。钻石如何被开采呢？是通过火山爆发带到地表的。火山灰被雨水冲刷到地势低洼处就形成钻石块，比如在印度的一些海滩上，又叫沙块、次生块。另外也有通过钻井的办法，从火山桶里面开采出钻石。

选购钻石时应该依据选购的用途来决定，是时尚佩戴？石头收藏？还是馈赠亲友？想清楚后再买。许多人想要买净度很高的钻石，我认为要理性考虑是买品质优良的克拉钻、钻石首饰，还是品牌钻石首饰。首先，钻石、钻石首饰有没有品牌在于是谁在给钻石进行质量评价。当前是钻石质检机构在评价，比如美国的宝石学院、比利时的钻石议会的HRD，以及国内的国家宝石检测中心、各高校的质监站等。因此钻石的好坏不是商家评判的。但是，钻石首饰是有品牌的，因为在设计、镶嵌等过程中融入了厂家的设计理念。所以很多亲人朋友在选购钻石时又要保值又要漂亮，往往就买一些品牌钻石。同样的1克拉钻石，假如它的净度、品质、级别为中上，在上海的钻石交易所选购大概价格为8万元人民币，如果镶嵌成戒指，比如蒂芙尼、卡地亚等品牌的钻石首饰，在商场售价大概为28万元,所以其寄托价格为20万元。因此,大家选购钻石要考虑是买品牌还是只买钻石。

如何评价钻石的品质呢?所谓的"4C品质",即颜色(color)、干净程度(clarity)、切磨工艺及比例(cut)、质量(carat weight),简称"4C分级评价"。

净度如何分级呢?用10倍放大镜观察天然钻石,如果看不到内含物杂质,很干净,叫LC;如果很难看到有什么东西,叫VVS;如果难看到叫VS;容易看到叫SI;不用放大镜肉眼就能看到叫P或者I。钻石内部的杂质分级是主观的,有人为因素在里面。

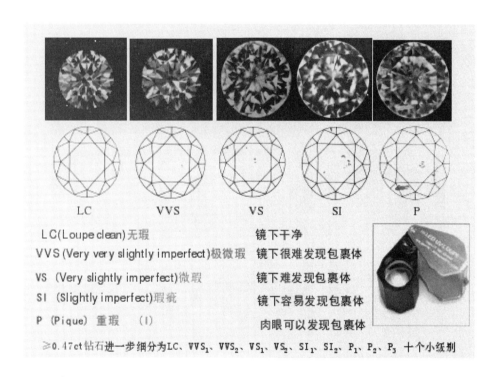

LC(Loupe clean)无瑕　　　　　　　　镜下干净
VVS(Very very slightly imperfect)极微瑕　镜下很难发现包裹体
VS(Very slightly imperfect)微瑕　　　镜下难发现包裹体
SI(Slightly imperfect)瑕疵　　　　　镜下容易发现包裹体
P(Pique)重瑕　(I)　　　　　　　　肉眼可以发现包裹体

≥0.47ct钻石进一步细分为LC、VVS_1、VVS_2、VS_1、VS_2、SI_1、SI_2、P_1、P_2、P_3 十个小级别

买钻石需要自己去看,与个人的经验、视力、技巧都有关系。成千上万的级别就分为五个,中间多少有个过渡过程,两个级别之间可以说没有差别,也可以说差别很大。举个简单例子,将同学们的成绩分为"优""良""中""差","良"是80～89分,89分的"良"跟90分的"优"差别很小,但是80分的"良"和100分的"优"差别就很大了。同样,钻石中紧挨着SI的VS,与紧挨着LC的VVS,差别就很大。比如VS,里面有两个点、三个点、四个点的瑕疵,都叫

VS。可以看出，这个分级是有主观因素的。我们自己应该掌握一些选购技巧。如果瑕疵的裂纹在内部还好，如果刚好在边上，就千万要小心。钻石很硬，韧性不足，我们可以用榔头敲碎它。钻石一旦有裂口，镶嵌时可能裂开，在选购时要注意。

钻石的颜色如何评级呢？用一个比色石头，从白到慢慢发黄，如果比 E 色白就是 D 色，后面是 F 色。比色石没有 D 色，E 是最高级别，如果一般比 E 还白一些，就是 D 色。这同样也是人为观察出来的。

颜色分级采用目视比色法进行

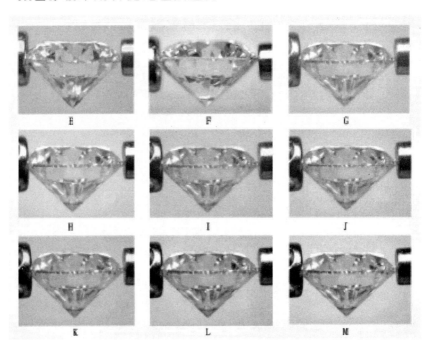

钻石切工的分级，以腰轮直径为100%，以台面与腰轮的宽度进行比较，根据顶部、底部的几何参数，会有不同的色散效应，达到53% ～ 57%的比例较好。如果顶部磨得很深，钻石就不会很亮，色散就比较弱，其价格就会低很多。有时候切得太好，就没有1克拉，如果是80分钻石，其单位价格就低很多。所以钻石切割要追求价格的最大化。1克拉钻石如果切割得不好、净度不好，价值也会比较低。

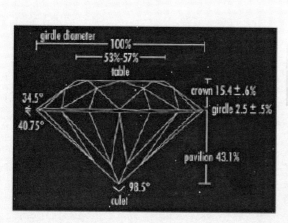
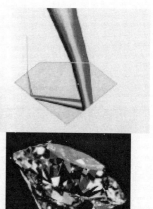

比率：为台宽比、冠高比、腰厚比、亭深比、全深比、底尖比、冠角
修饰度、对称度：刻面抛光纹、腰围不圆度、刻面尖点对齐度、刻面
大小均匀度、台面腰部平行度、波浪腰等。

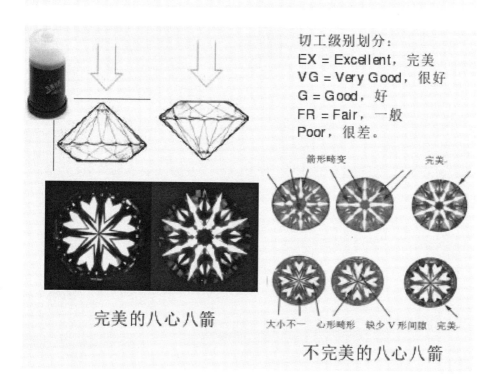

切工级别划分：
EX = Excellent，完美
VG = Very Good，很好
G = Good，好
FR = Fair，一般
Poor，很差。

完美的八心八箭

不完美的八心八箭

下面谈一下钻石的质量分级。国际上每个月有一个钻石报价表，不同重量的钻石价格不同，100分是1克拉，50分、60分就是0.5、0.6克拉。

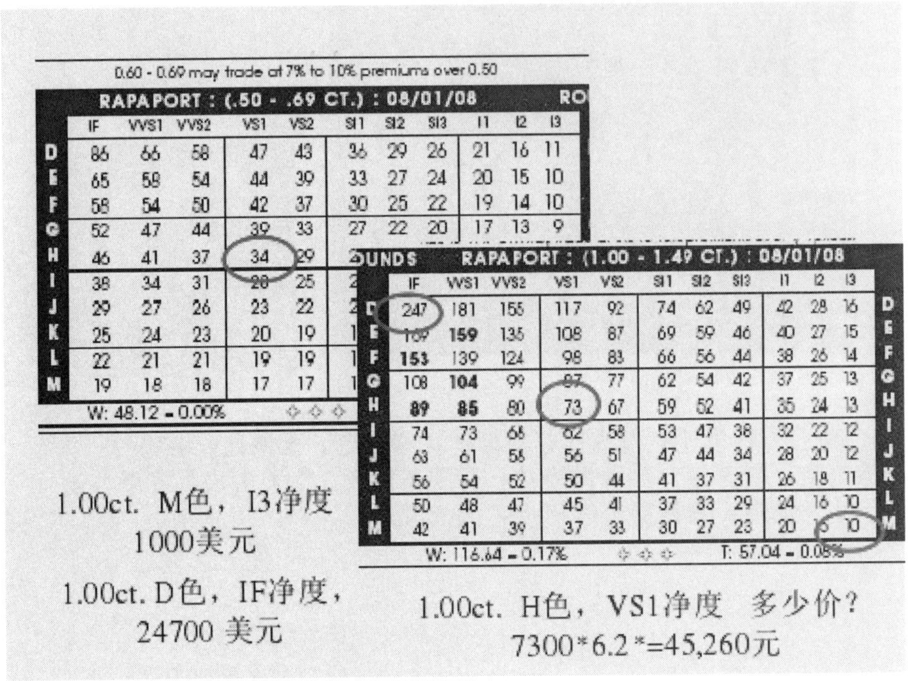
0.60 - 0.69 may trade at 7% to 10% premiums over 0.50
RAPAPORT : (.50 - .69 CT.) : 08/01/08
W: 48.12 – 0.00%
RAPAPORT : (1.00 - 1.49 CT.) : 08/01/08
W: 116.64 – 0.17%
T: 57.04 – 0.08%
1.00ct. M色，I3净度
1000美元
1.00ct. D色，IF净度，
24700 美元
1.00ct. H色，VS1净度　多少价？
7300*6.2*=45,260元

	IF	VVS1	VVS2	VS1	VS2	SI1	SI2	SI3	I1	I2	I3
D	86	66	58	47	43	36	29	26	21	16	11
E	65	58	54	44	39	33	27	24	20	15	10
F	58	54	50	42	37	30	25	22	19	14	10
G	52	47	44	39	33	27	22	20	17	13	9
H	46	41	37	34	29						
I	38	34	31	28	25						
J	29	27	26	23	22						
K	25	24	23	20	19						
L	22	21	21	19	19						
M	19	18	18	17	17						

	IF	VVS1	VVS2	VS1	VS2	SI1	SI2	SI3	I1	I2	I3	
D	247	181	155	117	92	74	62	49	42	28	16	D
E	169	**159**	135	108	87	69	59	46	40	27	15	E
F	**153**	139	124	98	83	66	56	44	38	26	14	F
G	108	**104**	99	87	77	62	54	42	37	25	13	G
H	**89**	**85**	80	73	67	59	52	41	35	24	13	H
I	74	73	68	62	58	53	47	38	32	22	12	I
J	63	61	58	56	51	47	44	34	28	20	12	J
K	56	54	52	50	44	41	37	31	26	18	11	K
L	50	48	47	45	41	37	33	29	24	16	10	L
M	42	41	39	37	33	30	27	23	20	[illegible]	10	M

若钻石颜色为D，内部无瑕疵，其价格是每克拉8 600美元，最高级别的价格是24 700美元1克拉，这是2008年的报价单。如果颜色是M，是I3，1克拉价格是1 000美元。A钻石的价格是B钻石的约25倍。所以1克拉钻石价格不等，可能只有六七千元人民币，也可能有12万元左右。钻石的价格是根据4C标准来的。选购的时候我们要根据具体的需要、目的，根据钻石的内外特征、颜色、切工、重量等来选购。钻石很少能找到90分以上的。1克拉以上的钻石才叫大钻，1克拉以下的叫小钻。

琥　　珀

下面我们介绍琥珀。琥珀（Amber）的阿拉伯文为Anbar，是“胶”之意，西班牙人将阿拉伯胶和琥珀称为Amber。中国古代名写作“虎魄”。

琥珀

琥珀是如何形成的呢？是远古松柏科植物的树脂，经过千万年的地质作用，失去挥发成分，聚合、固化形成的化石。根据琥珀形成的地理环境，分为海珀、山珀、矿珀。海珀透明度高、质地晶莹、品质极佳。矿珀主要分布于缅甸及中国抚顺，常产于煤层中，与煤精伴生。抚顺的琥珀年代久远、品质坚韧，尤其如翳珀、花珀更是珍罕的品种。

海珀以波罗的海沿岸国家出产的最著名。波罗的海沿岸，下面可能有埋着的树脂，波罗的海沿岸的琥珀矿层，因分布于沿海地区，有的还伸入水下，经海浪侵蚀，琥珀便被释放出来。因其相对密度低于海水，可在水面上漂浮，称海珀，也称海石。海珀经过海水的淘洗、冲刷，质量常优于坑珀。海珀可随海浪漂浮，因此芬兰、俄罗斯、立陶宛、波兰，甚至远在北欧、英国也可看到，人们在海滩上就能捡到一些。矿珀主要产于新生代早期第三纪含琥珀的煤层中，只有在煤矿中才会形成，所以常与煤伴生，并且矿珀要经过上万年时间才能形成。矿珀直接采自地层中的蓝泥，不像海珀会受到海水的冲刷侵蚀，所以保持了原始面貌。矿珀在缅甸、抚顺有产出。缅甸琥珀主要产于缅甸北部与中国接近的克钦山地、胡康河谷、雾露河、恩梅开江、迈开立江、野人山沼泽地等。矿珀因特有的地理环境，内部一般有包裹体、矿裂和矿缺，这正是鉴定矿珀的一个重要依据。

琥珀中有一些芳香的树脂，就是琥珀酸，会吸引一些昆虫。松脂散发出一种芳香味引来昆虫觅食，昆虫被粘住以后，上面的树脂还在滴，就把昆虫埋在

虫珀

植物珀

了里面,叫虫珀。也有一些因风力吹拂飘来的树叶、植物等杂物埋在里面,形成植物珀。被阳光照射后,琥珀里面可能产生一些气泡,气泡经过加热、炸裂,形成一些裂纹,反照太阳光。

琥珀形成于数千万年前,形成于几百万年前的树脂化石严格意义上叫柯巴树脂,其石化年度、硬度、耐腐蚀性就相对差很多,价格也就低很多。比如在实验室中,碰到腐蚀性的溶剂如丙酮、指甲油等,柯巴树脂就会溶解。如果你买到形成于300万～400万年前的琥珀,碰到指甲油,可能就会失去光泽,形成毛玻璃样。

下面谈谈琥珀和柯巴树脂的区别。琥珀年龄是3 000万年以上,柯巴树脂是1万～500万年。柯巴树脂1克大概20～30元钱,琥珀1克就要一两百甚至三百元以上。树脂,包括人工树脂,都很难达到玻璃光泽。多米尼加、缅甸的琥珀在长波紫外灯下,就有荧光出现,抚顺的琥珀是蓝中带紫,墨西哥的蓝中带绿,多米尼加的蓝色调浓重一些。柯巴树脂在长波紫外灯下发白色的荧光,比天然琥珀要明亮一些。但柯巴树脂石化年份不够,所以硬度在1.5～2.5,琥珀一般在3左右。还可以看其与乙醚、丙酮、酒精的反应,柯巴树脂接触后,手上一搓就会有粘手的感觉。

琥珀的化学成分是含有琥珀酸的碳氢氧化物,也会含有硫、水等,比如地震带附近的地质变化,硫元素就可能会渗透进去。琥珀也属于有机宝石类,在矿里面挖掘出来是不规则的粒状,我们看到的多是抛光过的。琥珀的颗粒是有棱角的,其光泽是金刚石的金刚光泽,水晶是玻璃光泽。如果树脂硬度比较低,光泽就会弱很多。波罗的海的琥珀,是石化后的树脂,光泽就很强。

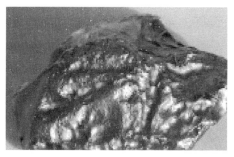

波罗的海琥珀　　　　　　树脂仿琥珀　　　天然琥珀
　　　　　　　　　　　　　蜡状光泽　　　　树脂光泽

琥珀有透明和不透明的。如果是不透明的、浑浊的，叫做蜜蜡，形成年代久远，但是不透明，加热后其透明度可能会改变，变至半透明。一般来说，透明的琥珀质量比较好。

　　透明　　　　　　半透明　　　　　微透明　　　　不透明（蜜蜡）

琥珀硬度很低，跟我们指甲硬度差不多，指甲可以刻画琥珀。在佩戴的过程中，指甲油、丙酮、香水，都对琥珀的表面有影响。牛仔服布料、灰尘中的石英砂，都可能把琥珀磨毛。我们指甲的硬度一般是 2～2.5 左右，琥珀也一样，玻璃大概是 4.5 左右，所以玻璃要比琥珀硬度高一些。一些女性将琥珀的首饰跟珠宝首饰放在一个包里，珠宝首饰中红蓝宝石的硬度是 9，水晶的硬度是 7，小刀的硬度是 5 左右，施华洛世奇的水晶也是 4.5 左右，所以琥珀首饰不宜和其他首饰放在一起，最好用布袋分隔开来。

如何检验琥珀呢？琥珀碎片的断口跟玻璃断口一样是贝壳状；如果是塑料的树脂，则不会出现贝壳状断口，这点很好区分。

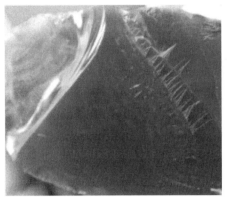 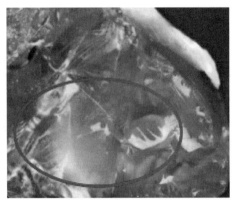

琥珀的贝壳状断口

琥珀是石化的树脂，我们检验的时候，除了看断口外，还可以用小刀在不起眼的底面削一下，如果是一片一片、转曲或者碎块状，说明不是琥珀。琥珀削完后应该是碎末、末屑状的，跟粉笔削下来的粉末类似，因为琥珀是很脆的。一旦削下来的呈一条一条状，或转曲的，那么就是塑料树脂。如果用小刀削不动，可能就是玻璃注蜡，因为玻璃硬度比小刀要高。当然，如果不是抛光好的，有原材料，或者雕件有底座的，也可以检验一下。

漂浮在饱和盐水之上

另外，琥珀可以放在1∶4的饱和盐水中，一般琥珀会浮在水面上，其密度是1.06 ～ 1.08，而饱和的食盐水溶液密度大概是1.12左右。但要注意也有特殊情况，比如有的树脂塑料里面有比较大的气泡，那么也会浮在水面上；如果琥珀中有些矿物被包埋在里面了，比如缅甸的根珀，密度比较大，也可能沉在饱和食盐水下面。比如我们看到的这串就是漂浮在水面的琥珀，沉下去的就不是。市场上也常常用食盐水来检验。

琥珀经过加热后会软化、溶解。加热到约150℃左右，琥珀变软；250℃～ 300℃呈熔融状态后逐渐燃烧，燃烧时伴有轻微的爆裂声，冒白烟，带有松香气味。琥珀在空气中加热会燃烧炭化。如果在油里面加热，里面的气泡就澄清了，不透明的可能就变透明了。小块的琥珀经过加热可能积压在一起变成大的琥珀,叫再造琥珀。琥珀还可以用溶剂来点试。如果用乙醚、丙酮等点到表面后,触摸有粘手的感觉,可能是树脂、松香、塑料、柯巴树脂。酒精一般不容易腐蚀琥珀。石化程度越高的琥珀越难溶解。当前市场上柯巴树脂也叫琥珀,与琥珀区分的难度比较大,成本高,很多机构不愿意给这些产品做证书。

琥珀是良绝缘体,琥珀用力摩擦能产生静电,静电能吸附纸片等小物体。不过要注意,一些塑料也有这个特征。

琥珀的颜色有棕黄色、黄褐色、红色等。红色的琥珀叫血珀,非常漂亮。蓝色的琥珀很稀有,还有浅绿色、浅紫色,来自于多米尼加的琥珀会发出蓝色的荧光,很漂亮。蓝珀价格最高,花珀较少见。

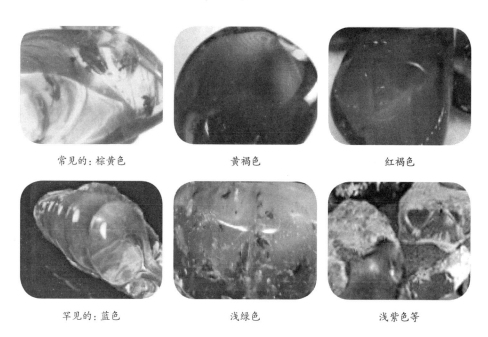

| 常见的:棕黄色 | 黄褐色 | 红褐色 |
| 罕见的:蓝色 | 浅绿色 | 浅紫色等 |

另外还有黄金珀、金红珀等,根据颜色来命名。还有一种非常名贵的叫黳珀,用肉眼垂直平视呈现黑色,在光线照射下则呈现红亮光点。黳珀独居鳌头象征尊贵、吉祥,所以历来达官贵人、富豪之辈视其为珍宝之物,用它制做的佛珠是佛门弟子和信徒们供佛念佛的最佳圣物。

黳珀

如何区分虫珀是天然还是作假的呢？大多数昆虫都很小，琥珀有一点黏度，如果小昆虫被粘住，上面的树脂下滴，把它埋在里面，昆虫会挣扎，昆虫的脚和翅膀的地方会看到一些流动的构造，就像一个平静的池塘扔进一块石头，会有水波纹的感觉。如果是假琥珀，人为地将死昆虫压在里面的，就没有这种流动构造。真琥珀里面的昆虫是完整的，就算在挣扎中四肢断掉了，断了的四肢也在旁边；如果是把昆虫打死放进去，昆虫可能是残缺的，比如头可能是扁的、眼睛可能凸出等等。市场上假虫珀很多，需要大家认真辨别。

虫珀真正的价值不在于佩戴，而是生物学方面的研究价值。几千万年前的昆虫能够通过琥珀得以完整地保留，利用现在的DNA技术便可以萃取出它的DNA。佩戴方面，人们大多喜欢血珀。花珀看起来并不好看，像树根一样。

琥珀的产地有俄罗斯、波罗的海、多米尼加、缅甸等。其中俄罗斯的琥珀产量占了全世界的将近80%。2014年上海市与黑龙江建立了珠宝玉石的战略合作关系，主要是从黑龙江进口俄罗斯的琥珀。俄罗斯的琥珀（真假）一般没问题，基本都形成于3 000万年以前。波罗的海的海珀大概年份有3 000万年左右。多米尼加的琥珀埋藏于火山灰中，地壳变迁时火山灰会有一些渗入到琥珀中，所以琥珀会带有蓝色调，在光照下会发出蓝色荧光。缅甸的是矿珀，与煤层伴生，距今9 900万年到1亿年左右，硬度最硬，但是颜色偏暗，在缅甸付侃河附近，与我国抚顺的琥珀类似。

中国的著名产地是辽宁抚顺，煤层很多，在光绪二十七年，也就是公元1901年，当时的民族资本家王承尧获得执照开始试采，1903年转为正式开采。1914年王承尧成立了当时规模最大的琥珀雕刻作坊"双和兴"，寓意"和气生财，生意兴隆"，赵昆生、张佰孝等人也成了抚顺琥珀雕刻的一代宗师。除"双和兴"外，还有"宝聚琥珀""金生琥珀""大田琥珀"等也成为品牌的后起之秀。

辽宁抚顺的花珀是全世界独一无二的，花珀年龄在3 500万～3 600万年之间。抚顺琥珀（花珀）的价格高，是因为物以稀为贵。导致市场稀少的原因是什么呢？一是在改革开放前，尤其是文革期间，人们不了解琥珀的珍贵，烧煤时作为燃煤料浪费了许多。当时许多含铜的绿松石、孔雀石也被拿去炼铜了，没有收藏起来。二是日本侵略者在抚顺掠夺了数亿吨原煤，其中有许多琥珀。三是现在抚顺的露天煤矿已经快要枯竭,快要封矿不开采了,而开采琥珀是开采煤矿时顺带而为的。四是抚顺的煤矿投资方开始囤积和收藏琥珀,抚顺当地老百姓囤积等待增值的琥珀存货很多。

缅甸的根珀呈深棕色、浅黄色、白色、黑褐色等交错的颜色,抛光后有像大理石一样很漂亮的纹理,硬度相对较高,达到3,是缅甸琥珀中唯一不透明的品种。其形成原因是火山中有一些方解石,被琥珀包裹在里面,密度就比较大,一定会沉在饱和盐水下。根珀很漂亮,受到一些人的喜爱。缅甸的根珀和抚顺的花珀有类似之处,也有差异,根珀里面是方解石,抚顺的花珀除了矿物外,主要是琥珀的颜色不均匀。还有白根珀,其质地比一般的要白,但是不透明,可以做成手镯,很漂亮。还有半根半珀,是指同一个琥珀中有不透明的根珀,也有透明的琥珀,还有的有不透明的蜜蜡,就是半珀半蜜。花纹也挺独特,很有收藏价值。缅甸的蜜蜡,颜色偏浅,质地细腻,肉眼看不到颗粒的底子,有白色胶着的颜色,也有块状的比较单一的均匀色。缅甸的蜜蜡是半透明的,似透不透的感觉,根珀是不透明的。半珀半蜜又叫金角蜜,形成的层次感比较分明,半蜜半珀如果是与金珀结合在一起,就很名贵了。

关于琥珀的处理工艺。我们刚才讲琥珀的密度是1.06～1.08,但是抚顺的花珀就不一定能够浮在水面上,因为里面有一些矿物,会沉在水下。多米尼加的琥珀是蓝珀,在紫外灯或自然光、太阳光、白炽灯等下面发生颜色改变,有美丽的光学效应。多米尼加的琥珀比墨西哥的要昂贵一些。紫外灯下,墨西哥的琥珀会发出蓝绿色荧光,多米尼加琥珀的绿色会少一些,市场上的价格也是有差异的。抚顺的琥珀表面黑色的一层比较厚,因为受煤的影响,经过雕刻师的巧手可以将黑色雕刻出一些图案。抚顺的琥珀油性比较足,尽管会发蓝荧光,但是蓝中带紫的比较多。

市场上也有一些压制琥珀,压制琥珀是常见的赝品琥珀之一,也称融合琥珀。简单地说,就是将很多琥珀的碎块、粉末等,加热使之融化,然后加压使之凝固为大块琥珀。清末民初,由这种压制琥珀做成的器件在中国曾经流行过,它们多数以红色透明雕刻品的形式出现,比如鼻烟壶、佛像、琥珀碗等。

压制琥珀中可以观察到碎片边界的暗色纹理和漩涡状不规则的纹路,可以作为肉眼鉴定的依据。

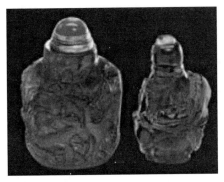

压制琥珀制品

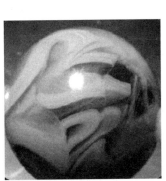

压制琥珀

烤色琥珀

　　还有烤色工艺。所谓烤色，即在温压条件下，琥珀表面的有机成分经过氧化作用产生红色系列的氧化薄层，琥珀加热处理成黑红色，抛去弧面表皮，保留底面并在上面雕刻各种佛像、花卉图像等，即可加工制作成阴雕琥珀，暗色的背景能更好地突出雕刻主题。

　　还有琥珀里面常常可看到一些扁平的裂隙，加热时里面的气泡炸裂，琥珀比较脆，就会形成圆形的扁平的太阳光芒，有点像荷花池中的荷叶，圆圆的，这就说明琥珀是加热过的，或者原来琥珀的透明度没那么好，加热后细小的气泡消失了。琥珀花卉见得比较多，我们叫做刨花工艺。

　　关于琥珀的保养、使用、佩戴，切勿把琥珀、蜜腊摆放于高温或阳光直接照射的地方，过分干燥易生裂纹，防止琥珀氧化颜色变暗或失去光泽，尤其不能遇明火。琥珀、蜜蜡是有机宝石，因此必须避免与汽油、煤油和含酒精的化妆品、指甲油、香水等有机溶液接触，以防止琥珀表层受到破坏，令其失去光泽，切勿使用化学成分清洁剂清洗，要远离强酸强碱。琥珀、蜜蜡硬度不高，因此需小心存放，切勿摔碰，不要与其他首饰放在一起，避免被利器或硬物之类刮伤。琥珀、蜜蜡与珍珠、珊瑚同属有机类宝石，佩戴后可用湿布轻轻擦拭，对于粘灰的琥珀，应以温水清洗，再用软布吸干水渍，最后以少量纯净橄榄油或BB油轻拭表面，即可恢复光泽。

王如竹

【 学者简介 】

王如竹,博士,教授,长江学者、国家杰出青年科学基金获得者、国家级教学名师、科技部重点领域创新团队负责人。现任上海交通大学制冷与低温工程研究所所长,教育部太阳能发电及制冷工程研究中心主任。

王如竹教授在制冷空调中的能源利用,低品位热能制冷技术,太阳能与自然能源利用与建筑节能、低温绝热与传热等领域均取得创新性研究成果。作为第一获奖人获得2010年国家技术发明二等奖,2014年国家自然科学二等奖,2009年国家教学成果二等奖。所指导的博士生中有2名获得全国优博、4名获得全国优博提名奖。著有国内外著作和教材共11部,在国际学术期刊上发表论文300余篇,SCI他引7 000余次。由于对国际制冷学科做出的突出贡献,获2013年度英国制冷学会颁发的J&E Hall金牌。2015年被中共中央、国务院授予"全国先进工作者"称号。2016年入选万人计划领军人才。

王如竹教授目前担任的主要学术职务有:中国制冷学会副理事长,中国工程热物理学会常务理事,中国可再生能源学会常务理事;是国际重要学术期刊 *Energy* 副主编, *International Journal of Refrigeration* 地区主编, *Solar Energy* 副编辑,以及近10本国际期刊编委;也是《制冷技术》主编,《制冷学报》副主编,《太阳能学报》副主编。

第 *18* 讲

可再生能源的技术与市场[*]

今天跟大家讲的内容是可再生能源的技术与市场，相信各位对此都不陌生。可再生能源就是太阳能、风能，还有其他的一些能源。那么，为什么要讲可再生能源的技术与市场呢？因为我当时想，到上海财经大学来，在座的各位可能不是搞技术的，都是搞财经的，但是我们搞技术的是需要财经支持的。其次，如果你去关注一下我国的首富，现在大家知道是王健林最有钱，但是王健林之前，曾经是一个太阳能企业的创始人，李河君，再几年以前，是比亚迪的老板王传福，再之前就是无锡尚德的施正荣。这些人都是搞太阳能或储能的，也就是说，我们中国的可再生能源产业在2005～2015年的十年间，至少出了三个首富。所以，可再生能源的技术与市场充满了机会。那么为什么充满了机会？未来到底怎么发展？这就是我今天要给大家讲的一些事儿。

我主要讲三个方面：中国的能源现状；根据中国的能源现状看我们现阶段的可再生能源到底是怎么发展的；以及未来的技术跟市场到底在哪里。

首先，讲中国的能源现状，你不得不注意大气污染这个事实。大家很幸运，是在上海财经大学，而不是在北京。你如果在中央财经大学的话，这两天PM2.5好像是红色预警了，以至于好多学校都停课了。这个问题在中国已经不是稀奇的事儿了。这张照片是几年以前的，现在你到北京去还是这样子。

---

* 2015年12月10日上海财经大学"科学·人文大讲堂"第83期。

空气污染为什么这么严重？尤其是到了冬天特别严重，冬天的话，跟其他时候相比，多了集中供暖的需求。北方的人都知道，冬天家里面有暖气。我们上海条件差一点，没有暖气，装了空调，空调没有北方的采暖舒服。但是采暖是要付出代价的，因为现在采暖主要还是通过烧煤，导致环境中的污染物大量增加。当然，煤不仅仅用于采暖，更多的还是用在工业上。京津冀地区为什么污染这么严重？实际上很多企业原来是在北京的，后来把它移到河北了，天津的企业也移到河北了。所以河北就有很多钢铁厂、水泥厂、化工厂，这些厂都需要消耗大量的煤。那你可能会问，为什么烧煤却不烧天然气呢？因为天然气烧不起，煤便宜，你用煤作为原料生产成本就低，成本低卖出去的产品利润就高了。但是为了得到这么高的利润，整个环境付出的代价却是很惨痛的。北京市某领导在全国人大会议上曾经说，在他的任内，一定要把北京的空气污染问题解决掉。而事实上，解决北京的空气污染没有那么容易，简单的行政处理难以从根本上解决问题。雾霾的英文是 fog haze，fog haze 在英国比较严重的时候我们叫伦敦雾都。所以英国也是经历过这个阶段的，即工业化的阶段。这个工业化的阶段，就是指工业迅猛发展的时期。现在中国的发展现状是什么呢？城市人口迅速增加，房地产蓬勃发展，你如果跟20年或者10年以前去比，现在单位面积的人口增加了2倍，城市体量不断扩大。城市所有人都要消耗能源。能源消耗的增长对应污染排放的增加。在一个健康的生态系统里，所有的污染可以靠大气环境、水环境自身去把它循环净化掉，而当污染量要比环境容量大得多的时候，环境自身的消化能力已经透支了，那么这个时候就会产生严重的环境问题。最近我在网上看到，由于中国的大气污染问题，日本准备要投资几百亿给中国，说想办法帮我们治理雾霾。为什么呢？因为雾霾已经飘到日本去了。所以对于这些问题，大家要看到它的严重性。

如果分析一下可以知道，雾霾的来源主要是工业锅炉的尾气排放，另外就是北方冬季的采暖，当然还有汽车尾气。我们曾经以为这都是汽车尾气造成的，但是为什么到了冬天突然就比夏天、比其他时候严重得多？在北京，有的时候PM2.5一下子降到30，这种情况也是有的，但是很少。而汽车是全年在开的，所以说雾霾不能完全归咎于汽车尾气，主要还是由于工业方面的应用。为什么工业的影响这么厉害呢？大家知道中国是一个制造大国，实际上从20世纪80年代末开始，国外的一些先进装备都引进到了中国，然后中国的各种生产线就建起来了,因此现在中国的制造能力是非常强的,但是制造能力增加了以后谁来消费呢? 可能有一半以上是给外国人去消费的。他们去消费,但是环境的负担是中国人在承受。外国人消费工业产品,却没有消耗自身能源,能源全部消耗在中国,所以环境污染都在这儿,最后吃亏的是中国的老百姓。但是在解决这个问题方面政府应该怎么做? 政府首先还是想促进经济,GDP要够高。如果为了缓解环境污染一味放缓经济发展,不仅官员不能晋升,老百姓也不答应。那么,在这种情况下,经济发展跟环境污染治理怎么来协调? 这是我国面临的非常大的问题,尤其是在新的形势下。

另外,我们看看,现在除了污染问题,还有些什么问题啊? 气候变化。我们讲全球变暖是一个方面,但实际上更严重的还是气候的变化,本来热的地方变冷了,冷的地方变热了,干旱的地方变涝了,涝的地方变干了,这都会产生问题。为什么呢? 我们所有的当地设施都是按照几百年、几千年长期的气候特点来建设的,当整个气候变化之后,比如说下水道,在北京,就没有足够的下水道来排水,突然下了一场大雨,雨水排不出去,公路上,尤其是立交桥下面就会有积水。所以在这种情况下,大家都要买一个逃生锤。你说开车开在路上,还得准备一个锤子,为什么? 万一被水淹了,汽车都是电控的,水一淹以后,电控失效,车门车窗都关死了,你出不去,你说你用脚蹬,不容易,唯一的办法是用榔头。这些反映的都是气候变化所带来的问题。然后,我们再看看我们的能源消耗,2012年的数据是1年消耗标准煤约为36.2亿吨,到2014年,46.2亿吨。我们知道,中国有13亿人口,也就是说,人均差不多要消耗3吨煤。3吨煤是多少啊? 3 000千克,一个人大概要消耗这么多,目前就是这么一个状况,然而未来能源消耗还要增加,最关键的是什么呢? 我们这么多的能源消耗总量里面,虽然包括了煤、石油、天然气、核能和其他可再生能源,但是其中70%左右都是煤。所以在这种情况下,煤的使用是跟我们的污染密切相关的。而且我们开采煤还不方便,煤矿都是在西北地区,消耗都是在东南沿海。在大西北把它挖出来,再用铁路或者公路把它运到沿海,在沿海地区使用。这种结构,非常不合理。

再来说说核能。核能现在应该说是处在快速发展的时期,但是核能在目前总的能源结构里面所占比例连20%都不到,一点儿,小得很。所以核能还有很大的发展空间。但是对于核能我们还要担心安全问题,现在至少日本出了这个问题,然后德国把所有的核电站全关了,全部转成可再生能源。所以全球在核能利用方面还有分歧,核能发展仍有不确定性。目前中国能源结构里面采用的非化石能源,也就是可再生能源,主要就是水电,还有太阳能、风能,就目前来说,它们所占的比例大概是10%,其中水电的话差不多占了百分之七点几,剩下的就是风能跟太阳能。

另一个方面,我们要看看能源的储量,就是各个国家所能开采使用的能源总量。大家可以(PPT上)看到,美国的能源储量很多,这里面黑色的代表煤。而我们中国主要是煤,石油和天然气是很少的。然后大家看伊朗,伊朗没有煤,全部都是石油和天然气,在伊朗只要往地下通管道,出来的就是石油和天然气,所以国家很有钱。沙特阿拉伯也是一样的,这个绿颜色的(PPT上)都代表石油,沙特是世界上石油最多的国家,所以石油的价格是由沙特来定的。为了制裁俄罗斯,沙特、美国联手把石油价格压低。所以现在我们去加油,越来越便宜,一升油五元多,而贵的时候七元多、八元多。他们想把俄罗斯的经济搞垮,因为俄罗斯也是石油、天然气比较丰富,它的能源总量比我们中国还丰富,而他们的人口则比我们少很多。以上是全球能源分布的大致情况。这个情况就是我国能源结构没法做出大的变动的原因,在未来50年、100年之内,煤可能还是我国很重要的一个能源。

然后我们再来看能源消耗。PPT上的数据显示的是中国近几年每年煤的消耗总量及其增长情况。这个增量是什么概念呢?我们两年里多耗的煤相当于欧盟2009年全年的煤耗量,同时也接近于美国全年的煤耗总量。所以大家可以看出,在煤的消耗上我国的增长是非常快的。再来看石油。石油能够促进我国哪方面的产业呢?汽车工业的发展,当然还有石油化工业的发展。现在我们的石油将近60%依赖于进口,而其中又有70%是从中东进口的,60%里面的70%,也就是总量的40%左右,全部从中东进口。所以大家可以看到,中东对中国多么重要。因此在未来的3~5年内,或者说中东正在发生的,在叙利亚、沙特、伊拉克、伊朗,还有土耳其,各种政治军事上的局势变化会直接影响到我国石油的供应。2014年,中国做了一件很大的事儿,什么事儿呢?把巴基斯坦一个叫瓜达尔港口的经营权给拿回来了,为此中国承诺给巴基斯坦建一条高铁,全部由中国来投资,穿过整个巴基斯坦,一直通向那个港口。到了港口,离伊朗和其他中东地区就很近了。现阶段我们所有的船都要经过马六甲海峡，从新加坡出去，整个石油运输的通道基本上都被美国人控制着，我们没有一个专门的通道。实际上美国人同时控制着第一岛链、第二岛链和整个马六甲海峡，所以一旦发生政府之间的冲突，他们就能把我们的石油供给切断。所以中国一直在寻找自己能源供应的安全通道。2014年，我们跟俄罗斯通了管道，买了很多天然气，现在我们着眼于巴基斯坦瓜达尔港口的建设，然后用高铁将它跟中国连起来。所以，以后高铁不仅用于运输旅客，还是运输石油的一个很重要的通道。另外，在能源进出口方面，你可以关注一下上海合作组织，实际上，上海合作组织对中国来说，就是我们的一个能源俱乐部。这个能源俱乐部里面，最主要的伙伴当然是俄罗斯。我们的西气东输，从新疆一直到上海，4 200千米管道，走的都是天然气，这个西气2004年通到了上海。本来以为我们新疆的气田很多啊，后来才发现我们天然气的需求量远远要比它的供应量大得多，这样的话天然气就告急了。怎么办呢？两个办法。一个办法是进口液化天然气。我们知道，天然气可以以气体形式通过管道输送；另外也可以去远的地方买，买了以后在低温状态下把气体变成液体，然后用低温保温的容器把它运到我国的液化天然气接收站，比如说我们上海的崇明、江苏的启东等地，都有液化天然气的接收站。上海的洋山深水港也有液化气的接收站，接收站再把液化天然气气化，通过管道传送给用户。还有一种办法就是使用输气管道。前几年我们一直希望俄罗斯能够跟中国形成一个战略伙伴关系。但是大家知道，因为俄罗斯是卖家，既可以卖给中国，也可以卖给欧盟，欧盟的管道都是从乌克兰、白俄罗斯一直通到西欧的。所以，大家可以看到，欧洲的那些国家不敢制裁俄罗斯。他们如果要制裁，俄罗斯就不供应天然气了。最近，土耳其跟俄罗斯关系紧张，天然气供应被切断了，那就麻烦了。那么当时俄罗斯面临的是什么？一个是中国，一个是日本，都要买它的天然气，这个管道先铺谁的？因为一个工程要好多年呢。当然日本人做了很多工作，因为日本人永远是跟我们竞争的。最近日本人挺高兴的，因为印度的高铁项目他们竞争成功了。但是前不久，马来西亚的高铁被我们中国人竞争成功了。俄罗斯在日本和中国之间摇摆，当然后来俄罗斯发生了乌克兰事件，控制了克里米亚。这件事情以后，日本人就紧跟美国，要制裁俄罗斯。那我们中国这时候怎么办？所有人都要制裁它，只有中国支持它。所以俄罗斯就把合同签给中国了，一签就签几十年，这个是能源战略。我们在能源战略上面，从俄罗斯引进天然气；从伊朗买天然气，伊朗在当地把天然气液化，然后通过液化天然气船运回来；我们也从马来西亚进口液化天然气；从非洲进口石油。非洲有很多国家也是有石油的，中国的石油公司——中石化、中石油到那里去建立分公司。所以总的来说，就是把石油天然气的资源尽量盘活，盘活以后中国能够早一点用到，这是一个很长远的战略。所以我认为上海合作组织一方面是跟北大西洋公约组织有竞争关系，但是另一方面，在很大程度上是立足于能源合作战略的，是部署和维系前苏联的几个国家跟我们中国的合作关系。当然现在伊朗也是观察员嘛，也加入到这个队伍里面来了。我记得在四五年以前，哥本哈根峰会的时候，欧洲人希望大家把合同都签下来，就是关于二氧化碳减排的事。前不久，巴黎气候大会又提到这个问题，中国是很支持的。二氧化碳减排的话，必须得到碳排放大国的支持，也就是中国、美国，接下来就是印度，这几个国家是排量最大的。大家知道，二氧化碳排放总量大，就意味着温室气体多，温室气体多，就造成全球变暖。有很多小国家，大家知道，就比海平面高出一点点，很容易被淹掉，比如马尔代夫。在哥本哈根峰会期间，马尔代夫专门让内阁成员穿了专用的呼吸设备，在水下开的内阁会议。这主要是提醒大家，再这么发展下去，他们的前途就是这个样子。中国当前所面临的压力非常大，因为我们必须做出承诺。但是中国怎么承诺呢？我们从来没有承诺过二氧化碳总量要减少，我们说中国还是发展中国家，还要发展，我们人民的生活水平还没有你们高，你们西方国家前面几十年、100多年，工业化都已经经历过了，你们排了那么多二氧化碳，今天我们要排一点就不让排了？这个有道理吗？但是我们中国坚决支持二氧化碳减排，我们的原则就是，单位GDP碳排放下降。也就是说，经济还是要发展，而经济发展就要消耗能源，现在要改变经济的结构，把排放多的企业逐步地淘汰，然后提高生产效率。所以我们提出，与2005年相比，2020年单位GDP能耗要下降40%～45%。这个目标我们能够实现，因为我们要求地方政府每年以2%的幅度往下降。但是我们政府真的要这么做的话已经很不容易了。单位GDP二氧化碳排放要减40%，确实不容易。为了达到这一目标，大概到2015年年底，我们的可再生能源，或者说非化石能源，要占总能源结构的11.4%，2020年达到15%。实际上，这个增量所对应的市场非常大。你看11%～15%，只有4%啊，但中国的这个4%的能源是不得了的事情，是非常大的一个总量。另外，我们要大力发展天然气，天然气要达到多少呢？在我们的能源结构里面，到2020年，天然气要占到我们一次能源总量的10%。也就是说到2020年，能源总量中15%是非化石能源，10%是天然气，因为天然气是比较清洁的，两个加起来是25%。那么剩下的，可能就是与化石能源相关的一些不够清洁的能源。当然我们还有一部分核能。最主要的是，2020年我们的煤占一次能源的总量，要从2012年的67%降到62%，这是一个非常大的变化。大概3年以前，政府提出在未来的10年内，要投入大量资金到替代能源领域，相当于7 380亿美元。国家为了推进能源的合理利用，出台了两部法律，2006年实施了一部可再生能源法，2008年实施了一部节能法。它们指导了我国在能源发展过程中的一系列政策，比如在发展化石能源的过程中，应该有百分之多少替换为可再生能源。所以在这几年里，可再生能源经历了快速的发展。可以说，中国的可再生能源的现状和它最近10年的发展远远超过了大家的预期。实际上，在这10年里面，很多国家都在能源转型方面大量地投入，尤其是德国、西班牙、意大利这些欧洲国家，另外就是美国、中国、日本。其中，德国是最干脆的，把核电全都关了，核电关了以后就要用可再生能源，使用风力发电，再加上太阳能电池板（光伏发电）。2014年夏天某一两个小时里面，德国总的可再生能源的发电总量，超过了它的需求量，变成正的了，这可是正能量啊！当然，这是在夏天中午太阳比较好的时候才能实现的，并不就是说百分之百实现了。而现在有些国家，像丹麦，已经开始做这个规划，希望百分之百实现这种正能量。再来看看北欧的另外一个小国家——挪威。在上海世博会期间，他们的标语是：Norway, powered by the nature。当时我就不是很理解，为什么说它是用自然来提供能量的呢？但是当我去过挪威以后才知道，它95%的电力都是利用潮汐能。挪威这个国家人口比较少，大多分布在沿海，涨潮的时候他们就把水储存起来，利用潮汐差发电，因此它95%的电都是靠潮汐能，这就是它的一个发展策略。再来看看我国的现状，到2011年的时候，虽然我们的二氧化碳排放成了世界第一，但是我们同样自豪地说，中国的可再生能源使用总量也变成世界第一！记得奥巴马7年前竞选美国总统的时候，我正好也在美国，有一个朋友Clark Bullard是美国UIUC的一个教授，也是奥巴马竞选时的一个助手，在帮奥巴马写能源政策。之后奥巴马就出台了很多与能源相关的政策，当时他承诺做了总统以后，美国要推进可再生能源，可再生能源可以创造很多就业机会。大家知道，外国政府对就业机会都非常重视，因为失业率是个大问题，现在我们政府也很重视，所以就业方面的话，可再生能源提供的机会非常多。奥巴马开始做总统没几年，中国的可再生能源就开始迅速地发展了。到2011年、2012年的时候，我们可再生能源使用总量变成了世界第一。美国的风力发电厂、太阳能光伏电站，招投标都被中国人拿走了，让奥巴马很头疼。中国的可再生能源发展首先是风能，接下来才是生物质能和太阳能，这是2011年的状况。到了之后两年，太阳能就越来越多了。到了2014年的数据，大家可以看到，中国的可再生能源总量有了进一步的提高。而全世界的能源结构中，2013年的数据是19.1%是可再生的，78.3%是化石能源。到2014年的时候，才1年多，可再生能源的份额就增长到22.8%了，世界上接近1/4的能源是可再生能源。19.1%到22.8%，这是1年里面发生的事，这个发展是非常快的。接下来，我们看看电力，整个世界85%的地区在2012年都有电，15%是没有电的。当然，你们现在难以理解，我是能理解的。当我在小学、初中的时候，家里是没电的。另外，可以再关注一下工作机会、工作岗位。根据2011年的数据，整个中国只有160万的人从事与可再生能源有关的行业。我问过皇明太阳能的老板，你们有多少员工啊？皇明的生产厂家差不多有两万多员工，但是实际上，加上在全国各地的经销商和安装服务人员，皇明公司差不多提供了15万～20万个就业岗位。它做的就是热水器啊，你想有这么多的就业岗位，那么就为很多人解决了工作，这是很重要的一件事。实际上政府是很重视企业家的，因为企业家创造了那么多的就业机会，促进了社会和谐和稳定。

下面说说可再生能源创造就业的总体结构，这里面太阳能是创造就业机会最多的，接下来是生物质能，然后是地热能、水能，还有就是风能。在2004年到2014年间，全世界可再生能源的投入总量1年内大概有2 700亿美元。大家可以看到，发达国家跟发展中国家的投入大概是差不多的。

讲到这里，我就顺便给大家讲几个故事。先讲太阳能电池。根据2012年的数据，50%的太阳能电池都在中国制造，但是中国只消费了全球的5%，95%都是出口的，因为出口可以挣钱。以无锡尚德施正荣作为代表，2006年他的股票在纳斯达克上市，上市以后的第二天，他就变成中国的首富。因为无锡尚德在国际上有很多订单，大家都觉得这个有前景，拼命地投钱。但是这个企业2012年就破产了。为什么破产？他做大了以后就拼命地投资，造更多的产品,然后有一天市场不景气了。并不是太阳能不景气,而是尚德大规模发展了以后,使得德国的企业、欧洲的企业失去了竞争力。没有竞争力人家企业就要倒闭,他们当然不干,不干的话就向欧盟说这个无锡尚德在我们欧洲低价倾销,中国政府补贴,使得欧盟给它加税,税一加就是百分之二三十,这个税加上以后,再出口到德国去,这个价格就比德国人的公司贵了,那当然没有人买它了。没有人买了,之前的投资收不回来了,只能破产。这个有点像投资里面的杠杆,投得太厉害,到最后一下子就不行了。这个就是施正荣的故事。另外一个故事是关于彭晓峰的,江西LDK的创始人。他们两个曾经在财富榜上排名第一、第二,当时都很年轻,年龄跟我差不多,现在大概五十出头一点。他们成长为企业家的时候我在大学里做教授,跟他们也有交往。我后来说,那时候他们是nobody,后来become somebody,现在又变成nobody。2004年到2014年,全球太阳能光伏发展趋势就是一条指数曲线。那时候国际需求很旺,而中国制造业对此大量投入。实际上,德国在2005年就开始对光伏有需求了,后来就逐步地增长。2011年世界太阳能光伏产业十大消费国中,德国排第一,占了全球市场的1/3以上,接下来是意大利,中国只占了4.4%。但是那时候我们制造了全球50%的太阳能电池,4.4%是我们自己用。世界上15个最大的制造厂商,第一就是尚德,大家可以看到,当时中国的企业出货量占到整个世界的50%。在2008年、2009年后,就是在欧盟反倾销以后,这里面很多企业就不行了,当然也有企业成长起来了。到2014年,我们再看世界上太阳能装机容量最多的10个国家,德国还是第一,中国变成第二。1年里面的增量我们是10.6吉瓦,德国是1.9吉瓦,日本是9.7吉瓦。日本为什么增加了这么多?因为福岛核电站发生了核危机,没办法,只能靠太阳能了。其实我们国家也有很多关于核电的谣传,因为大家看到日本的核辐射产生了很大的危害。当然,现在安倍还想重启核电站。另外,美国的太阳能增量也是比较大的。

以上是光伏部分,我们再来看光热。光热里面要讲到的这几个都是我的朋友,其中殷自强老师是清华大学的教授。他20世纪80年代到澳大利亚悉尼大学学习,学习过程中发现那儿真空管做得很好,就在那儿把先进的技术都学到了。回国以后,在清华大学把它产业化,做成了一个真空管集热器产业。大家知道,20世纪80年代,农村洗澡没有煤气,都是烧柴火的。我家也是农村的,所以夏天的时候,我就跳到河里面去洗澡,冬天没法洗。冬天到过年的时候，我们村上有一家人家里有一口很大的铁锅，各家各户带着柴火去，河里面挑来水，烧开了以后，一家人一个一个洗，这就是农村的洗澡。有没有可能提供一种办法，钱花得不多，但是能够解决洗澡问题，也就是生活热水呢？农民就有这个需求。农民的这个需求培育了我国巨大的太阳能热水器市场，所以太阳能热水器市场是农村包围城市。在这个过程中，殷老师及其同事积极地推进，清华大学的成果就到处被应用和转化。太阳能热水器的集热器就是真空管，有了这个真空管就可以制造太阳能热水器产品了。太阳能热水器的厂家也因此蓬勃发展起来。其中的皇明太阳能，在山东的德州，他们老总黄鸣是无锡人。我问过他，黄总，你为什么从事太阳能？他说，王老师你不知道，我是学石油化工的，专门搞石油开采，当时在山东那里开采石油，一个石油开采站有100多个工程师，我是一百多分之一啊，我的价值一直很难提升，你不做头儿体现不了能力，除非你做总工程师、做总经理才能体现。一般的工程师技术再好，你就在那儿谁也不知道。他说，我就想找一个行当，能让我很快有价值。所以他就选择了太阳能。一开始在清华阳光做销售，做了以后发现，这个东西市场挺好，我也可以自己做啊。然后就自己把皇明办起来了。这就是皇明热水器企业。还有一个企业家叫徐新建，他现在的公司叫东方日出。他的公司在连云港叫太阳雨，在北方市场叫四季沐歌，这两个都是他的牌子。他经营得比较好，一开始也很困难，但是后来成长了，大概在五六年前上市了，上市那天我也去参加了他的酒会。东方日出是作为太阳能热水器制造商第一个上市的。高元坤是山东力诺集团的，他现在一年营业额大概也有100多个亿。这些老板营业额基本上都是100亿左右，还没有做到格力那么大，格力大概是1 000多个亿。我们上汽大概也就是两三千个亿的规模，华为在5 000多亿左右。高元坤现在跟我合作得很紧密，我的一些技术在力诺做产业化。那么光热的应用目前主要就是每家每户的热水器，装在屋顶上，后面就开始发展太阳能建筑一体化。太阳能建筑一体化要解决的需求是夏季太阳光产生的多余的热最好都利用掉，能不能把这些热拿来制冷，来做空调，我们就帮他们做这件事，把太阳能做到一年四季能用。上图（PPT中）是太阳能厂家做的平板集热器、真空管集热器、U型管集热器，大多数家庭买一个热水器大概2 000 ~ 5 000多元。一台热水器差不多18根、20根真空管，一根管子20块钱，再加水箱，总共的成本大概是七八百元，然后你一集成组装，售价2 000元或者3 000元，皇明的话要卖到5 000元或者6 000元。其实，以前热水器整个市场主要是靠经销商来定价的，生产厂家是不定价的，经销商都是区域来进行代理的。比如说上海市，分成几个区，这个区都是你的，你不能卖到另外一个区去，所以全国各地的网点就非常多。从2004年到2014年，太阳能热水器的发展就很快。当然它的增长曲线比不上太阳能光伏的指数增长，但是你可以看到它也是直线增长的。而且在中国，它的增长最快。为什么能这么快？因为房地产涨得快。但是房地产最近两三年不景气了，最近造的很多房子卖不出去，卖不出去就意味着有很多空房子装不上太阳能，所以对这些厂家是有影响的。中国的工厂2010年制造了世界上81%的太阳能热水器，安装了其中的64.8%，其余的都出口了。根据2013年的数据，太阳能集热器安装总量，中国大概占到了世界上的70%，相比其他一些国家，中国是遥遥领先的。我们拿2013年的数据来看，一年内，我们中国就增加了44.5吉瓦由太阳能转化的热量，是其他国家如土耳其、巴西等的很多倍！所以目前来说太阳能热水器在中国家庭里可能占到了20%～25%左右，这个量还是很大的。现在要发展热水器进城市，要做太阳能建筑一体化。城市里面就是高层建筑，你必须把热水器做到阳台上，水箱放到阳台里面，这样整个系统就可以做到美观。太阳能再继续发展的话，还有一个很重要的就是工业锅炉烧煤，有没有可能用太阳能替代煤？如果你去调查一下，工业能源消耗中55%左右都是热，这个热从80°到250°。我们去和太阳能厂家讨论，你们能不能做？太阳能厂家说，我们能做。然后我们给他们一算，如果把太阳能用到工业上面去，因为工业厂房面积都比较大，也不是高楼，都是一层楼，所以顶上或者工地上面都可以装太阳能集热器，这就是太阳能锅炉。如果做这件事，就能替代煤锅炉，或者至少能替代10%～20%的煤的消耗，这个市场就会很大。所以现在我们太阳能厂家就在往这方面转型。实际上这是从太阳能热水到太阳能热能的一个转化。从这个热能的转化大家可以看到，一个工业用太阳能集热系统可以达到5 000平方米集热器的规模，这个规模就相当于装2 000多户家庭的太阳能热水器！太阳能工业应用可以带来数十倍的集热器市场！那么利用太阳能制热的话，比如是皇明的菲尼尔二次反射集热器，可以将水烧成汽，温度可达200多度。力诺的真空管中温集热器也可以实现150度左右的中温，可以满足大多数工业热能的需求。

　　前面讲的是太阳能，下面我们再讲讲风能。就风能利用来说，实际上，无论是制造还是市场,中国在世界上都处于领先地位。风能也分为两种,一种是陆地上的,还有一种就是海洋的。先介绍陆地风能的应用。说起中国风能发展比较好的地方,大家听过一首歌吗?就是王洛宾的"达坂城的姑娘"。达坂城在新疆,那边的风力资源特别丰富。我国的风力发电最早就是从那边开始的,之后就是内蒙古,然后再到江苏的启东、上海的崇明。现在上海开始在东海发展海上风电。这个是风力机(PPT中),风力机能做多大?现在我们市场上比较普及的是,一个3 000千瓦,也就是3兆瓦。3 000千瓦,大家知道,这是个很大的数字。上海东海做了一个100兆瓦的风电场,需要三十几台风电机。PPT中这台风力机叶片的长度差不多有五十多米,你远看起来很小,但走近的话会发现连接叶片部分的那个架子是空的,人能都站着进去。这对工业制造的要求很高。如果你做了一片四五十米长的叶片,要用于陆上风电,要想把它运到内地去,就没法运,因为叶片很长啊,转弯不好转。那么这个大型的风电机一般是怎么运输的呢?是做了以后从海上运出去,海上的船可以很大,这里面有很多具体问题。再比如,如果把它装到海上,对安装的要求也很高。因为这台风机的直径差不多七八十米,安装的时候要用支架固定到海底,要竖起来。风机直径七八十米,半径40米,安装后风机主体起码要在水面上60米,海底可能还有几十米的支架用于固定,确实有很大难度。好在中国的海洋工程这两年发展得很快,涌现了很多机会。那么风电为什么能迅速发展呢?因为风电的价格越来越低。为什么?叶片越做越大。越做越大等于是单位千瓦的投资就少了,然后总量就不断地增加。中国的风电资源中上海这一带就算可以的,西部地区的资源更好。我国目前陆地风电大概有250百万千瓦,海上风电750百万千瓦,量还是很大的,但是对中国整个能源需求来说还是比较小的。为什么中国风电发展得这么快?2003年的时候才567兆瓦,2004年700兆瓦,2005年1 260兆瓦,2010年计划要做到5 000兆瓦,2020年要达到30 000兆瓦,这都是计划的。实际上2008年就超过了2010年的计划量。到2011年,只花了3年,大家可以看到,风电增加了3倍,这个增长率是很厉害的,基本上是每年100%的增量。近年来世界风电的增长基本上是直线增长,但这个直线里中国的贡献是非常大的。2011年,世界上各国的风电发电量数据中国遥遥领先,接下来是美国、德国、西班牙。1年之内,中国增加的量是17.6吉瓦,美国增加6.8吉瓦,德国增加2.0吉瓦。到2014年,中国还在增加。2011年一年增加17.6吉瓦，到2014年的时候一年增加23.2吉瓦。对比其他国家的增量，中国的增量是非常大的，也就是说风电这方面的投入是非常大的，在这个过程中就培养了一批中国企业。目前世界上最大的风电企业是丹麦的Vestas，大家知道丹麦风电占到整个国家用电量的75%，他们最早发展，而且以海洋风电为主。第二就是中国的金风科技，2011年的时候占了9.4%的市场份额。再下面是华锐风电，也是中国的一个厂家，然后是联合动力，再接下来才是美国的GE、西班牙的Gamesa、德国的Simens，等等。中国的风电企业在世界上排得上号了。2014年，在世界风电市场份额中，Vestas占11.6%，西门子占9.5%，金风占9.0%，金风排在世界第三，超过了GE。如果你到洋山深水港，去那里的路上，或者你坐飞机，有一条航线是经过那里的，就是临港附近，你可以看到那边装了很多风电机组。那里的水深是10米，安装过程中要把塔先吊起来，固定在水底后，把整个风叶装上去，当然这个需要海上的吊装设备。

下面再花点时间简单说说热泵。热泵大家听说过吧？我估计很多人没听说过。但是空调大家知道，夏天是制冷的，夏天的时候怎么制冷呢？是把室内的热量转移到室外去。冬天的时候制热，把室外的热量送到室内来。但室外怎么有热量呢？整个空气，就是一个大的热量源。我们为什么叫泵呢？如果说水在下面的位置，你要把它抬上来，那一定要用泵，叫水泵。热也是这样的，你要从低温里面，把热量送到高温去，就需要一个机械设备叫热泵。这个热泵呢，是要消耗电的。消耗电，然后从低温热源里吸热，并把电能和热能一起送到高温侧，所以它的能效永远是大于一的。也就是说，消耗一份电力，很可能从空气中吸收了两份的热，然后加起来，到了水里，或者到了我们的室内环境。比如空气源热泵，我们冬天采暖的时候，用的这个空调和夏天相反，对室内制热。此时，它整个的一套冷凝器、蒸发器的功能就发生了切换，从室外吸热，向室内放热，所以我们把它叫做热泵。现在家里用的热泵，效率大概在2～3左右，也就是说消耗一份电，从环境里吸收了一份或者两份热，然后送到了室内。所以它肯定比电热丝效率高。电热丝的话，一份电出来的就是一份热。接下来我给大家介绍热泵热水器，也就是现在所讲的空气能。我们叫空气源热泵热水器，后来在跟企业合作的过程中（企业是搞太阳能的），他们说，王教授你说的这个空气源热泵热水器我们卖给老百姓，老百姓都不懂。他们说，这个很简单，我们卖太阳能，这个就叫空气能。所以，你以后买热水器，问商家有没有空气能,商家都知道。你买美的的、买格力的,都有了。实际上就是这么一个东西,有压缩机、室外机、蒸发器,蒸发器里面是什么呢?一定是低温的液体,温度一定比外界空气温度还要低,才能够从空气里吸热,比如说空气的温度是零度,这个液体的温度可能是零下八度,它就会吸收空气的热,变成气体蒸发了,蒸发了以后被压缩机压缩,压缩以后就变成高温高压的蒸汽,高温高压的蒸汽受冷会液化放热,所以它就在冷凝器中和水进行了能量交换,把热量传给了水,然后蒸汽就凝结,又变成液体了,但是这个液体呢,压力是高的,温度也是高的,那么在这种情况下,后面用膨胀阀,让它经过一个膨胀阀节流,节流以后,它的压力就变低了,如果被节流以后的压力(也就是它的蒸发压力)所对应的饱和温度比环境温度低的话,它就又可以从环境里吸热了。所以这个叫热泵热水器,就是从环境中吸热,消耗了电能,吸收了空气能,两个加起来送到了水箱,所以它的效率永远大于一。那么正常情况下,空气源热泵热水器消耗一份电,可以从空气里吸收三份热,最后得到四份热。这四份能源就是最终得到的,空气的温度可能是零度,而水箱里的温度可以是五十度,这样就可以生产热水了,效率很高。我们2003年已经实现产业化了。2008年,上海市支持我们推进空气能热水器在绿色建筑上的运用。绿色建筑里面的热水器虽然可以使用太阳能热水器,但是要考虑它在高层建筑中的适用性问题,因为市区建筑的容积率太高了,太阳照射的时间不够,这种情况下装太阳能显然有问题。所以我们跟房产商说,你可以装空气能,空气能虽然消耗电,但是消耗的电很少,是电热水器的1/4,那当然是好的,所以就装了。我们开发的产品最早的一批是在2003年,到现在为止,空气源热泵热水器的市场已经增加到1年80亿元左右的营业额,不算很大,但是已经有80个亿了。根据我的判断,它以后一定会跟电热水器、燃气热水器、太阳能热水器平分秋色,我觉得至少占1/4吧。它首先能替代电热水器,因为电热水器的效率是1,热泵热水器的效率是4。第二,它能跟太阳能热水器竞争,为什么呢?因为你不能保证天天有太阳,尤其我们上海地区,25%的时间是没有太阳的,那时候怎么办?只能电加热或者再用燃气加热热水。所以你一算,一年用的电跟空气能热水器是一样的,但是空气能热水器安装更方便。当然还要和燃气竞争,燃气一是比较贵,二是没它安全,燃气热水器为什么没它安全呢?因为燃气热水器寿命大概8年,但是很多家庭用了8年,一看没事,继续用,10年、12年,除非强制性报废。上海几乎每年都有煤气中毒事故，所以燃气热水器使用不安全。那么热泵热水器呢？它用的是热交换原理，所以没有漏电漏气的问题。研究了热泵热水器之后，我开始考虑房间采暖的问题。目前我们家庭里面的暖气大多数是用空调热泵，冬天的时候大家都感到不舒服，为什么不舒服呢？因为它都装在上面，夏天的时候是舒服的，冷气往下，冬天的时候热气往下吹，吹到你这儿以后，它拐个弯儿又上去了，因为热气比较轻，都往上跑。所以这样就会使室内上面热、下面凉。那么吹到你了你感到热，但同时你付出的代价是什么呢？吹出来的热风温度大概是45度左右，又热又干，很多人就吃不消了，太干了以后人肯定会不舒服。这是一个很典型的情况。还有一个是什么呢？现在空调制热噪音挺大，即使是在睡眠模式，开了一会儿需要化霜，为什么？因为室外机与冷空气接触，空气内水蒸气会在机器上结霜，不化掉的话机器换热器由于表面结霜被阻塞吸不了热。化霜就是把室内的热量拿到室外去，这一段时间空调不制热，它制冷的，所以你就感到不舒服。因此很多人在呼吁，希望找到办法解决长江中下游地区冬季舒适性供暖。现在很多北方人都在长江流域工作，他们说希望可以装集中供暖，像北京一样。人大政协都在做这方面的提案。但这个提案政府投入会很大，为什么？因为集中供暖要好多锅炉，首先要造锅炉房，要烧很多煤，所有的房子都要重新装暖气、装管道，这个钱谁来出？这个基建投入很大。那么有没有更经济的方案？我们的方案就很简单，利用空气源热泵。空气源热泵能够生产热水，这个热水能不能采暖？当然能采暖。但是，热水如果用于采暖的话，温度不能做得太高，温度做高了热泵效率很低，我就希望把原来的中央空调采暖系统改造一下。北方供暖烧煤都是烧到75～80度左右，进到室内，然后用暖气片，靠辐射传热的。那么空气源热泵干不了这个事儿，如果要从零度左右或者5度左右的大气里吸热，吸热以后把水加热到七八十度，干不了。那我就说，能不能把温度要求改得低一点？我们环境温度要20度吧，没要那么高。在这种情况下，把热水的温度调到35度，然后在室内采用风机盘管换热，通35度的热水进来，跟空气热交换，30度出去，入口空气是室内的温度，20度左右，20度的空气加热以后出来，大概在30～32度。所以你去摸这里吹出来的气，它不热，因为我们人体温度37度，比它高啊，但是房间温度20～22度，很舒适。这就是我们所讲的空气源热泵小温差换热末端的新型采暖方式，也是我在推的一个产业化的项目，现在已经在生产、销售了。生产的厂家就是山东济南的力诺集团，力诺跟我们合作，它做太阳能的，中德合资，现在开始做我们的空气能了，主要解决长江流域的冬季舒适性供暖问题。以前解决冬季舒适性供暖问题我们这些企业都习惯跟着政策走，因为太阳能是可再生能源，政策可以补贴。但是空气源热泵需要用电，还是不是可再生？原来是不算的，因为中国的可再生能源法里面没有涵盖空气源。但是在欧洲、日本都算，为什么在中国就不算呢？如果算，又应该怎么算？我们就替政府制定了怎么算的规则。如果用天然气去发电，发电的效率大概是42% ~ 45%，最高50%，用电来驱动空气源热泵采暖，能效在3 ~ 3.5左右，如果用0.4乘以3.5，就是1.4，天然气是1，那么这个0.4就是多出来的吗？那不就是可再生能源吗？所以可以算。然后跟北方比较，北方烧煤，烧煤的话锅炉的效率没有达到100%，90%，输送管路有损失，因为集中供暖损失很大，总的一次能源效率只有0.7，现在1.4是它的2倍，所以这个完全可以算作可再生能源。现在国家正式宣布了可再生能源计量的评价方式，也是我们上海交大把的关，是我这个团队做的，现在空气源已经纳入可再生能源。以后再推广这些新能源产品的时候，厂家、政府，都会非常欢迎。然后你再来算一笔账，家里装了1个3匹的室外机，假定是2室2厅或者3室2厅，只要装1台3匹机，装4 ~ 5台风机盘管，风机盘管1台800元，5台4 000元，1个室外机5 000元，加起来9 000元，然后再加1个水箱，2 000元，加起来11 000元，剩下就是什么？剩下就是水管。你说你卖什么价钱？两万。两万你可能赚了五六千，所以这个厂家愿意干。两万卖给你，你肯定干，为什么？你家里买1个3匹机，3个1.5匹的房间的，也要花这么多钱，你还得买热水器，现在这些问题全给你解决了，而且更重要的是，更舒服，更节能，节能20%。所以，我们在推广这个产品。这是我们的一个新技术，现在也列入到可再生能源了，我觉得这可能是一个很有潜力的领域。

那么可再生能源除了这些以外还有什么？大家知道的有水力、生物质、地热，当然还有潮汐能，还有其他很多种类型。关于可再生能源，我们来看一些画报，看美国人怎么说。这是《美国国家地理杂志》，上面写的是：太阳能是无穷无尽的能源。再看这个期刊的封面上的小伙子是美国国家可再生能源实验室主任，他身上穿着一件薄薄的太阳能电池，手上举起了点亮的灯。这是美国的 *Scientific America*，中文版叫《环境科学》。大家可以看到它是怎么来描绘可再生能源的使用的。"我们需要石油,以后的石油可以从哪里来?从草地、生物质。"生物质的话,可以转化为生物柴油,生物柴油就可以用来开汽车。美国出台了很多政策来鼓励可再生能源的推广。鼓励了一段时间后,古巴卡斯特罗马上站出来反对,当时是小布什在任上。他说,美国人你这么干的话,把你的良田划了很多去种生物质,为了你的石油,会造成世界上很多的难民饿死。到底是种粮食还是种生物质?这是一个悖论。但是用生物质来制油,肯定是一个方向。同样在 *Scientific America* 里面有个有关可再生能源的图解,总结了各种各样的可再生能源并分别叙述了它们的原理。

下面,再谈一下未来的市场。应该说,2012年可再生能源是比较冷的一年。实际上,由于2008年全球金融危机,德国跟西班牙都受到了很大的冲击。但是从2013年开始,它的市场又恢复了。美国有市场保护,那么中国呢?中国当时生产了那么多的太阳能,卖给谁?那么多厂家互相竞争,竞争到最后,你知道现在一瓦多少钱吗?我开始从事太阳能领域研究的时候大概是20世纪80年代末,那时候1瓦60元人民币。现在1瓦多少钱?4元钱。那时候60元人民币多值钱啊,现在4元钱多不值钱啊,经过了20年左右。但是这就是竞争,就是技术的发展带来的变化。中国的很多厂家都投入到这一产业,投入以后就拼命制造,制造多了以后大家的利润就越来越低。然后大家都希望美国人搞智能电网。智能电网就意味着各种可再生能源可以并入到大电网里面去,发电量不足时,大电网给你,电量有盈余时,通到大电网,同时大电网付给你钱。中国现在也在发展这个事儿,但发展得还很不够。我们的政策都有了,很多中小型服务企业去开拓这个市场。比如崇明岛每家每户农民有那么多房子,那房子可能有100平方,其中有80平方是空的。你如果去装个电池板的话,装好,按照上海的电价,优惠价格,3年就能收回投资。就是说,3年以后就能赢利挣钱了,这就等于是太阳能电池的银行,但这件事情谁去做?它本身具有服务性,实际上是我们讲的第三产业——服务业,这应该算是现代服务业。它需要有技术、有市场,然后要拓展这个市场的话,很可能还需要银行。假定说我来帮你装,装的时候农民肯定不愿意出这个钱吧,不愿意投资这么多,现金流也有问题。那你去跟他商量,前面需要投的钱去跟银行贷款,然后每个月卖电,卖电所得去还银行。隔了三到四年钱还清了,还清了以后我跟农民说,后面七年的钱让我赚。太阳能光伏板能用20～25年,剩下的10年到15年就是你的了。那么农民一分钱没出，能赚个10年，你说他干不干？但是你得有一笔账、一套机制，来把这个理顺。所以我觉得，可再生能源可能会给我们的现代服务业带来很多新的机会，但是这个市场还不成熟，有很多新的挑战。那么在能源方面还有什么有前景的技术呢？当然我们从研究的角度来说，是能源储存，储电是一个方面，储热也是一个方面。当然有了智能电网以后就不需要专门的储电设备了，智能电网是可以结合中央电网进行调配的。然而可再生能源怎么用到工业里面去？用于工业应用，就像我们前面讲的太阳能锅，还有就是上网电价的补贴。上网电价补贴现在上海的政策非常好。上海六角钱能从电力公司买电，然后光伏上网电价1.1元，家里装太阳能电池板的时候还有优惠。我记得有段时间安装太阳能电池板，政府给你出一半的钱，这个过程中我们把太阳能产业培植起来了，所以用户是越来越多了。日本人怎么办？日本人在这个基础上提出能不能建立一个充分利用可再生能源的小区，这个小区每家每户安装太阳能电池板，出行都使用电动汽车，回家以后电动汽车就跟太阳能电网连在一起了，于是整个系统就有了储电的功能，网上需要电的时候，电动汽车中的储电就给你送过去，白天用电少的时候给电动车充电。示范小区大概是553户人家，日本人就在小区里做这个试验，它是全太阳能，直流的，里面有很多新的技术应用，需要制造很多直流的家电。电动车大家当然知道，现在中国发展得非常快。我们交大已经有好多电动车了，其中一些是私家车，其他是厂家捐赠给我们交大的，可供租用。日本人针对未来的发展规划了21项优先的技术，很多都是与节能和可再生能源相关的，比如电动汽车。我们来看一下2014年可再生能源在发展中国家跟发达国家的投资情况。首先是太阳能，发达国家与发展中国家分别是870亿美元和630亿美元。接下来是风能，后面是生物质能、生物燃料、小水电、地热，还有海洋能。大家可以看到，在新能源里面目前发展的重点就是太阳能与风能。太阳能光伏价格可以做得更加便宜，有一家企业叫汉能，汉能做的薄膜太阳能电池的技术路线跟原来晶体硅是完全不一样的，生产过程中没有消耗那么多能源。针对这种有机太阳能电池，现在大家在研究什么呢？大家知道，大型打印机可以作画、喷绘、打海报。未来的电池板很可能就是用喷绘打印机打出来的，那样的话成本就低了。做了这个电池板以后，往屋顶上或者草地上一放，电就出来了，很方便，电池板一卷起来就可以带走。其他一些技术正在走向现实，如太阳能的制热与制冷、太阳能锅炉、大单机容量的风力发电。风力发电的技术从现在比较普遍的3兆瓦向10兆瓦迈进。还有储能电池，电池企业以比亚迪为代表，比亚迪的老板曾经是2009年的中国首富，我们的手机电池基本上都是比亚迪生产的，比亚迪还生产很多动力电池。现在还有一种叫热电池，储热器，这也是一个前沿的技术。中国需要更多、更有效的能源方面的鼓励政策。日本在太阳能光伏和电动车方面已经做出了示范，美国的重点是在风能与光电方面，欧盟最近致力于太阳能的采暖与制冷等。储能的研究现在是全球的一个热点课题。电能是能源中最重要的，所以最理想的就是把所有的能源组合成一个智能电网。就在前不久，清华大学的几位院士、教授提出了智能的能源网。当然现在搞制造的人也注重智能制造，所有的东西人家都跟Smart连在一起。那么中国实施了什么呢？2012年开始，光伏入户后，国家电网两个星期以内一定给你设立接入系统的方案。另外就是中国开展了上千个太阳能城市计划。当然还有一个就是我们的雾霾问题，PM2.5使得我国中央政府、领导都更加重视可再生能源。这些给我们的发展提供了非常好的机会。无论是光伏还是光热、太阳能锅炉、风力发电、陆上风电、海上风电、太阳能热电池或者是储热器，甚至热泵都是利用可再生能源的新技术，随着社会的发展也派生出了新的巨大的市场。那么这些市场需要技术人员把它产业化，然后工程人员能够完成设计和施工，还有金融方面的人员把现代金融的东西与工程、技术结合起来，在这种情况下，这些类型的新公司就可能会有很多创业机会。前不久我接触了一个校友，他说，王老师，现在有很多小型的电站，有的是太阳能的，有的是自发电的，但是每家都需要有人去管理，公司要付工钱的。他说我现在把这么多家的东西通过云服务统一管起来了，发现问题马上解决，大多数情况下可以及时解决。如果说这家公司本来就需要管理电站，现在交给我的公司云端管理，花的钱要少得多。所以这也是一种现代服务业。我想，可再生能源的技术和市场一定会让中国实现中国梦，我们要有一个美丽的中国，可再生能源实际上是我们打造美丽中国最重要的一个手段。

齐　晔

【学者简介】

　　齐晔,清华大学公共管理学院教授,国务院学位委员会学科评审委员。1994年获美国纽约州立大学环境科学与森林学院(SUNY-ESF)及Syracuse大学哲学博士,专业是环境科学。1995年3月于加州大学圣地亚哥分校完成博士后研究。其后,在康奈尔大学理论中心任研究员。1996～2003年执教于美国伯克利加州大学环境科学、政策与管理系,建立生态系统管理实验室。2001年入选教育部与李嘉诚基金会"长江学者"特聘教授,2004年入选清华大学"百人计划"特聘教授。

　　研究领域:资源环境政策与管理,全球气候变化,生物多样性,可持续发展理论、方法与政策。

　　教学活动:"公共政策分析"(硕士生课程)、"公共政策分析"(MPA-E课程)、"科技、环境与社会政策"(博士生课程)、"战略思维与决策"(MPA-E课程),以及为留学生开设的英文课程"环境、气候与治理"。

第 *19* 讲

气候变化与财经[*]

气候变化的是是非非

2015年12月召开了巴黎气候变化大会,有来自全球各地将近5万人参加。2015年12月《巴黎协定》签订后,与会人员十分激动,非常期待其发挥作用,但是会外的环保组织表示强烈不满,认为这份协议出卖了环境的利益、未来的利益,于是在2016年5月15日爆发了号称史上最大规模的活动,认为现在必须终止化石能源的大规模使用。但其实,气候变化首先是科学问题,其次是经济问题,再次才是政治问题、社会问题和道德问题,有这样的一个内在逻辑。

1. 气候变化首先是科学问题

关于气候变化是否是科学问题,存在不少的争议,但更多的是共识。首先,一般认为气候变化是可以被预测、被感知的活动。大自然的变化作为科学研究的对象,可以直接由经验获得是其作为科学问题的基础。第二个共识是导致气候变化的原因,主要是由于人类活动造成的,包括化石能源燃烧、森林退化、土地利用和土地覆盖面变化等。第三个共识是气候变化已经造成了现实的影响,气温升高、全球变暖、病虫害、冰川融化、海平面上升,例如北京的降水已经相比50年前减少了10%以上。从现在看,有可能造成灾难性的后果。

---

[*] 2016年5月27日上海财经大学"科学·人文大讲堂"第103期。

第四个共识是气候变化导致人类观念的变化,认识到需要全球协同行动。第五个共识是目前全球治理模式不利于应对全球气候变化。目前很多高耗能产业转移到能源效率低、经济和技术比较落后的地区,而这些地区恰恰在应对全球气候变化方面的能力较弱。第六个共识是气候变化将长期存在。短则几百年,长则上千年。在当下,减缓气候变化的进程很重要,适应气候变化也十分重要。尽管气候变化有诸多负面的效应,但也有积极效应,因为应对气候变化可以倒逼新技术革命和产业革命。第七个共识是全球行动仍然十分困难,比如从1994年《联合国气候变化框架公约》的达成到2015年12月的《巴黎协定》的签署就经历了一个漫长的过程。

根据全球陆地表面和海洋表面的温度测量分布图来看,目前已经比19世纪末的温度提高了$0.8 \sim 0.9$℃,存在非常明显的上升趋势。从1980年到目前,温度上升的趋势也十分明显。温度升高的原因主要是大气中温室气体,尤其是二氧化碳浓度的上升。1957年被称为国际地质年,年轻的科学家Charles David Keeling开始测量大气二氧化碳的浓度。几年后,他受瑞典化学家Arrhenius 1896年关于温室气体对大气温度影响的理论模型启发,认识到大气二氧化碳浓度增加将会对全球气候带来巨大影响,其杰出的贡献开创了气候变化科学的先河。科学家不仅能测量当代温室气体浓度,还能通过测量冰核里面"囚禁"的二氧化碳浓度来得到很久以前的数据。从距今80万年前以来,二氧化碳的浓度从未有像现代高位的浓度。工业革命以前是280 ppm,而现在已经到达400 ppm。

我们都知道由于二氧化碳浓度增加,太阳辐射穿透大气,照射陆地表层之后再反射,短波辐射变为长波辐射,其能量可以被二氧化碳、水蒸气、一氧化碳、氮氧化物等气体吸收,大气温度就提高了。这个趋势在20世纪前半个世纪很明显。按照最高的温室气体排放情景,到21世纪末,预测地表温度可以提高$2 \sim 7$℃,其最直接的影响就是热浪频发、干旱加剧、海洋酸化。为了减缓气候变化,全世界需要大幅减少碳排放。根据模型预测结果,《巴黎协定》中要求"远低于2℃(well below two degree Celsius)",到2030年全球碳排放不超过400亿吨,但是按照现在各国的承诺仍有150亿吨的差距。

2. 气候变化其次是经济问题

应对气候变化的另外一个难题就是资金和技术。全球经济严重依赖化石能源,寻求可替代能源的技术挑战很大。中国承诺到2030年要使非化石能源的比重提高到20%左右,目前是12%,这8%的差距使得我们需要在15年之内新建很多电站,需要光能、风能、核电,创造800～1 000吉瓦的装机容量,接近美国目前全国发电的总和。所需投资按照现值需要1.8万亿美元,这只是减缓气候变化的资金。另一方面,适应气候变化的费用,麦肯锡调查认为全球每年至少需要12 150亿美元。按照《巴黎协议》,发达国家需要向发展中国家资助1 000亿美元,来帮助发展中国家减排,其中美国只承诺拿出30亿美元,这个数字与12 150亿美元相比微乎其微,而1 000亿美元的承诺也很难达成。这也是每年谈判的难度很大的原因所在。第一个原因是经济原因。发达国家谈到自身GDP增速缓慢,推给现在发展速度较快的中国等金砖国家,我国目前也存在大量的财政赤字,加之我国完成自身承诺的难度已经很大,再增加我国的经济援助负担显然是强人所难。第二个原因是政治原因。在美国,共和党和民主党、联邦和州、公共和私人之间的分歧很大。正是因为这些是是非非,才会导致气候变化的谈判这么多。

3. 气候变化再次是政治问题和社会问题

关于政治问题和社会问题,包括中美两国在内的诸多国家均牵涉其中。1992年里约大会确立的《联合国气候变化框架公约》,1994年开始正式谈判,针对公约有针对性地制定实施细则,体现在1997年的《京都议定书》中,2001年小布什总统执政期间美国退出该议定书,为全球应对气候变化设置了大量的障碍。2007年则是《巴厘路线图》。2009年《哥本哈根协议》,实质就是关于化石能源的使用权、碳排放的国际分配权的归属问题。在中国,上海是全国7个碳排放交易的试点之一,碳排放交易首先确定企业和单位有多少配额,而在全球则对应的是中国有多少碳排放的权重。七国集团会议曾提到21世纪末终结化石能源的使用,按照《巴黎协定》的目标要求在2060年终结化石能源的使用,那么现在急需压缩碳排放的空间,加快化石能源替代物的技术革新。

三个视角来看待中美之间气候变化协议的问题

1. 博弈的视角

自工业革命以来,占全球人口20%的发达国家排放了80%的温室气体,

1992年,联合国制定了《联合国气候变化框架公约》,该公约的核心原则就是"共同但有区别的责任"来进行分配。但是近30年来全球变化迅速,美国小布什总统宣布退出《京都议定书》时提出三条理由:第一,科学基础不够牢固,存在大量不确定性。第二,如果执行下去,到2012年碳排放将比1990年下降7%,对美国经济影响太大。第三,有些发展中国家经济发展速度快,碳排放量很大,为什么不承担更重的责任? 1990年中国GDP占全球4%,美国占近1/4,而到2000年中国GDP已经占据7%左右,而美国反而下降,占20%左右,再到现在更是不可同日而语。再来看碳排放量,1990年中国碳排放量为全球10%左右,美国占20%左右,但是中国人均碳排放量要远远低于美国。但到2000年中国碳排放量占到全球的14%,而美国只增加了0.5%左右,再到2015年中国已经接近30%,美国不到16%。这就是中美之间为什么针对气候变化有这么多的争斗,原因与中美之间能源使用的消长有很大关系。中国能源使用的增长速度非常快,在1980年左右,中国能源的使用不到6亿吨标煤,到2015年是43亿吨标煤。特别是2000年以后,增长一发而不可收。2007年中国碳排放超越美国,2010年能源消费超越美国,2012年石油进口量超越美国,可见我国碳排放的使用量增长迅速,这也就是西方发达国家向我国施加压力的原因。

气候变化问题在美国大选中成为常规议题,也成为美国智库的常规议题。2008年布鲁金斯学会的李侃如教授和桑德罗博士认为应将气候变化合作问题列为中美关系的首要议题。希拉里在成为国务卿不到一个星期时第一次访问中国,议题就是气候变化问题。这是中美在小布什政府之后的首次博弈,并逐步升级。2009年12月哥本哈根大会之前,克里作为美国参议院外交主席,十分关注清洁能源和碳排放,他作为美国代表访华期间与时任国务院副总理李克强会谈。之后美国国会议长来到中国与时任国务院总理温家宝讨论应对全球气候变化的议题。再之后美国能源部部长朱棣文、时任美国商务部部长骆家辉也曾来到中国对此项议题进行商讨。2009年11月,奥巴马总统与时任国家主席胡锦涛签订了多项气候变化协议。国家之间的高层交往,如此高规格、高频度、单一议题的访问和会谈前所未有。在之前,中国并未成为全世界关于气候变化的关注焦点,而由于2009年美国的策略将中国推到了世界气候变化的风口浪尖,这在博弈中就是塑造竞争对手。美国这样塑造竞争对手的策略,是哥本哈根大会后中国被众多国家指责为破坏哥本哈根大会的罪魁祸首的诱因之一。

2.合作的视角

这其实也是一个典型的囚徒悖论的问题。囚徒悖论是一个关于合作的问题,双方或多方如果选择合作,对大家都有好处,但是合作不是稳定的解,最后大家为了实现各自利益的最大化会选择不合作。在应对气候变化问题上当大家选择不合作的时候,"公地悲剧"就发生了。在过去的3年中,我们看到更多的是中美之间应对气候变化的合作。国家主席习近平和美国总统奥巴马的第一次正式会晤是在2013年6月,习主席和奥巴马在南加州安纳伯格庄园,试图创造一种新的交流方式,并顺利达成HFC氢氟碳化物的协议(HFC是制冷剂的一种,代替CFC)。2014年11月12日,北京刚开完APEC会议,习主席和奥巴马在中南海进行了一场"瀛台夜话",次日中美发表了《关于应对气候变化和清洁能源的联合声明》,令全球瞩目。美国到2025年比2005年温室气体下降26%～28%,在哥本哈根会议上美国承诺到2020年下降17%,也就意味着5年内下降10%。与此同时中国宣称到2030年要使中国的二氧化碳排放量到达峰值,非化石能源的比重要增加到20%左右。实际上20%这个非化石能源的指标实实在在不容易。而现在来看,我国目前经济增速在下滑,对电力的需求量增长不再旺盛,这样非化石能源的比重自然会上升。2015年9月25日,习近平主席对美国进行第一次国事访问,发表了第三次关于气候变化的联合声明,提出了各自国内应对气候变化的行动,开展双边或多边的合作,对长期绿色低碳转型做出承诺,到2050年战略转型的路径清晰化。中国要在2017年建立全国的碳交易市场,包括钢铁、发电、石化、有色金属等,如果中国的碳交易市场能够建立,这将是目前全球最大的交易市场,是欧盟的2倍以上。

3.从中国国内经济现实和美国国内政治现实来看

从美国国内来看,奥巴马最关注的是清洁电力计划,作为所有应对全球气候变化中最核心的部分,美国电力排放的温室气体占全国40%以上,该计划要求2032年要比2005年减少32%。这是奥巴马最引以为自豪的计划,比医疗保险计划,诺贝尔和平奖和与古巴恢复外交关系更为重要,但不幸的是,最高法院将这项计划搁置了,24个州认为美国联邦环保署无权行使这项计划。在2016年3月份华盛顿的核峰会,中美在会前又发表了一次联合声明。中美之间从2013年以来,已经发表了四次联合声明。有的说法是中美关系比较微妙,在其他领域不容易达成协议,那么在气候变化领域达成一些所谓的声明较为容易,当然,我们认为这是因为气候变化在中美的战略关系中占有极其重要的地位。习主席在巴黎气候大会上提出的四点主张和三点建议不仅仅为应对气候变化提出了好的模式,同时也为中国参与全球治理打下了良好的基础。

国内的现实是,2014年中美之间实现了合作的突破。2016年年初习主席会见美国国务卿克里时谈到,在气候变化方面不是别人要求我们做,是我们要做,所以不需要他国再多番催促。这表明,我国正式面对这个问题是出自国内发展的需要。为什么中国选择在气候变化问题上出头呢?第一,这是我们国家道义上的问题。2014年11月12日,中美联合声明中第一句话是"两国在应对全球气候变化这一人类面临的最大的威胁",这一认知十分重要。第二,这是我国国内的需要。气候变化本身对我国的影响很大。此外,空气污染、健康问题、土地水源问题、煤矿安全问题与气候变化问题同根同源。气候变化首先是环境问题、物理问题,演变成了健康问题、政治问题,长期得不到解决就会变成社会问题。如果民众不能吃到放心的食物、喝上纯净的水、呼吸到干净的空气,长此以往必将影响社会稳定。第三,这是我国新一届政府对全球治理和世界大局新的认识、主张和观点。我们提出了"建立人类命运共同体",提倡"合作、共赢、多赢",这是新的全球理念的基础,之前我们只是作为全球治理的参与者,现在我们要朝着建设者、贡献者的方向努力。针对全球公共资源和公共威胁,包括自然资源、自然灾害、网络安全等发挥积极建设作用甚至引领作用。第四,这符合我国能源战略和经济发展的战略。中国迟早将变成最大的经济体,中国五大发展理念中有绿色发展,中国要建成最大的绿色经济体,现在应对气候变化有一个倒逼机制,逼迫我们进行能源革命、技术革命和产业革命。在2011年,我国制定了新的能源发展战略,两年之后,提出能源革命。第五,这是参与全球治理、创造新型全球治理的核心组成部分。

但是,目前我国是否已准备好?在"十三五"规划中,这已经放到了非常重要的位置。我们生产生活方式的绿色化,碳排放的总量得到控制,全球治理体系中的深刻变革,以及提出五大发展理念"创新、协调、绿色、开放、共享"都说明我们已经做好了相应的准备。在之前的讲座中提到了支付成本、损失,但我们也有前所未有的发展机遇。在《巴黎协定》达成后不久,英国气候变化大使写过一篇文章《我们时代最大的机遇》,就认为全球合作应对气候变化是绿色技术创新和绿色发展的机遇。技术革新的浪潮经过了一波又一波,从18世纪末算起,第一波是钢铁、机械、水力、纺织的使用,第二波是蒸汽机的使用,第三波是电气、内燃机的使用,第四波则是石油化工、电子航空航天,第五波是电子技术、数字技术、信息技术、生物技术等。现在的第六波在于绿色、可持续,在于大幅度提升自然资源的使用效率,在于绿色系统的整体设计。如果说在过去,中国没有和西方国家站在同一起跑线上,那么现在,我们需要紧紧抓住机遇。李克强总理提到"创新、创业、工业4.0、制造业2025、互联网+"等,这与抓住新的机遇和全球变化有着十分密切的关系。

江国滨

【学者简介】

　　现任上海对外经贸大学国际商务外语学院商务法语专业主任，硕士生导师，中国法语教学研究会理事。1978年毕业于复旦大学法语专业。1998年毕业于法国里昂二大获硕士学位。1995年获法国阿榭特（HACHETTE）出版社奖学金，1995、1997年先后两次获法国政府奖学金，这期间分别赴巴黎法国文化协会（法语联盟）、法国贝桑松大学和法国里昂二大进修学习。1997年曾获法国鲁昂大学"对外法语"大学文凭。2006年赴法国南特大学IAE学院研修企业管理硕士课程。2008年赴加拿大魁北克LAVAL大学研修法语教学法。2009～2011年上海市教委重点课程"高级法语"课程负责人。

　　研究方向：法语语言和教学法、跨文化商务研究。

　　专著：《法语动词疑难攻略》《法语语言技能指导与测试》《法语实用语法》《法语常用动词疑难解析》《法语E-TEF指导与测试——听力理解》《法语E-TEF指导与测试——词汇和结构》《新法汉常用词词典》《法语E-TEF模拟测试》《法语TEF常用词汇》《法汉实用辞典》《法汉实用拼音辞典》《英汉-汉英世界贸易组织术语词典》（负责法语词条编撰）。

　　论文：在《国际商务研究》《外语教学理论与实践》《法国研究》《国外外语教学》《法语学习》等刊物上发表论文《西方语言学流派与外语教学模式的变迁》、*L'utilisation de la bande dessinée dans une méthode de FLE*、《法国35小时工作制改革透析》《法国中小企业发展特点及对华投资战略》《战后法国银行之变迁：政府的为与不为》《中法经贸合作关系现状及其展望》《法语副词短语构成格式》《法语非固有派生名词构词法》《介词"à"和"de"互相替代用法分析》《从上海法语培训中心看师资培训》《从E-TEF测试看法语本科教学提高跨文化意识的必要性》、*Les stratégies de lecture en langue étrangère*、《商科大学法语技能训练教学模式探索》。

第20讲

法国文化习俗漫谈[*]

法 国 宗 教

    法国是个宗教色彩极强的国家,历史上发生过八次宗教战争,即"胡格诺战争",天主教和新教连续发生了八次对立,即使在国家世俗化的今天,宗教给法国社会带来的影响似乎仍旧历历可见。

    法国全国总人口6 600万(2014年1月1日),其中法国本土为6 390万。法国是一个政教分离的国家,也是一个宗教信仰自由的国家,但是,从传统和历史上看,法国是一个天主教国家。目前,法国天主教徒4 700万,占总人口的81.4%。

    天主教具有悠久的历史,公元1世纪时,罗马帝国入侵高卢,即法国前身,也带来了基督教,法国封建社会初期,从基督教中分离出来的天主教,利用皇权的衰落趁机扩张势力,法国的卡佩王朝想方设法削弱教会的势力,从此时起,法国王朝和教会的明争暗斗时起时伏、常年不断。11～13世纪之间,法国封建王朝以保护基督教名义六次参加了十字军东征。16～17世纪上半叶,以东北部贵族的骑士公爵为首的天主教集团和以南部、西南部的贵族波旁王朝为首的新教(即耶稣教),发生了激烈的宗教战争,史称"胡格诺战争",直到1598年,"胡格诺派"领袖亨利四世宣布放弃新教,这场持续了三十多年的战

---

* 2016年11月29日上海财经大学"科学·人文大讲堂"第123期。

争才宣告结束,还发布了命令宣布天主教为国教。

法国第二大宗教是伊斯兰教。据统计,现在法国有500万的穆斯林,占人口总数的6.89%,全法国拥有1 000多座清真寺院,其中巴黎就有400多座,法国是天主教国家,为什么有伊斯兰教呢? 这与法国第二帝国的强大有关系,法国第二帝国时的拿破仑三世,进行了一系列改革包括对城市的建设,其中巴黎在当时的巴黎市市长奥斯曼的领导下大规模地进行拆迁,巴黎原来是非常脏乱差的地方,当时也进行了大规模的扩建,包括对塞纳河沿岸,所有的房子进行高度的限定。后来法国不断扩张,对北非(一般是指摩洛哥、阿尔及利亚、突尼斯)和黑非洲进行了殖民。第三个扩张的地方就是东南亚,伊斯兰多数是外籍移民。联系我自己的经历,我留学的时候在马赛,到处都是阿拉伯移民的后代,在里昂1998年有世界杯,当时的世界形势是美国和伊朗对立,世界杯正好伊朗队在里昂,伊朗队和美国队比赛的时候,整个里昂全是阿拉伯人,绝大多数伊斯兰教徒是外籍移民,其中来自马格里布国家(指突尼斯、阿尔及利亚、摩洛哥)的占80%左右,阿拉伯国家第一语言全是阿拉伯语,由于法国殖民现在法语是第二母语,上层人士基本上都讲法语,土耳其穆斯林占了8%,黑非洲的穆斯林占了4%,这些外籍移民很多原来是下层人民,现在很多人已经进入到了法国政治社会中了。

法国还有新教徒95万人,占人口总数的1.64%。随着时代的演变,无宗教信仰的法国人在20世纪80年代只占到总人口的3%,但是到90年代,已经占到了将近20%。法国虽然有这么多宗教,但是也对邪教加以控制,法国国民议会在2001年5月30日以绝对多数通过了《反邪教法》,法国国民议会自1995年到2001年已经三次修订了这项法律,根据此法高等法院会对那些伤害人身、非法行医、非法卖药、欺骗性广告、走私等的邪教组织予以取缔,这和我们国家是一样的。

宗 教 与 民 俗

1. 宗教节日

法国的日常生活、节日和宗教是密切相关的,法国有很多节日来自宗教,与宗教有着千丝万缕的联系。第一个节日是皇朝节(也叫三皇来朝),在每年1月6日。在这个节日里,人们去购买甜饼,甜饼里面有小木偶,具体的习惯是把家中最小的成员眼睛蒙上将甜饼分给大家,但是每个人要避免咬到这个木偶,谁吃到这个木偶谁就成为国王了,全家人举杯祝贺他,在年初祝愿某人的好运。第二个节日是2月2日的圣蜡节,是一个宗教兼美食的双重节日,大家都做鸡蛋薄饼(在上海,人们把鸡蛋薄饼称作可丽饼),里面还有海鲜之类的东西,法国人用巧克力涂一层然后就吃掉了。第三个节日是复活节,主要是为了庆祝耶稣的复活,一般为春分月后的第一个星期日,是天主教和新教的节日,法国从这一天起放假两周,正值春天,可以外出旅游、探亲访友、参观购物,这一天大人们习惯给孩子送一些巧克力做的钟、蛋、鱼、鸡。第四个节日是耶稣升天节,《圣经·新约》记载耶稣复活后第40天升天了,在5月1日至6月4日之间的一个周四,法国放假一天。法国人经常在周五罢工,这样就有一个小长假了,我们叫黄金周,法国人称之为搭一座桥,连起来让大家休息。第五个节日是耶稣降临节。第六个节日是圣灵降临节,传说耶稣复活和升天后的第50天派遣圣灵来降临,门徒领受圣灵后开始传教,因此6月13日这一天起放假至少两天。第七个节日是圣母升天节,传说8月15日圣母升天,法国放假一天。第八个节日是万灵节,基督教节日之一,法国每年于11月1日放假一天。法国人在这一天到墓地凭吊已故亲人,并献上作为祭祀用的白菊花,因此这个节日相当于中国的清明节,但要注意千万不要将这些花送给其他人。第九个节日是圣诞节,大家都非常熟悉,传说上帝之子耶稣12月25日夜里诞生。为了庆祝这个宗教节日,法国与其他西方国家一样,从12月24日起加上周末及随之而来的元旦放假10天左右。圣诞节晚上,法国全国的人们全家团聚在一起共进晚餐,传统的菜肴有肥鹅肝、牡蛎、火鸡奶酪和甜点等,喝葡萄酒和香槟酒。家长分发圣诞节礼物,孩子们在圣诞树旁玩耍嬉闹。

2.民众节日

第一个节日是元旦,同世界各国一样,是为迎接和庆祝新年到来的节日。但在1564年以前,法国的新年是4月1日,直到1564年,查理九世才下令将法国新年改为1月1日。第二个节日是情人节,每年在距离2月14日最近的那个周末要举行情人节活动。第三个节日是4月1日愚人节,这一天调皮者会悄悄地在你的衣背上贴上纸鱼开玩笑。第四个节日是五一国际劳动节,法国放假一天。第五个节日是6月21日音乐节,这一天音乐家和音乐爱好者会在大街小巷演奏节目,在首都巴黎,在凯旋门、戴高乐广场和香榭丽舍大街,来自各国的音乐家演奏曲目,熙熙攘攘、热闹非凡。第六个节日是电影节,在每年6月底或7月初,为期3天。第七个节日是国庆节。1789年7月14日,巴黎人民攻占了法国封建王朝的巴士底监狱,爆发了震惊世界的法国大革命。7月14日这一天,曾经一度作为法国的国庆节,但1814年封建王朝复辟后被废除。直到法兰西第三共和国议会于1880年6月通过决议,把1880年7月14日定为法国国庆节。从那年开始,7月14日就成为法兰西共和国的国庆节。每年7月14日,全国放假一天,为庆祝这个最隆重的节日,法国家家户户挂国旗,法国还要在香榭丽舍大街上举行盛大的阅兵和游行,不过法国搭建的观礼台都是临时性的,与我们国家在北京天安门的观礼台是不同的。

3. 生活习俗

法国人的姓名深受拉丁文化和天主教的影响。在古代,法国人只有一个称呼,无所谓姓。在中世纪,法国的婴儿出生后都要到教堂举行洗礼并起一个教名,教名都从为数不多的圣人名字中选择。公元9～10世纪,法国人往往在教名后面加上一个别名,以避免同名现象,后来的时代沿用便形成了姓。法国人或是以社会职业、身份、亲属关系为姓,如Pasteur(职业是牧羊人,译为巴斯德);或是以采邑、地名或地理特征为姓,如Boivin、Boileau(嗜好是爱饮酒、爱喝水,译为布瓦洛)。封建贵族在他们的姓前面还要加上De以示血统和身份的高贵。1804年颁布的《拿破仑法典》首次规定,法国公民必须代代相传地使用一个不变的家姓,主要是父姓。当代法国人的姓名,通常由一姓一名组成,名在前,姓在后,例如前任法国总统雅克·希拉克和现任总统佛朗索瓦·奥朗德。法国前总统戴高乐将军的全名是夏尔·安德烈·约瑟夫·马里·戴高乐,包含了很多姓。法国人往往把自己所尊重的名人或家族中某个人的名字加在自己名字里以示纪念,但是人们称呼或书写时往往只用本名,如戴高乐将军一般称为夏尔·戴高乐。法国人的姓没有男女之分,20世纪以前,女子婚后即从夫姓,现在已婚法国妇女使用夫姓的同时也可以保留娘家姓。

今日欧美的许多礼仪多来自法国。其中,最为典型的是尊重妇女的风尚,即所谓的骑士风度,便是中世纪法国创造的。法国人讲究礼仪,常用的称呼是先生、夫人、小姐，对方有职务、学衔、学位，则在姓或姓名之后冠以称呼，初次见面称呼姓，不能随便称呼名字，只有最亲近和非常熟悉的人才能直接称呼名字。与法国人初次见面，在通常情况下一边握手一边相互说"您好吗"或"您身体好吗"或是"见到您真高兴"等寒暄的话。

法国是屈指可数的美食大国之一，饮食文化与中国饮食文化齐名。早在中世纪，法国就初步形成了一套独特的饮食文化。法国人十分讲究吃，认为烹饪和就餐是一大乐趣，也深以法国的烹饪而感到自豪。法国烹饪的特色，简单地讲就是量大、质精、花色多。烹饪方式方面，虽然没有中餐那么全，但也有炖、煎、蒸、炸几种做法，讲究原汁原味，特别注重调味品。法国也是一日三餐，早餐比较随便和简单，主要是一杯咖啡，或一杯咖啡加牛奶，或一杯可可，主食是羊角油酥面包，或者是抹上黄油或果酱的棍子面包，或羊角面包，或面包片。午餐传统的吃法应该有冷盘、以肉类为主的正菜、蔬菜、奶酪、点心和水果，还要配上各种酒类。法国盛产葡萄，并以葡萄为原料酿造红白葡萄酒、白兰地和香槟酒。法国葡萄酒的酿造已有 300 多年的历史，有"葡萄酒之乡"的美称。吃鸡鸭等类肉时饮用红葡萄酒，吃鱼和海鲜菜肴时饮用白葡萄酒。畜牧业最发达的诺曼底，著名的葡萄酒产地波尔多，河流和湖泊纵横的中南部大城市里昂，以及南方地中海沿岸号称四个主要的美食代表区。在法国出席晚宴着装较为讲究。女士一般是颜色较深的无袖、较短的连衣裙或外衣，佩戴手镯、项链、耳环等，整理发型发蜡不宜过多，外衣的颜色视季节而定，冬天穿黑色的，夏天穿较透明的。

法国人一向在服饰方面追求时尚。早在封建王朝时期，统治阶级对华丽和时尚衣着的提倡、鼓励纺织工业的发展和法国优越的地理位置，使得巴黎 17 世纪 50 年代就成为欧洲和世界时装中心，逐渐获得"世界时装之都"的美名。

根据法国的传统习俗，法国人十分重视结婚联姻，至今仍有许多法国人按照传统习俗结婚。法国人的婚姻观总的来说还是遵循传统的，绝大多数法国夫妻愿意一起生活，双方都有牢固的感情基础，都能够厮守终身，但是第二次世界大战后一些年轻人的婚姻观发生了变化，他们不重视公证结婚，更不重视结婚仪式了，他们认为自由同居比正式婚姻好，因为这些年轻人追求性解放，把婚姻视为是对自由的束缚，另外，结婚容易离婚难，还造成财产的纠纷，而自由同居可以避免这些难题的发生。

宗 教 与 建 筑

　　罗马风建筑的进一步发展,就是12 ～ 15世纪西欧以法国为中心的哥特式建筑。哥特式建筑又译作哥德式建筑,是位于罗马式建筑和文艺复兴建筑之间的,1140年左右产生于法国的欧洲建筑风格。它是由罗马式建筑发展而来的,为文艺复兴建筑所继承。哥特式建筑主要用于教堂,在中世纪高峰和晚期盛行于欧洲,发源于12世纪的法国,持续至16世纪,哥特式建筑在当代普遍被称作法国式。哥特式建筑的整体风格为高耸瘦削,且带尖,以卓越的建筑技艺表现了神秘、哀婉、崇高的强烈情感,对后世其他艺术均有重大影响。第一座哥特式建筑就是以法国为中心发展起来的,第一座哥特式教堂是1143年在法国巴黎建成的巴黎圣丹尼教堂。巴黎圣母院建于1163 ～ 1250年,是法国早期哥特式教堂的代表作,它位于法国巴黎市中心的西岱岛上,是天主教巴黎总教区的主教堂。巴黎圣母院的建造全部采用石材,其特点是高耸挺拔,辉煌壮丽,整个建筑庄严和谐。索姆省省会亚眠的亚眠大教堂是法国哥特式建筑顶盛期的代表作。此外,还有马恩省兰斯市的兰斯大教堂,这些都是典型的哥特式建筑。